权威·前沿·原创

皮书系列为

“十二五”“十三五”国家重点图书出版规划项目

中国生态治理发展报告（2019~2020）

CHINA ECOLOGICAL GOVERNANCE DEVELOPMENT REPORT (2019-2020)

主　编／李　群　于法稳
副主编／沙　涛　毛显强

中国林业生态发展促进会
生态发展研究院

社会科学文献出版社
SOCIAL SCIENCES ACADEMIC PRESS (CHINA)

图书在版编目(CIP)数据

中国生态治理发展报告. 2019－2020／李群，于法稳主编. --北京：社会科学文献出版社，2019.12

（生态治理蓝皮书）

ISBN 978－7－5201－5824－4

Ⅰ.①中… Ⅱ.①李… ②于… Ⅲ.①生态环境－环境治理－研究报告－中国－2019－2020 Ⅳ.①X321.2

中国版本图书馆CIP数据核字（2019）第267200号

生态治理蓝皮书

中国生态治理发展报告（2019～2020）

主　　编／李　群　于法稳

副 主 编／沙　涛　毛显强

出 版 人／谢寿光

组稿编辑／周　丽　王玉山

责任编辑／周　丽

文稿编辑／马改平

出　　版／社会科学文献出版社·经济与管理分社（010）59367226

地址：北京市北三环中路甲29号院华龙大厦　邮编：100029

网址：www.ssap.com.cn

发　　行／市场营销中心（010）59367081　59367083

印　　装／天津千鹤文化传播有限公司

规　　格／开　本：787mm×1092mm　1/16

印　张：19.75　字　数：295千字

版　　次／2019年12月第1版　2019年12月第1次印刷

书　　号／ISBN 978－7－5201－5824－4

定　　价／168.00元

本书如有印装质量问题，请与读者服务中心（010－59367028）联系

版权所有 翻印必究

生态治理蓝皮书
编　委　会

主　编　李　群　于法稳

副主编　沙　涛　毛显强

中国林业生态发展促进会
生态发展研究院

编　委　（按姓氏笔画排序）

于法稳　王　宾　毛显强　尹晓青　包晓斌
司海平　孙若梅　李　群　沙　涛　张希栋
张　颖　高广磊　郭春娜　黄　鑫　谢慧明
缪子梅　操建华

主要编撰者简介

李　群　男，1961年12月生，山东临清人。现为中国社会科学院数量经济与技术经济研究所综合研究室主任、研究员、博士后合作导师，中国社会科学院研究生院教授、博士生导师；兼任中国林业生态发展促进会副会长，全国工商联智库委员会委员。主要从事不确定性经济预测与评价、人才资源与经济发展、国家治理、林业生态评价等领域的研究。主要给国家智库提供党建引领、国家治理、重大经济社会现实问题等方面的建议、报告等。

主持国家社科基金、国家软科学项目、中国社科院重大国情调研项目等课题6项，主持省部级课题31项。构建了一些学术创新模型，如L－Q灰色预测模型、扰动模糊集合和评价模型都取得了一定的社会反响，在经济社会领域有着积极的效用。出版专著6部，其中《不确定性数学方法研究及其在社会科学中的应用》被纳入中国社会科学博士论文文库；主编公民科学素质蓝皮书、科普蓝皮书、生态治理蓝皮书、林业生态蓝皮书、科普能力蓝皮书等5部蓝皮书；发表论文、著作等200余篇（部）。曾获得省部级青年科技奖和科技进步奖、全国妇联优秀论文一等奖、特等奖，中国社科院信息对策研究成果获得三等奖、二等奖、一等奖、特等奖奖励近二十次。2016年获得中宣部、科技部、中国科协《全国科普先进工作者》联合表彰。指导的博士生毕业论文获得2016年度中国社科院研究生院博士生优秀毕业论文一等奖。

于法稳　男，1969年7月生，山东鄄城人。现为中国社会科学院农村发展研究所研究员，农村环境与生态经济研究室主任，中国社会科学院生态环境经济研究中心主任；中国社会科学院大学（研究生院）教授、生态经济学方向博士生导师。主要研究领域：生态经济学理论与方法、资源管理、农村生态治理、农业可持续发展。兼任中国生态经济学学会副理事长兼秘书长、中国水土保持学会常务理事、《中国生态农业学报》副主编等。

先后主持国家社科基金重点项目1项、国家社科基金项目3项，中国社会科学院重大项目、国情调研重大项目等20余项；参与“973”项目、国家自然科学基金项目、国家社科基金重点项目、中国社会科学院特大国情调研项目、中国社会科学院重大项目等50余项。在《中国农村经济》《中国农村观察》《中国人口资源与环境》《中国软科学》等学术期刊上发表论文300余篇，出版专著35部（含合著、参编），作为副主编出版了《生态经济建设大辞典》《英汉生态经济词典》等大型工具书。先后荣获中国社会科学院优秀科研成果二等奖1次、三等奖1次；中国社会科学院优秀信息对策研究类一等奖2次、二等奖3次，及2007年“中国发展百人奖——青年学者奖”。

序

生态文明建设是中国特色社会主义事业的重要组成部分，事关民生福祉和“两个一百年”奋斗目标和中华民族伟大复兴中国梦的实现，是关系中华民族永续发展的根本大计。党的十八大以来，以习近平同志为核心的党中央高度关注生态文明建设，开展了一系列根本性、开创性、卓有成效的工作。党的十八大首次确立了“美丽中国”的建设目标，并将生态文明置于“五位一体”的总体布局，对生态文明建设做出顶层设计和总体部署。《中国共产党章程（修正案）》将“中国共产党领导人民建设社会主义生态文明”写入党章，这在世界上尚属首次；而《中华人民共和国宪法修正案》又将生态文明正式写入国家根本法，足以体现其统领性、纲领性和指导性。党的十九届四中全会明确要求践行“绿水青山就是金山银山”的发展理念，坚持节约资源和保护环境的基本国策，坚持节约优先、保护自然恢复为主的方针，坚定走生产发展、生活富裕、生态良好的文明发展道路，建设美丽中国。

新中国成立 70 年以来，我国社会经济取得了举世瞩目的成就，发生了翻天覆地的变化。经济总量已稳居世界第二位、科技投入规模高居世界第二位、货物贸易总量跃居世界第一位。发展奇迹的背后，是为此付出的资源和环境代价。高污染、高能耗、低效率的粗放式发展模式，正逐渐面临着资源和环境的压力。我国生态环境尽管局部在改善，但在总体上仍不容乐观，生态治理能力仍显不足，生态赤字一定程度上仍在扩大。城镇化和工业化进程的大力推进，给自然环境带来了巨大压力，森林生态功能衰退、草地退化、湿地萎缩、水土流失严重、水资源短缺和水污染日益加重、大气污染加剧、生物多样性锐减、自然灾害频繁等资源和生态环境难题，造成了生态系统整体功能下降，不仅对人民生命财产安全有着极大影响，也在很大程度上加重了资源环境的承载压力。这与人民生活的美好需求是不相匹配的，当前中国特色社会主义进入新时代，我国社会主要矛盾已经转化为人民日益增长的美好生活需要和不平衡不充分的发展之间的矛盾，要加快提升生态环境保护强度，加大生态环境治理力度。

"生态兴则文明兴，生态衰则文明衰"，加强生态治理，才能克服生态危机，维护生态安全。提高生态治理效率，既是保护生态环境的现实需要，也是我国特色社会主义事业建设的重要环节。其实，马克思恩格斯很早就阐释了人与自然的辩证关系。开展生态治理工作，是实现人与自然和谐共处的必然途径。国际上生态环境的大规模治理可以追溯到20世纪60年代，随着世界范围内的环境污染与生态破坏日益严重，环境问题和环境保护逐渐被国际社会关注。我国生态治理起步晚、效率低，因此，不遗余力地改善生态环境质量、切实满足人民群众对美好生态环境的向往是当下政府及学界共同关注的话题。提高生态治理效率，就是要在深刻理解、认同和尊重自然规律的前提下，统筹社会经济与生态环境的协调发展，统筹人与自然、社会的和谐共处。由于生态治理是一项涉及生产方式、生活方式的系统工程，需要以生命共同体理念为基础，坚持以人民为中心的生态治理价值取向，树立大局观、长远观、整体观，加强党对生态治理的领导，通过不断健全完善生态治理体制机制，多措并举、多方共治，为生态文明保护提供系统性、整体性、全局性的战略保障。

基于上述思考，本书主编力邀国内生态环境领域的专家、学者，就我国生态治理问题进行了深入探讨和全面分析，撰写《中国生态治理发展报告》，为阐述我国生态环境治理提供必要的理论支撑，对于坚持和完善生态文明制度体系，促进人与自然的和谐共生，有着极其重要的意义。这一系统阐述我国生态建设与环境治理的第一本皮书的出版，必将推动我国生态治理研究工作的进一步开展，助力绿色发展的实践。

中国社会科学院学部委员

中国社会科学院城市发展与环境研究所所长

2019 年 11 月 12 日

摘 要

本报告分总报告、分报告、评价篇、制度与技术篇、区域治理篇和国际借鉴篇等六部分。总报告梳理了改革开放以来我国生态治理取得的成效，明确了当前生态治理存在的主要问题与机遇，并发布了我国生态治理指数，提出生态治理政策建议。分报告从生态保护修复、林业生态系统、草原生态系统和水生态系统河道生态治理等方面客观分析了各系统的治理历程，深入探讨了当前各系统存在的问题，并指出了各自的未来生态治理思路；评价篇从我国生态治理指数展开；制度与技术篇对中国生态治理现代化体系进行了分析，同时，对沙漠生态治理技术及治理效果进行了评价；区域治理篇则偏重于当前我国区域发展最重要的地区，分别阐述了黄河流域、京津冀地区、长三角地区、珠三角地区和长江经济带等区域的生态治理现状、问题以及对策；国际借鉴篇主要对发达国家的生态治理经验和启示等内容进行了着重分析。

诚然，我国生态环境治理正处于压力叠加、负重前行的关键期，关注生态安全和追求社会公平，最终提高人民生活质量是当前乃至今后很长一段时间内必须高度重视的问题。生态治理效率的提升，也是一个需要长期坚持并系统推进的工作，需要全社会共同参与，更需要全人类共同保护。本书的出版发行，力求客观梳理和总结我国以往及当前生态治理工作中取得的成效及存在的问题，为今后我国生态环境治理思路提供具有借鉴价值的思考。但由于编者水平有限，经验不足，书中难免有疏漏不当之处，敬请广大读者批评指正。

关键词： 生态治理　资源利用　环境保护　指数

目录

Ⅰ 总报告

Ⅱ 分报告

Ⅲ 评价篇

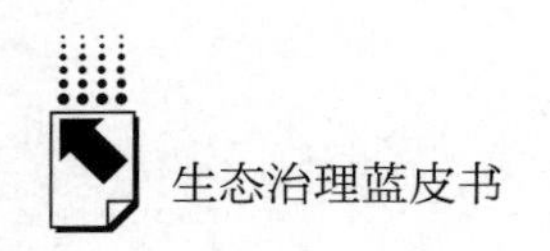

Ⅳ　制度与技术篇

Ⅴ　区域治理篇

Ⅵ　国际借鉴篇

皮书数据库阅读**使用指南**

总 报 告

General Report

B.1 中国生态治理的成就及机遇分析

孙若梅　于法稳　郭春娜*

摘　要： 近年来，我国生态治理取得了显著成就。在生态文明制度建设和生态保护优先发展战略的新时代，生态文明制度建设、绿水青山就是金山银山的理论、数字科学和信息时代的技术为我国生态治理提供了良好的机遇。与此同时，也存在着实现全面遏制土地退化目标的长期性，破解生态系统的生产利用与生态保护优先冲突的紧迫性，自然保护地共享经济增长和社会发展成果的艰巨性，提升监测能力和构建现代监测体

* 孙若梅，中国社会科学院农村发展研究所研究员、博士研究生导师，中国生态经济学学会副理事长，主要研究方向为资源环境经济学；于法稳，中国社会科学院农村发展研究所研究员、博士研究生导师，中国生态经济学学会副理事长兼秘书长，中国水土保持学会常务理事，中国林牧渔业经济学会林业经济专业委员会副理事长，主要研究方向为农村生态治理、农业可持续发展；郭春娜，中山大学岭南学院博士后，主要研究方向为计量经济分析方法及应用、经济增长等。

系的基础性等问题。通过对国家层面、区域层面、省级层面生态治理情况及其指数变化分析，针对中国生态治理的环境、森林、草原、水域四大对象，采取相应的政策措施。

关键词： 生态治理　成就　机遇　政策建议

一　改革开放以来中国生态治理取得的成就与思考

改革开放40年来，伴随着经济的高速增长和社会的巨大发展，我国生态治理大致经历了以生态管理促治理、以生态工程促治理、以治理体系现代化推动生态治理三个阶段。改革开放最初的20年，我国经济社会发展面临着若干重大生态挑战，如森林乱砍滥伐、围湖造田、陡坡地开垦、沙尘暴等，重点任务是制止生态破坏，大力植树造林，通过生态管理促进生态治理。1998年，洪涝灾害敲响生态警钟，我国启动多项大规模生态工程建设，包括天然林资源保护、退耕还林还草、草原生态保护工程、防治荒漠化工程、湿地生态建设和生物多样性保护行动，进入以工程促生态治理阶段。2013年以来，我国确立生态文明制度，实施生态保护优先发展战略，进入以治理体系现代化推动生态治理现代化的阶段。

本报告在给出生态治理内涵的基础上，将我国生态治理的成效概括为：生态治理体系不断完善，生态治理战略实现提升，生态治理机制逐步建立，实施大规模生态治理工程，生态治理效果显著。改革开放以来，不断完善的法律法规体系，为我国生态治理奠定了法律基础；生态治理主体的多元化和参与性，推动着我国生态治理的现代化和全球化进程；生态保护优先发展战略的确定，凸显出我国生态治理中生态保护目标的核心地位；生态治理机制的不断完善，为多元治理主体的参与提供制度保障；重大生态工程建设的实施，在扭转生态系统恶化趋势和提升生态系统质量中发挥着不可替代的作用。

（一）生态治理的内涵

生态治理的内涵，可从生态起点和治理起点两个方面解析。以生态为起点，生态治理是与生态系统、生态管理与建设、生态保护与修复、可持续发展、绿色发展等相对应和联系的范畴。以治理为起点，生态治理是与统治、管理、机制、行动相联系的范畴。

生态系统的概念、特征和类型是生态治理的自然科学基础。第一，生态系统的概念。生态系统是指由生物群落与无机环境构成的统一整体，包括一个区域内的所有生物机体之间的关系以及它们与物理环境间的相互作用。为了维系自身的稳定，生态系统需要不断输入能量，即生态系统不仅是一个地理单元，还是一个具有输入和输出功能的系统单位。第二，生态系统的基本特征是结构性和功能性。根据生态学原理，其结构性包括食物链结构、营养级结构、形态结构；其功能包括能量转化功能、物质循环功能、信息传递功能、生产力功能。第三，地球表面的生态系统类型包括海洋生态系统和陆地生态系统。其中陆地生态系统由农田生态系统、森林生态系统、草原生态系统、荒漠生态系统、湿地生态系统构成。在陆地生态系统中，农田生态系统是人工生态系统，农田的首要功能是保障国家和人民的粮食安全，其主要影响因素是经济社会发展水平；森林、草原、荒漠和湿地生态系统是自然生态系统，其首要功能是保障国土和人类的生态安全。本报告不涉及农田生态系统。第四，生态系统的衡量指标，包括数量规模、生产力水平、稳定性和多样性等。

生态治理可分为国家治理、社会治理和全球治理三个层面。在国家治理层面，生态治理主体是国家机构和政府组织。在社会治理层面，生态治理是通过建立在市场原则、公共利益基础之上的对话、协商、合作等方式以应对生态问题，生态治理主体包括政府部门、企业、社会团体和个人等。在全球治理体系中，生态治理体现为“共商共建共享全球治理观念”，展示中国智慧和拿出中国方案（王凤才，2018）。由生态管理到生态治理的转变，是我国社会经济发展的要求，是生态治理体系和治理能力现代化的必由之路。

（二）生态治理体系不断完善

我国生态治理体系的突出成就是构建了生态治理的法律法规体系，生态治理主体从国家扩展到社会、企业和个人，积极参与全球生态治理并发挥重要作用。

1. 构建生态治理的法律法规体系

改革开放以来，我国陆续出台了自然资源管理与环境保护的相关法律法规，为生态治理提供了法律依据，如《森林法》（1984）、《草原法》（1985）、《土地管理法》（1986）、《水法》（1988）、《环境保护法》（1989）、《水土保持法》（1991）、《野生动物保护法》（1998）、《防沙治沙法》（2001）。

进入21世纪，生态治理的法律法规体系建设主要有两方面：一是与时俱进地对已出台的法律进行修正。如《森林法》于1998年和2009年进行了两次修正，在总则中强调发挥森林蓄水保土、调节气候、改善环境的作用；《环境保护法》于2014年修正，新增加了推进生态文明建设、促进经济社会可持续发展的总则，明确了本法所称的环境，是指影响人类生存和发展的各种天然的和经过人工改造的自然因素的总体，包括大气、水、海洋、土地、矿藏、森林、草原、湿地、野生生物、自然遗迹、人文遗迹、自然保护区、风景名胜区、城市和乡村等，强调了保护环境是国家的基本国策。二是制定法规、管理条例和实施细则，完善法律体系，提升可执行性。主要包括《陆生野生动物保护实施条例》（1992）、《城市绿化条例》（1992）、《自然保护区条例》（1994）、《野生植物保护条例》（1996）、《土地管理法实施条例》（1998）、《水土保持法实施细则》（1998）、《森林法实施条例》（2000）、《林木和林地权属登记管理办法》（2000）、《占用征用林地审核审批管理办法》（2001）、《退耕还林条例》（2004）、《国家级森林公园管理办法》（2011）。

2. 生态治理主体逐步扩展

我国生态治理的主体，从改革开放初期的政府管理机构逐步扩展到企业、社会组织、个人和公众参与，初步形成以政府为骨干的多元治理主体体系，积极参与全球生态治理并发挥重要作用。

（1）政府管理机构。在我国市场化进程中，政府行政部门规模呈现出变小趋势，但承担生态治理的政府机构则不断加强。在改革开放之初的1979年，国家成立了林业部，将森林资源管理从大农业管理中分离出来；1986年，农业部的土地局升格为国家土地管理局，将土地资源管理从大农业管理中分离出来；1988年成立国土资源部和国家环保局；1993年，国家环保局升格为副部级直属局，1998年更名为国家环境保护总局且升格为正部级机构，2008年更名为国家环境保护部。同时，相关部门还设置了一批司局级的管理部门，如农业部设立了草原监理中心、水利部设立了水土保持监测中心。

2018年，在生态文明战略布局背景下的新一轮机构改革中，国家行政机构的生态治理职能得以体现，重要举措有：第一，以原国家林业局和原农业部草原监理中心为主体成立国家林业和草原局（国家林草局），加挂国家公园管理局牌子，将草原生态治理明确纳入国家体系，明确由国家林草局统一监督管理自然保护地，加快建立以国家公园为主体的自然保护地体系。第二，国家环境保护部更名为生态环境部，凸显出国家对生态治理方面的重视职能。第三，成立国家自然资源部，统一行使全国自然资源资产所有者职责，统一行使所有国土空间用途管制和生态保护修复职责，实现山水林田湖草整体保护、系统修复、综合治理。方案提出，将国土资源部的职责，国家发展和改革委员会的组织编制主体功能区规划职责，住房和城乡建设部的城乡规划管理职责，水利部的水资源调查和确权登记管理职责，农业部的草原资源调查和确权登记管理职责，国家林业局的森林、湿地等资源调查和确权登记管理职责，国家海洋局的职责，国家测绘地理信息局的职责整合，组建自然资源部。

（2）企业、社会组织和个人。在我国生态治理中，企业、社会组织和个人发挥着越来越重要的作用。生态治理的社会组织可分为三类：一是政府官方背景社团组织，如中国绿化基金会（1985年成立）、中国治理荒漠化基

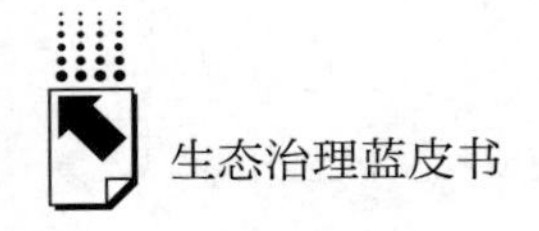

金会（2006年成立）；二是民间背景的社团组织；三是企业背景的生态治理组织，如亿利集团在库布齐沙漠的生态治理和产业发展中创建的独特的“库布齐模式”和阿拉善SEE生态协会，河北国惠集团公司投资建设的辛集污泥集中焚烧发电处置中心项目。

2005年，一群企业家发起成立了阿拉善SEE生态协会，该协会是以社会责任（society）为己任、以企业家（entrepreneur）为主体、以保护生态（ecology）为目标的社会团体。阿拉善SEE最初的探索，是从荒漠化防治开始的。2012年，阿拉善SEE在青海成立三江源保护专题项目。2014年，阿拉善SEE在内蒙古阿拉善盟启动“一亿棵梭梭”项目。十年来，阿拉善SEE与阿拉善当地政府、牧民共同走出了一条可持续发展的生态保护之路：通过梭梭嫁接肉苁蓉，让牧民的生计从忧到优；发展节水农业，保护地下水，阻止荒漠化蔓延；发起成立维喜社会企业，促进“沙漠小米”的规模化和市场化。2017年，阿拉善SEE云南绿孔雀栖息地共管保护小区项目申请得到云南省林业厅的批准，在“诺亚方舟”项目团队组织的专家、政府主管部门负责人以及项目出资方对项目申请与方案审核后，建立绿孔雀专项委员会。项目使民间公益组织与政府、专家、当地村民和落地机构，共同参与评估和管理公益项目，形成对公益项目的公共管理模式。成立14年来，会员企业家人数超过900名，在全国范围内开展环境保护工作。

2011年，国惠集团在河北省辛集市成立。辛集是我国北方重要的皮革加工基地，随着产业的不断发展，污泥处置难题也日渐成为制约该市皮革产业可持续发展的瓶颈之一。国惠集团成立后，很快成为国内最早研究脱硫脱硝技术的企业之一，其中其自主研发的AO干法脱硫脱硝协同技术与SL-STPTM污泥资源化处理技术实现了技术系统化、系统模块化、模块专业化，对改善雾霾和土地污染等重大环境问题效果良好，且承担全部承接项目的后期运维工作，能够提供量身定制的系统解决方案和“一站式”环保管家服务。

辛集污泥集中焚烧发电处置中心一期项目，主要针对工业污泥以及市政污泥进行改性脱水、燃料制作、氧化焚烧处理，年最高处理量可达27.5万吨，旨在实现制革污泥无害化、资源化、生态化利用。辛集污泥集中焚烧发电处置中心二期项目正在抓紧建设，预计2019年底将实现并网发电，预计年处理量可以达到51万吨（按含水率80%计），在保证辛集皮革污泥日产日清的同时，还将协同处理京津冀地区周边区域污泥。国惠集团在实现固废资源化利用的同时，也保护了环境。

（3）公众参与。鼓励公众参与是我国生态治理的一项重要举措。让公众参与生态治理的监督和管理，既是社会文明程度的标志，也是动员社会力量保护生态的有效办法。随着我国社会主义民主的扩大，法制建设的不断推进，公众对政府部门和企业的影响力增强。生态问题与人民群众生活息息相关，是全社会关注的焦点。建立生态保护公众参与机制，是我国生态治理的重要内容（姜春云，2004）。

生态治理的公众参与方式包括大型公益社会活动、举报制度、民间治沙等。第一，1999年，由共青团中央、全国绿化委员会等八部门共同发起了一项名为“保护母亲河行动”的大型公益社会活动，内容是组织和发动社会力量造林绿化，“5元捐植一棵树”“200元捐建一亩林”。到2003年，已在长江、黄河等流域植树造林6.67万公顷。“保护母亲河”成为全民参与生态建设的一面旗帜。第二，2000年，浙江富阳市首创了环保有奖举报制度。在随后一年多的时间里，富阳市环保局先后兑现奖金60多万元，处罚企业数百家，企业治污设施正常运转率从原来的35%提高到95%，一度污浊的河水重新变清。在最近一轮的生态督察中，公众举报成为一种有效的生态治理方式。第三，民间治沙。甘肃省武威市古浪县以“六老汉”为代表的八步沙林场三代职工，38年持之以恒地推进治沙造林（新华网，2019），是公众参与生态治理的典型案例。

3. 积极参与全球生态治理和发挥重要作用

20世纪90年代以来，我国积极参与全球生态治理，积极响应和推动国际社会生态治理相关公约的履约，积极参与联合国生态治理的重大议程并发挥重要作用。

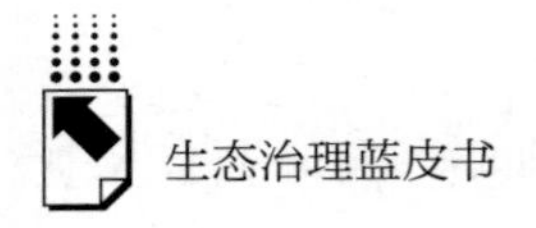

第一，积极响应联合国生态治理公约。1992 年，中国加入《关于特别是作为水禽栖息地的国际重要湿地公约》（以下简称《湿地公约》），国家林业局设立履约办公室，标志着我国制度化的湿地保护历程拉开帷幕。当时提出湿地保护方面的目标是，在国家和地方两级明确管理机构对现有湿地资源进行依法管理，提高管理的科学性。保护好一批最重要的湿地保护区，全面制止随意破坏湿地资源和湿地生境。1993 年，正式生效的《生物多样性公约》是世界各国保护生物多样性、可持续利用生物资源和公平分享其惠益的承诺，进入了国际社会全面生物多样性保护的新阶段。以 1994 年原国家环境保护局会同相关部门发布的《中国生物多样性保护行动计划》为标志，我国政府全面推动的生物多样性行动随即开启，确定了当时中国生物多样性保护的总目标是“尽快采取有效措施以避免进一步的破坏，并使这一严峻的现状得到减轻或扭转”。2010 年，由 193 个国家和地区通过《2011 ~ 2020 年生物多样性战略计划》。同年，我国环保部会同多部门编制了《中国生物多样性保护战略与行动计划（2011 ~ 2030 年）》，提出将“加强生物多样性就地保护”作为优先选项，强调挖掘陆地生态系统的知识对于保护和可持续的生计至关重要；确定了到 2015 年的近期目标、到 2020 年的中期目标和到 2030 年的远景目标。1994 年，包括中国在内的 112 个国家在巴黎签署了《联合国防治荒漠化公约》（1996 年正式生效），要求世界各国“调动足够的资金开展防沙化斗争”，为世界各国和各地区制定防治荒漠化纲要提供了依据；我国于 1997 年加入公约并在国家林业局设立了履约办公室。2017 年，我国成功举办了《联合国防治荒漠化公约》第十三次缔约方大会。

第二，积极参与联合国重大议程。1992 年 6 月联合国环境与发展大会在巴西里约热内卢召开，会议通过了《21 世纪议程》。中国政府高度重视并承诺认真履行会议通过的各项文件。同年，中国政府部门牵头组织工作小组开始编制《中国 21 世纪议程——中国 21 世纪人口、环境与发展白皮书》（简称《中国 21 世纪议程》）。1994 年，国务院批准了《中国 21 世纪议程》。2015 年，联合国举行可持续发展峰会，与会的 193 个成员国共同通过了《2030年可持续发展议程》，详述了2030年可持续发展愿景、共同原则和承诺，提出今后15年为实现17项可持续发展目标而努力，其中目标15（陆地生态系统保护目标）与我国生态治理的核心目标完全一致（孙若梅，2017）。2016年12月国务院印发《中国落实2030年可持续发展议程创新示范区建设方案》，提出的主要目标是：在“十三五”期间，创建10个左右国家可持续发展议程创新示范区，科技创新对社会事业发展的支撑引领作用不断增强，经济与社会协调发展程度明显提升，形成若干可持续发展创新示范的现实样板和典型模式，对内为国内其他地区可持续发展发挥示范带动效应，对外为其他国家落实《2030年可持续发展议程》提供中国经验。提出的基本原则是：创新理念、问题导向、多元参与、开放共享。彰显出中国在落实2030年可持续发展目标中处于领先位置，预示着中国未来将继续在落实《2030年可持续发展议程》方面发挥重要作用。2018年，习近平总书记在全国生态环境保护大会上明确提出，要共谋全球生态文明建设，深度参与全球环境治理。

（三）生态治理战略实现提升

改革开放40年来，我国生态治理的战略可分为两个时期：一是经济建设与生态保护“双赢”时期，二是生态保护优先发展的新时代。

1. 经济建设与生态保护“双赢”的时期

在改革开放的三十多年里（1978～2011年），一直是以经济建设和经济发展为前提的生态保护时期，即在追求经济增长目标的前提下实现生态治理目标，可分为三个阶段。

（1）实现经济效益、社会效益、环境效益相统一的阶段（1980～1993年）。1983年，全国第二次环境保护会议确定：环境保护是我国必须长期坚持的一项基本国策。强调经济建设、城乡建设、环境建设必须同步规划、同步实施、同步发展，实现经济效益、社会效益、环境效益相统一。1987年，国务院环境保护委员会印发《中国自然保护纲要》，这是我国在保护自然资源和自然环境方面第一部较为系统的、具有宏观指导作用的纲领性文件。其中对“自然资源和环境保护与经济持续稳定发展”的论述是：保护了自然资源和自然环境，经济就可以持续稳定地发展；经济发展了，就为自然资源和环境保护提供经济技术条件（1987）。

（2）以发展为前提的可持续发展阶段（1994～1999年）。1994年，国务院通过《中国21世纪议程——中国21世纪人口、环境与发展白皮书》。其中写道：对于像中国这样的发展中国家，可持续发展的前提是发展。只有当经济增长率达到和保持一定的水平，才有可能不断地消除贫困，人民的生活水平才会逐步提高，并且以一定的能力和条件，支持可持续发展。该文件明确提出了到2000年我国陆地生态系统的保护目标（1994）。到2000年，一些目标实现了，而更多的目标则距离实现相去甚远。

（3）扭转生态环境恶化趋势的阶段（2000～2011年）。2000年国务院印发《全国生态环境保护纲要》，提出加大生态环境保护工作力度，扭转生态环境恶化趋势，为实现祖国秀美山川的宏伟目标而努力奋斗。当时，对我国生态环境状况的判断是：长江、黄河等大江大河源头的生态环境恶化呈加速趋势，沿江沿河的重要湖泊、湿地日渐萎缩，草原地区超载放牧、过度开垦和樵采，有林地、多林区的乱砍滥伐，全国野生动植物物种丰富区面积不断减少，珍稀野生动植物栖息地环境恶化。同时，国务院正式发布实施《全国生态环境建设规划》，明确提出中国生态治理的总体目标和具体目标。总体目标是：通过生态和环境保护，遏制生态与环境破坏，减轻自然灾害的危害，促进自然资源的合理、科学利用，实现自然生态系统良性循环；维护国家生态与环境安全，确保国民经济和社会的可持续发展。具体目标是：2000～2010年基本遏制生态与环境恶化目标，2011～2030年确保生态安全目标，2031～2050年建立生态文明社会目标。这是我国首次提出建立生态文明社会的愿景。2007年党的十七大提出生态文明，要求全社会牢固树立生态文明概念。

2. 生态保护优先发展的新时代

2015年以来，我国生态治理融入生态文明制度体系，明确提出生态保护优先的战略目标。

（1）确立生态文明制度。2012 年，党的十八大把生态文明建设纳入中国特色社会主义事业“五位一体”总体布局；十八届三中全会通过的《中共中央关于全面深化改革若干重大问题的决定》中，首次明确提出，紧紧围绕建设美丽中国，深化生态文明体制改革，加快建立生态文明制度，健全国土空间开发、资源节约利用、生态环境保护的体制机制，推动形成人与自然和谐发展现代化建设新格局。党的十八大通过了党章的修正案，将生态文明建设写入了中国共产党党章。由此，我国确立生态文明制度。

2015 年以来，我国出台多项推进生态文明建设、健全生态文明制度体系的举措。第一，2015 年，发布《党政领导干部生态环境损害责任追究部分（试行）》。该文件明确规定：地方各级党委和政府对本地区生态环境和资源保护负总责，党委和政府主要领导成员承担主要责任，其他有关领导成员在职责范围内承担相应责任。中央和国家机关有关工作部门、地方各级党委和政府的有关工作部门及其有关机构领导人员按照职责分别承担相应责任。第二，2015 年，发布《生态环境损害赔偿制度改革试点方案》。该文件明确了生态环境损害，是指因污染环境、破坏生态造成大气、地表水、地下水、土壤等环境要素和植物、动物、微生物等生物要素的不利改变，及上述要素构成的生态系统功能的退化。确定的原则是：依法推进，鼓励创新。环境有价，损害担责。主动磋商，司法保障。信息共享，公众监督。第三，2015 年，发布《生态文明制度改革总体方案》（以下简称《方案》）。在《方案》中提出了八项制度：自然资源产权、国土开发保护、空间规划体系、资源总量管理和节约、资源有偿使用和补偿、环境治理体系、市场体系、绩效考核和责任追究。被称为生态文明体制建设的“四梁八柱”。第四，2017 年，党的十九大再次修改党章，将实行最严格的生态环境保护制度、增强绿水青山就是金山银山的意识、建设富强民主文明和谐美丽的社会主义强国写入党章。第五，2018 年 3 月 7 日的宪法修正案的说明中，在第八十九条第六项增加了“领导和管理经济工作和城乡建设、生态文明建设”的内容。从根

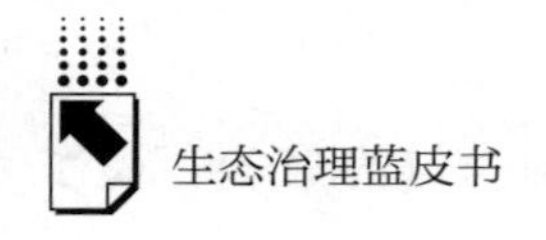

本上将生态文明建设确定为新时期中国特色社会主义的重要任务和政治要求。

（2）明确生态保护优先的发展战略。2015 年，《中共中央国务院关于加快推进生态文明建设的意见》（以下简称《意见》）明确提出，环境保护与发展的基本原则是，把保护放在优先位置，在发展中保护、在保护中发展；在生态建设与修复中，以自然恢复为主，与人工修复相结合。提出 2020 年生态文明建设的主要目标是：资源节约型和环境友好型社会建设取得重大进展，主体功能区布局基本形成，经济发展质量和效益显著提高，生态文明主流价值观在全社会得到推行，生态文明建设水平与全面建成小康社会目标相适应。《意见》明确提出了 2020 年陆地生态系统保护的具体目标是：森林覆盖率达到 23% 以上，草原综合植被覆盖度达到 56%，湿地面积不低于 8 亿亩，50% 以上可治理沙化土地得到治理，生物多样性丧失速度得到基本控制，全国生态系统稳定性明显增强。

2017 年，党的十九大报告进一步指出，建设生态文明是中华民族永续发展的千年大计，坚持人与自然和谐共生，是新时代中国特色社会主义建设的一个基本方略。人与自然是生命共同体，人类必须尊重自然、顺应自然、保护自然。人类只有遵循自然规律才能有效防止在开发利用自然上走弯路，人类对大自然的伤害最终会伤及人类自身，这是无法抗拒的规律。

2018 年，在纪念马克思 200 周年诞辰大会上习近平总书记指出："人与自然是生命共同体，人类必须敬畏自然、尊重自然、顺应自然、保护自然，我们要牢固树立和切实践行绿水青山就是金山银山的理念，动员全社会力量推进生态文明建设，共建美丽中国。"

（四）生态治理机制逐步建立

我国生态治理逐步建立和完善的两个重要机制是，逐步深化自然资源产权改革和建立生态效益补偿制度。林权和草地产权制度改革激发了企业、社会组织和个人参与生态治理的积极性，自然资源确权将为国家自然资源资产管理提供依据，逐步建立的生态效益补偿制度使提供生态效益的群体可以分享到生态服务的回报。

1. 自然资源产权制度改革

（1）集体林地产权制度改革。20 世纪 80 年代初期，我国进行了第一次集体林权改革，即林业“三定”（稳定山林权、划定自留山、确定林业生产责任制），到 1984 年底，全国有 77.5% 的县和 88.2% 的生产队完成了林业“三定”任务。但是，这项在集体林区效仿耕地产权制度改革的做法，没有取得显著成效。2003 年，开始了新一轮集体林权制度改革。这一轮林改的重要进展是，清晰界定了农户的经营权，如转让和抵押的权利。2016 年，国务院办公厅印发了《关于完善集体林权制度的意见》，集体林权制度改革进一步深化，并探索推行了一系列改革举措，如福建试点重要生态区位商品林赎买制度，浙江首创公益林补偿收益权确权登记制度等。截至 2017 年底，全国确权集体林地面积 27.05 亿亩，占纳入集体林改林地面积的 98.97%；发放林权证面积累计达 26.41 亿亩，占已确权林地总面积的 97.65%。

（2）草地产权制度改革。改革开放之初，效仿农区的家庭承包经营改革，草原牧区推行了畜牧家庭承包制（1981～1983 年）和草、畜双承包制（1984 年）；1990 年代，又推行了草地有偿承包制。借鉴农区做法的草地产权改革，曾导致我国草地出现了日益严重的退化，引起了对草地家庭承包制的争论。党的十八大以来，开展承包草原确权登记颁证，推行所有权、承包权、经营权“三权”分置，鼓励草原经营权流转，对稳定草原承包关系、促进草原生产方式转变和草原生态保护起到了积极的推动作用。到 2018 年底，全国已承包草原面积 43.08 亿亩，占可利用草原总面积的 88.21%。其中，到户的草原面积 31.99 亿亩，占比 74.3%。在草地产权制度改革中，生态保护优先原则得以确立，初步完成了由经济为主到生态经济并重再到生态优先的转变。

（3）自然资源统一确权。在生态文明制度建设中，自然资源统一确权提上日程。2019 年 7 月自然资源部、财政部、生态环境部、水利部、国家林业和草原局印发《自然资源统一确权登记暂行办法》，明确了国家实行自然资源统一确权登记制度。自然资源确权登记坚持资源公有、物权法定和统一确权登记的原则，对水流、森林、山岭、草原、荒地、滩涂、海域、无居民海岛以及探明储量的矿产资源等自然资源的所有权和所有自然生态空间统一进行确权登记。自然资源主管部门作为承担自然资源统一确权登记工作的机构，按照分级和属地相结合的方式进行登记管辖。

2. 建立生态效益补偿机制

（1）森林生态补偿政策。森林生态效益补偿政策最早出现在1992年国务院批准国家体改委的《关于一九九二年经济体制改革要点的通知》（以下简称《通知》）中。该《通知》明确提出："要建立林价制度和森林生态效益补偿制度，实行森林资源有偿使用。"1998年颁布的《中华人民共和国森林法（修正）》规定：国家设立森林生态效益补偿基金，用于提供生态效益的防护林和特种用途林的森林资源、林木的营造、抚育、保护和管理。它标志着我国森林生态效益补偿制度有了法律保证。

2001年，财政部设立森林生态效益补助基金，主要用于提供生态效益的生态公益林的保护和管理。由此，我国森林生态效益补偿制度开始得到财政资金的支持。2001年11月，全国森林生态效益补助资金试点工作正式启动，试点范围包括11个省区的685个县（单位）和24个国家级自然保护区，涉及重点防护林和特种用途林2亿亩，补助标准为每亩每年5元。2010年和2013年，我国两次提高了中央财政对集体和个人所有的生态公益林补偿标准，2010年提高到每亩每年10元，2013年又进一步提高到每亩每年15元；2017年，我国提高了中央财政对国有生态公益林补偿标准，从每亩每年5元提高到10元。

（2）草原生态补助奖励政策。为了加强草原生态保护，转变畜牧业发展方式，促进牧民持续增收，维护国家生态安全。2010年，我国决定建立草原生态保护补助奖励机制。2011年起，中央财政每年安排资金，实施草原生态保护补助奖励政策。从初期的内蒙古、新疆、西藏、青海、四川、甘肃、宁夏和云南8个主要草原牧区省（区）扩展到13个主要草原牧区省（区）。具体政策措施为：一是实施禁牧补助。按每公顷90元的标准给予补助。二是实施草畜平衡奖励。按每公顷22.5元的标准对未超载放牧的牧民给予奖励。三是落实对牧民的生产性补贴政策。自2011年开始的八年中，国家对牧民的补助奖励资金达1326亿元。

3. 湿地生态补偿试点

2009年，《中共中央国务院关于2009年促进农业稳定发展农民持续增收的若干意见》首次提出启动湿地生态效益补偿试点的要求。2010年，中央财政设立了湿地保护补助专项资金，开展了退耕还湿、湿地保护奖励试点。2014年，财政部会同国家林业局印发了《关于切实做好退耕还湿和湿地生态效益补偿试点等工作的通知》，中央财政拓展了湿地保护的财政支持政策范围，加大了湿地保护投入力度，全年安排湿地补贴资金16亿元，实施湿地补贴项目268个，分别比2013年增长540%和119.67%，目标是支持湿地保护与恢复。中央财政安排湿地补贴资金，2015年和2016年均为16亿元，2017年和2018年均为19亿元。

（五）实施大规模生态治理工程

我国生态治理重大工程包括：重大林业生态工程、草原生态保护工程、防治荒漠化生态工程、湿地生态建设、生物多样性保护行动。以1978年启动“三北”防护林工程为起点，20世纪80年代，我国重大生态工程的主要内容是防护林体系建设，目标为国家和人民的生产生活的生态安全保障。随着综合国力的增强和生态系统破坏制约的凸显，1998年实施的天然林资源保护工程，将我国林业从以木材生产为主向以生态建设为主转变；我国防治荒漠化工程，以2000年启动的京津风沙源治理工程为起点；2002年的退耕还林还草和退牧还草工程，将耕地、林地、草地纳入整体生态系统保护中。2004年，以国家湿地公园为重要措施的湿地保护建设。1994年，我国发布的《中国生物多样性保护行动计划》，标志着政府全面推动的生物多样性行动正式开启。

2015年以来，生态文明建设纳入了中国特色社会主义事业“五位一体”的总体布局，生态恢复和质量提升工程成为重点，如2016年实施的森林质量提升工程，将我国从重视森林数量增加转型到可持续的森林生态系统管理。生物多样性保护从自然保护区管理体系到国家公园体系中自然保护地管理体制。

1. 重大林业生态工程

（1）防护林体系工程。改革开放之初的1978年，我国启动“三北”防护林体系建设生态工程，该工程规划从1978年起到2050年结束，规划造林3560万公顷，目标是针对中国“三北”地区严重的风沙干旱、水土流失等自然灾害和生态问题，将“三北”地区森林覆盖率提高到14.95%。“三北”防护林项目启动后，又启动了一系列区域性的防护林工程，它们是沿海防护林工程、长江中上游防护林工程、太行山绿化工程等，后来，这些工程统称为“三北”及长江流域等防护林体系建设工程。到2018年，“三北”工程已走过了40年，进入第五期工程建设阶段，重点工程包括百万亩防护林基地、黄土高原综合治理林业示范项目、退化林分修复项目等。40年来，“三北”工程建设累计完成造林保存面积3014.3万公顷，工程区森林覆盖率由1977年的5.05%提高到2018年的13.57%，活立木蓄积量由7.2亿立方米提高到33.3亿立方米。

（2）天然林资源保护工程。1998年，我国启动天然林资源保护工程一期（1998～2010年），目的是消除天然林过度采伐带来的严重资源危机和对生态环境的负面影响，实现天然林的木材用途向生态保护用途转变。该工程包括长江上游、黄河上中游地区天然林资源保护工程和东北、内蒙古等重点国有林区天然林资源保护工程两部分。工程一期分为两个阶段，第一阶段（2000～2005年）以停止天然林采伐、建设生态公益林、分流和安置下岗职工为主要内容。第二阶段（2006～2010年）以保护天然林资源、恢复林草植被、促进经济和社会可持续发展为主要内容。2000～2010年工程总投资为962亿元。

2011～2020年，实施天然林资源保护二期工程，实施范围在原有基础上增加丹江口库区的11个县（市、区），目标是增加森林面积、增加森林蓄积量、增加森林碳汇量，进一步改善生态状况。主要目标是：力争经过

10年努力，新增森林面积7800万亩，森林蓄积净增加11亿立方米，森林碳汇增加4.16亿吨，生态状况与林区民生进一步改善。预计天然林资源保护二期工程中央投入2195亿元。天保工程实施的20年间，天然林增加了0.9亿亩，29.66亿亩天然林得到有效保护。

（3）退耕还林还草工程。我国自20世纪80年代中期开始推行25度以上坡耕地的退耕还林还草工作，这项工作在小流域治理中取得了成效，但由于没有配套政策，未能得到推广。1999年，我国提出了"退耕还林（草），封山绿化，以粮代赈，个体承包"的生态建设方针，且当年就在四川、陕西、甘肃三省先行开展退耕还林还草的试点工作。

2002年，我国正式开启退耕还林还草工程一期（2002～2013年），目标是实现25度以上坡耕地的退耕，通过退耕还林和荒山造林、封山育林，共增加林地3.64亿亩，项目区森林覆盖率平均提高2个百分点以上。扶持政策是：还生态林补助8年，还经济林补助5年，还草补助2年。[①] 退耕还林还草工程是当时我国投资量最大、群众参与度最高的生态建设工程。2007年退耕还林粮食和生活费补助期满后，国家继续对退耕农户给予现金补助，2002～2013年实施期共投资4311亿元。2014年，国家林业局组织开展了长江、黄河中上游地区的退耕还林生态效益评估，评估中的生态效益包括：涵养水源、固土、保肥、固碳、释放氧气、林木积累营养物质、提供空气负离子、吸收污染物、滞尘、防风固沙，评估结果显示按照2014年当时价评估，长江、黄河流域中上游退耕还林工程年产生生态效益价值为8506.26亿元。

2014年，国务院正式批准了《新一轮退耕还林还草总体方案》，以此为标志，我国开始实施退耕还林二期工程（2014～2020年），目标是到2020年将全国具备条件的坡耕地和严重沙化耕地约4240万亩退耕还林还草。新

① 具体补助标准：一是粮食补助，每退耕1亩，长江流域及南方地区，每年补助原粮150千克，黄河流域及北方地区，每年补助原粮100千克。二是现金补助，退耕1亩，补助现金20元。三是造林补助，每造林1亩，补助50元。

一轮退耕还林工程的补助方式发生了极大改变。[①] 1999~2018 年 20 年间，全国累计实施退耕还林还草 1.99 亿亩、荒山荒地造林 2.63 亿亩、封山育林 0.46 亿亩，中央累计投入 5112 亿元。

（4）森林质量提升工程和天然林保护修复制度。2016 年，我国森林生态系统保护重点从面积增加转变到质量提升。在《“十三五”森林质量精准提升工程规划》中，提出实施森林抚育、加强退化林修复 1.5 亿亩目标，新启动森林质量精准提升示范项目。2016~2018 年退化林修复面积分别为 1487 万亩、1922 万亩、1994 万亩。2019 年中办、国办印发《天然林保护修复制度方案》，要求全面保护 29.66 亿亩天然林。继续停止天然林商业性采伐，并按规定安排停伐补助和停伐管护补助。恢复森林资源、扩大森林面积、提升森林质量、增强森林生态功能。

2. 草原生态保护工程

草原生态保护工程的重要内容是退牧还草，以及围栏、禁牧、休牧、划区轮牧等草原保护项目，目的是尽快治理退化、沙化草原，减轻风沙危害。

2002 年，我国启动退牧还草工程（2002~2010 年），其间中央累计安排退牧还草工程建设资金 135.7 亿元，约占同期国家草原保护建设总投入的 75%。对围栏建设分别按青藏高原地区 25 元/亩、其他地区 20 元/亩的标准投入，其中 70% 由中央补助。对工程区内的部分重度退化草地实行补播改良，国家每亩补助草种费 10 元。与此同时，为保证工程的顺利实施，国家还对工程区实施禁牧休牧安排了饲料粮补贴，2003~2009 年，饲料粮补助累计为 63 亿元。根据农业部《2009 年全国草原监测报告》，对内蒙古、四川、西藏、甘肃、青海、宁夏、新疆七省（区）和新疆生产建设兵团的退牧还草工程监测结果显示，工程区平均植被盖度为 64%，比非工程区提高

① 新一轮的补贴标准：退耕还林中央每亩补助 1500 元（5 年计），分三次下达，第一年 800 元、第三年 300 元、第五年 400 元。退耕还草中央每亩补助 800 元（3 年计）。其中，财政专项资金安排现金补助 680 元，中央预算内投资安排种苗种草费 120 元；分两次下达，第一年 500 元，第三年 300 元。另外，新一轮退耕还林工程不再规定生态林、经济林比例，充分尊重人民群众的意愿。

12个百分点，鲜草产量和可食鲜草产量比非工程区分别提高36.2%、75.1%和84.1%。通过实施退牧还草工程，草原特有的涵养水源、防止水土流失、防风固沙等生态功能明显增强。

退牧还草工程是我国草原生态建设的主体工程，“十二五”和“十三五”继续实施该工程。从2003年开始实施，到2018年中央已累计投入资金295.7亿元，工程的实施累计增产鲜草8.3亿吨。截至2018年底，全国主要草原牧区都已实行禁牧休牧措施，全国草原禁牧休牧轮牧草原面积为24.3亿亩，约占全国草原面积的41.2%。

3. 防治荒漠化生态工程

防治荒漠化生态工程包括：京津风沙源治理，岩溶地区石漠化综合治理，大江大河上游或源头、生态区位特殊地区石漠化治理，全国防沙治沙示范区建设，支持社会组织和企业参与防沙治沙和沙产业发展。

第一，2000年，我国启动京津风沙源治理工程，目标是通过采取多种生物措施和工程措施，遏制京津及周边地区土地沙化的扩展趋势。到2018年工程区累计完成营造林884万公顷、工程固沙4.4万公顷。第二，2006年，启动西南岩溶地区草地治理试点工程，在贵州和云南实施；近期我国启动了大江大河上游或源头、生态区位特殊地区石漠化治理。第三，自2015年起，我国实施沙化土地封禁保护修复制度，采用一种自然修复手段，对暂不具备治理条件和因保护生态需要不宜开发利用的连片沙化土地实施封禁保护，遏制沙化扩展，自然恢复荒漠生态系统。建设150处国家沙漠（石漠）公园，实施《沙化土地封禁保护修复制度方案》，落实地方政府防沙治沙目标责任制，尽快形成较为完善的沙化土地封禁保护修复制度体系。强化防沙治沙执法督察，依法保护沙区植被，巩固防沙治沙成果。到2018年封禁保护总面积达166万公顷。

4. 湿地生态建设

20世纪80年代中期基本实现粮食自给后，国家开始实施“退田还湖”政策。该工程的实施，实现了千百年来从围湖造田、与湖争地到大规模退田还湖的历史性转变。第一，2003年，国务院批准了《全国湿地保护工程规划（2002~2030年）》，确立了到2030年90%以上的天然湿地得到有效保护、湿地生态系统的功能得到充分发挥、湿地资源实现可持续利用的目标。2004 年，国务院办公厅出台《关于加强湿地保护管理的通知》，强调从维护可持续发展的长远利益出发，必须坚持保护优先原则，对现有自然湿地资源实行普遍保护，坚决制止随意侵占和破坏湿地的行为。2005 年，我国第一个国家湿地公园——杭州国家西溪湿地公园试点工作正式启动。自此，国家湿地公园成为湿地建设的一种重要方式，国家湿地公园数量快速增加。2017 年底为 898 处，总面积达 363 万多公顷，保护湿地面积 239 万公顷。在国家湿地公园数量快速增长的同时，对监管也提出了新要求。第二，2016 年，我国出台《湿地保护修复制度方案》，从完善湿地分级管理体系、实行湿地保护目标责任制、健全湿地用途监管机制、建立退化湿地修复制度、健全湿地评价体系五个方面提出了湿地保护的具体政策措施。湿地生态建设从建设国家湿地公园深化到湿地保护修复。

5. 生物多样性保护行动

自然保护区发展。1956 年，我国开始了第一批自然保护区建设，当时建立自然保护区的主要目的是为科学家发现新物种提供场所，而不是以生态系统为保护目标。改革开放之初，建立自然保护区的目标由关注新物种提升到关注典型生态系统。1994 年，我国发布《中国生物多样性保护行动计划》，标志着政府全面推动的生物多样性行动的开启，确定了中国生物多样性保护的总目标是“尽快采取有效措施以避免进一步的破坏，并使这一严峻的现状得到减轻或扭转”。设立自然保护区的目标是保护典型生态系统、保持生物多样性，我国自然保护区数量进入快速增长时期。我国建立的自然保护区，涉及全国 85% 的物种和 90% 的生态系统，在保护自然生态系统和珍稀动植物物种中发挥着至关重要的作用。

国家公园体制试点。2013 年，在《中共中央关于全面深化改革若干重大问题的决定》中，首次提出建立国家公园体制。十八届三中全会提出“建立国家公园体制”，以解决自然保护领域存在的问题，自此，国家公园建设进入探索阶段。2015 年，国家 13 个部委联合印发了《建立国家公园体制试点方案》；2017 年，中办、国办发布《建立国家公园体制总体方案》，提出到2020年中国建立国家公园体制试点基本完成，整合设立一批国家公园，分级统一的管理体制基本建立，国家公园总体布局初步形成。2019年，国家颁布《关于建立以国家公园为主体的自然保护地体系的指导意见》。到2019年，我国已设立10个国家公园体制试点，分别是三江源、东北虎豹、大熊猫、祁连山、湖北神农架、福建武夷山、浙江钱江源、湖南南山、北京长城和云南普达措国家公园体制试点。

（六）生态治理效果显著

本报告以生态系统变化度量生态治理的效果。生态系统变化的具体指标包括面积、覆盖率、蓄积量、产草量、自然保护区数量和面积。根据监测和调查数据判断，生态系统发生了如下变化：森林覆盖率稳步提高，草原生态系统呈现恢复态势，土地荒漠化和沙化面积持续扩展的趋势得以扭转，湿地面积增加，自然保护区数量和面积由快速增长到趋于稳定。中国陆地生态系统质量呈现出总体向好态势。

1. 指标和数据

第一，森林生态系统的指标是森林覆盖率、森林蓄积量，数据来源是我国历次森林资源清查结果。到2018年底，我国共公布了8次森林资源清查结果。为方便数据可比性，本文使用第三次（1984～1988年）、第四次（1989～1993年）、第五次（1994～1998年）、第六次（1999～2003年）、第七次（2004～2008年）、第八次（2009～2013年）的清查数据。第二，草原生态系统指标是天然草地产草量和草原综合植被盖度。1979～1990年我国开展第一次草地资源详查，1990年我国公布草原面积数据，2018年底仍使用这一面积数据。由此，使用草原面积衡量草原生态系统数量变化遇到困难。2005年起，农业部草原监理中心开始了全国草原监测工作（2018年起为国家林草局承担此职能），并按年度发布《中国草原监测报告》。第三，荒漠生态系统指标是沙化土地面积和荒漠化土地面积。数据来源是历年《全国荒漠化监测报告》。2000年起，我国荒漠化和沙化监测进入规范化阶段，第三次、第四次、第五次的监测数据有了可比性。到2018年底，我国沙化和荒漠化面积使用第五次荒漠化监测数据。第四，湿地生态系统指标是湿地面积。湿地由天然湿地和人工湿地构成。数据来源是第一次（1995～2003年）和第二次（2004～2013年）全国湿地资源调查结果。到2018年底，全国湿地数据使用第二次调查数据。第五，生物多样性指标是自然保护区和不同生态系统类型的自然保护区的数量和面积，数据来源是历年《中国统计年鉴》。

2. 森林覆盖率和森林蓄积量稳步提高

比较第三至第八次全国森林资源清查结果，如图1所示，其突出特征是森林覆盖率和森林蓄积量呈上升趋势。1984～2013年，森林覆盖率从12.98%增长到21.63%，30年间增长了66.64%；1984～2013年，森林蓄积量从91.41亿立方米增长到151.37亿立方米，30年间增长了65.59%（见图1）。

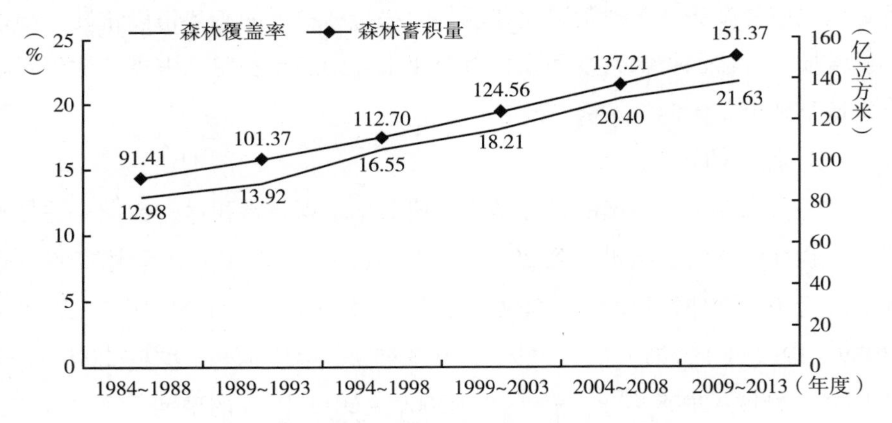

图1 我国森林覆盖率和森林蓄积量的变化

3. 造林面积稳中有升，重大生态工程占比下降

2001年以来，全国造林面积总体呈现稳中有升态势（见图2），① 2001年为495.3万公顷，2010年增加到591万公顷，2015年以来每年

① 需要说明：2001～2010年数据来自《中国统计年鉴（2012）》，其中2003年造林面积为9118894公顷，为的是与各项生态工程造林面积相对应。《中国统计年鉴（2014）》已经将2003年调整为8432486公顷。

造林面积稳定在700万公顷以上。林业重点工程（包括防护林工程、天保工程、退耕还林、京津风沙源工程、速生林工程）占全国造林面积比重呈现逐步下降态势，其中，2001～2010年占60%以上，2011～2018年从51.6%下降到33.5%，即重大林业生态工程对造林面积的贡献持续下降，逐步实现从以工程建设促生态治理提升到体系建设推动生态治理阶段。

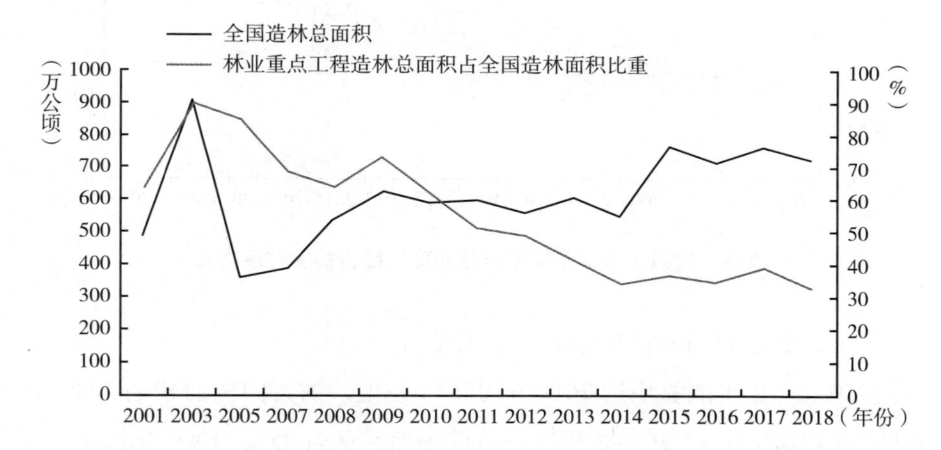

图2　我国造林总面积和林业重点工程造林占全国造林面积的比重

资料来源：2001～2010年数据来自《中国统计年鉴（2012）》，2011～2018年数据来自《中国统计年鉴（2018）》，2015年、2016年、2017年《中国林业发展报告》，2018年《中国林业发展报告》、2018年《中国草原发展报告》。

4. 天然草原鲜草总产量和草原综合植被盖度波动上升

从天然草原鲜草产量和综合植被盖度的变化判断，我国草原生态系统呈现出恢复的态势。我国草原生态实现了从全面退化到局部改善，再到总体改善的历史性转变（刘加文，2018）。2005～2018年，全国天然草原鲜草总产量从93784万吨增加到110000万吨，2011年以来连续八年超过10亿吨。2011～2018年，我国草原综合植被盖度由51.0%提高到55.7%，2018年较2011年提高4.7个百分点（见图3）。天然草原产草量和综合植被盖度的重要影响因素是降水量，如果遭遇一定程度旱灾则会出现波动下降，如2014年和2015年的波动下降就是受降水影响。目

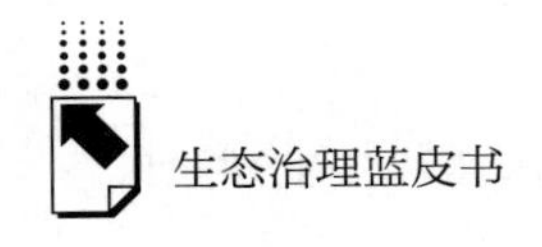

前，我国刚刚开始恢复的草原生态系统仍显脆弱，全面恢复草原生态需要持续保护。

图3　我国天然草原鲜草产量和草原综合植被盖度变化

5. 土地沙化面积和荒漠化面积出现缩减

我国荒漠化土地面积达261.16万平方公里，约占国土面积的1/4，沙化土地面积达172.12万平方公里，占国土面积的近1/5。1999年以来，连续三个监测周期的数据显示，我国实现荒漠化和沙化面积的缩减呈现整体遏制态势。第一，土地沙化面积缩减。20世纪80年代、90年代初期和末期，年均分别增加2100平方公里、2460平方公里和3436平方公里（杨维西，2013）；1999～2004年、2005～2009年、2010～2014年的三个监测周期中，年均分别减少1283平方公里、1717平方公里和1980平方公里。第二，土地荒漠化面积缩减。1980～2000年我国土地荒漠化呈现加剧态势，2000年起开始出现缩减态势。具体是，我国荒漠化土地面积从20世纪末年均扩展10400平方公里转变为目前的年均缩减2424平方公里。

6. 湿地面积增加

20世纪80年代中期基本实现粮食自给后，国家开始实施“退田还湖”政策。该工程的实施，实现了千百年来从围湖造田、与湖争地到大规模退田还湖的历史性转变。在国务院批准的《全国湿地保护工程规划（2002～

2030年)》中，确立了到2030年90%以上的天然湿地得到有效保护、湿地生态系统的功能得到充分发挥、湿地资源实现可持续利用的目标。

第一，湿地面积变化。第二次调查的湿地面积（2013年）较第一次调查的湿地面积（2003年）增加了38.81%，其中，天然湿地面积增加28.93%，人工湿地面积增加195.23%，即人工湿地增幅大于天然湿地增幅。天然湿地中沼泽增加58.63%、河流增加28.57%、湖泊增加2.9%，海岸及近海湿地面积减少2.45%。

第二，不同类型湿地面积占湿地总面积比例的变化。2013年较2003年，天然湿地中沼泽面积占比从35.6%上升到40.68%，湖泊占比从21.70%下降到16.09%，河流占比从21.32%下降到19.75%，近海与海岸占比从15.44%下降到10.85%；人工湿地占比从5.94%上升到12.63%（见表1）。

表1　第一次和第二次全国湿地调查的湿地面积及变化

单位：千公顷，%

项　目		第一次调查数据（2003年）		第二次调查和数据（2013年）		第二次较第一次增(减)
		面积	占湿地总面积	面积	占湿地总面积	
天然湿地	近海与海岸	5941.7	15.44	5795.9	10.85	-2.45
	河流	8207	21.32	10552.1	19.75	28.57
	湖泊	8351.6	21.70	8593.8	16.09	2.9
	沼泽	13700.3	35.60	21732.9	40.68	58.63
	小计	36200.60	94.06	46674.70	87.37	28.93
人工湿地		2285	5.94	6745.9	12.63	195.23
合计		38485.6	100.00	53420.6	100.00	38.81

7. 自然保护区数量和面积从快速增加到趋向稳定

我国自然保护区分为国家级、省级、地市级和县级，是行政体制下具有行政级别的单位。第一，自然保护区的数量和面积从快速增加到趋向稳定。1956年我国建立第一个自然保护区，1978年自然保护区为34个，面积126.5万公顷，占国土面积的0.13%。1999年，我国自然保护区数量超过

1000个（1149个），占国土面积的8.8%。到2017年底，我国自然保护区总数量为2750个，总面积为14716.7万公顷（见图4）。其中：2015年[①]国家级自然保护区的数量是428个，面积9648.8万公顷，分别占当年自然保护区总数量和总面积的15.62%和65.63%。国家级自然保护区面积接近2/3。第二，国家级自然保护区的生态系统构成（李俊生等，2015）。从数量看，森林生态系统保护区占比最大，为63.88%；从面积看，荒漠生态系统保护区占比最大，占46.46%（见表2）。

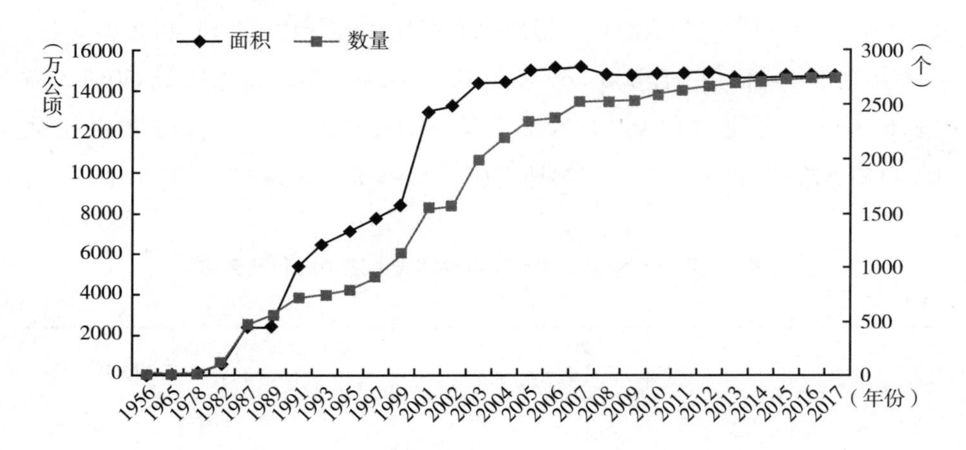

图4　我国自然保护区数量和面积的变化

表2　国家级自然保护区的生态系统构成

单位：个，%，平方公里

项目	数量	占比	面积	占比
森林生态系统	260	63.88	160819	17.10
草原生态系统	8	1.97	68133	7.25
荒漠生态系统	16	3.93	436909	46.46
湿地生态系统	103	25.31	271126	28.83
自然遗迹类	20	4.91	3406	0.36
合　计	407	100.00	940393	100.00

① 2016年我国开始探索建立以国家公园为主体的自然保护地体系，不再统计国家级自然保护区数量。

二　中国生态治理存在的主要问题与机遇

生态系统的经济特征是，具有与生态平衡相联系的可持续产量，具有与自然极限相联系的生态承载力。超过可持续产量和生态承载力的行为，终将给生态系统带来灾难。1987 年，《我们共同的未来》就开始号召“技术的重新定位——人类与自然间的关键联系”（1989）。工程组织世界联合会（WFEO）要求工程师们“知道生态系统的相互依赖性、多样性的维持、资源的恢复与相互和谐的原则构成了我们可持续生存的基础，这些基础中的每一个都具有不应被超越的可持续性阈值”（Thom，1993）。生态系统面临的挑战是，人类生态系统经济利用与生态系统变化之间的时空不匹配性，经济增长核算与生态系统变化尺度的差异性。

在我国确立生态文明制度建设和生态保护优先发展战略背景下，本文将我国生态治理中面临的若干重大问题概括为四点。一是实现全面遏制土地退化目标长期性的挑战。土地荒漠化和土地沙化面积大、分布集中；受气候变化因素制约，面积缩减的变化极其脆弱和不稳定。草原生态保护中，重点天然草原平均牲畜超载率仍约 10%，草畜平衡年度管理面临挑战。二是破解生态保护优先发展与产业化进程的冲突紧迫性的挑战。草原生态保护优先与工矿业发展的冲突、林地生态利用与经济利用的矛盾，如何在生态保护优先战略下转型升级产业和推进产业现代化进程。三是自然保护区共享经济增长成果艰巨性的挑战。自然保护区面积大省份的 GDP 数量小，在以 GDP 为经济增长指标体系中，需要回答自然保护区面积大省份如何共享全国经济增长的成果以及如何实现利益分配的尺度超越自然保护区省份。四是提升监测能力和构建现代监测体系的挑战。

我国生态治理的机遇为：生态文明制度的机遇，绿水青山就是金山银山的理论机遇，数字科学和信息时代的技术机遇，以及落实《2030 可持续发展议程》的国际机遇。

（一）中国生态治理中存在的问题

1. 实现全面遏制土地退化目标的长期性

土地退化是自然因素与人为因素共同作用的结果，防治土地荒漠化是我国的一项重要战略任务。我国已采取一系列行之有效的举措成功遏制了荒漠化扩展的态势。但是，我国土地荒漠化面积呈现出波动性特征，重点天然草原平均牲畜超载率仍高于10%。防治土地荒漠化是重大的生态工程，更是重大的社会工程，全面遏制土地荒漠化扩展需要一个长期的过程。

（1）土地荒漠化面积的波动性。我国荒漠化土地面积约占国土面积的1/4，其中沙化土地面积约占国土面积的近1/5。土地荒漠化已成为建设生态文明和美丽中国的重要制约因素（张建龙，2019）。第三、四、五次全国土地荒漠化监测报告数据显示，我国荒漠化土地面积和沙化土地面积呈现出波动性和集中分布在西部省份的特征，并且个别省份存在略有增加的现象。

全国土地荒漠化监测数据显示，新疆、内蒙古、西藏、甘肃、青海五省份第三、四、五次监测的土地荒漠化面积，合计分别为251.27万平方公里、250.51万平方公里和249.78万平方公里，占全国的比重分别为95.32%、95.48%%和95.64%，即这五省份土地荒漠化面积呈现下降趋势，但占全国的比重却呈上升趋势，这五个省份的土地沙化面积呈现与土地荒漠化面积同样的趋势。

第三、四、五次的三个监测周期中，甘肃省土地荒漠化面积分别为19.35万平方公里、19.21万平方公里和19.50万平方公里，新疆土地沙化面积分别为74.63万平方公里、74.67万平方公里和74.71万平方公里，均呈波动上升趋势（见表3）。

（2）草畜平衡年度管理的困境。我国开展的草原生态保护和恢复工程，对于提高草原生态系统质量具有显著作用。但从总体上看，我国绝大部分草原存在不同程度的退化、沙化、石漠化、盐渍化等现象（刘加文，2018）。

表 3　第三至五次全国土地荒漠化监测数据

单位：万平方公里，%

地区	第三次（2000～2004 年）				第四次（2005～2009 年）				第五次（2010～2014 年）			
	荒漠化面积	荒漠化面积占全国的比重	其中：沙化面积	沙化面积占全国的比重	荒漠化面积	荒漠化面积占全国的比重	其中：沙化面积	沙化面积占全国的比重	荒漠化面积	荒漠化面积占全国的比重	其中：沙化面积	沙化面积占全国的比重
全国	263.61		173.97		262.37		173.11		261.16		172.12	
新疆	107.16	40.65	74.63	42.90	107.12	40.83	74.67	43.13	107.06	40.99	74.71	43.41
内蒙古	62.24	23.61	41.59	23.91	61.77	23.54	41.47	23.96	60.92	23.33	40.79	23.70
西藏	43.35	16.44	21.68	12.46	43.27	16.49	21.62	12.49	43.26	16.56	21.58	12.54
甘肃	19.35	7.34	12.03	6.91	19.21	7.32	11.92	6.89	19.50	7.47	12.46	7.24
青海	19.17	7.27	12.56	7.22	19.14	7.30	12.5	7.22	19.04	7.29	12.17	7.07
五省合计	251.27	95.32	162.49	93.40	250.51	95.48	162.18	93.69	249.78	95.64	161.71	93.95

由于草地生产力随着水热条件变化而变化，存在很大的季节性和跨年度的波动性，导致按照年度核定的草畜平衡管理面临着挑战，存在着一些年度或季节性的过牧、一些年度或季节性的利用不足的现象，导致无法实现草畜平衡年度管理目标。相应政策是：将草原管理的重点从草地生产力监测扩展到草原生态系统健康的监测，实现从年度草畜平衡目标向多年度间波动性平衡的管理目标转变。

《中国草原监测报告》显示，重点天然草原平均牲畜超载率在 2005～2018 年呈现下降趋势，从 2006 年的 34% 下降到 2018 年的 10.2%（见图 5）。需要指出的是，2018 年我国重点天然草原平均牲畜超载率仍超过 10%。天然草原平均牲畜超载率在 2006～2018 年的同比下降幅度可分为三个阶段：2006～2012 年，超载率高、年度同比下降幅度在 7% 以内；2013～2014 年，同比下降最快，2014 年较 2013 年同比下降达 26.96%；2015～2018 年，同比下降幅度均超过 9%。按照这样的下降速度，未来一个时期，我国仍将面临天然草原牲畜超载的挑战。

图5　重点天然草原平均牲畜超载率和同比变化

2. 破解生态保护优先发展与产业化进程冲突的紧迫性

目前，我国中西部地区处在城镇化、工业化、农业现代化的高峰期，面临着城镇扩张、产业发展、基础设施建设对土地的需求，在这一发展阶段不可避免地存在着生态保护与产业开发顺序的矛盾，如草原生态保护优先与工矿业发展的冲突、林地生态利用与经济利用的矛盾等。草原地区当前最突出的问题是经济发展与生态保护的矛盾日趋激烈，面积减少是草原生态环境和可持续发展的最大威胁；由于各种征占行为，全国草原面积持续萎缩，年均减少约50万公顷（刘加文，2018）。

（1）草原保护与工矿业发展的冲突。分析我国官方公布的草原面积数据和煤炭基础存量数据，可以发现我国草原面积与煤炭基础存量在省区分布上存在相关性。第一，我国的天然草原分布在20个省区，草原总面积369893.1平方公里。其中西藏、内蒙古、新疆、青海的天然草原面积分别占我国的22.18%、21.30%、15.48%和9.83%，即这四省区的天然草原面积占我国的68.79%。第二，我国煤炭基础存量2399.93亿吨，其中具有天然草原的20个省区基础煤炭存量占全国存量的95.10%。

我国绝大多数省区具有天然草原面积大和煤炭基础存量高并存的特征

（只有山西是例外），其中内蒙古和新疆尤为显著。内蒙古天然草原和煤炭基础存量分别占全国的21.30%和20.42%，新疆天然草原和煤炭基础存量分别占全国的15.48%和6.58%（见图6），在生态治理中表现为草原保护与煤炭产业发展的矛盾突出。

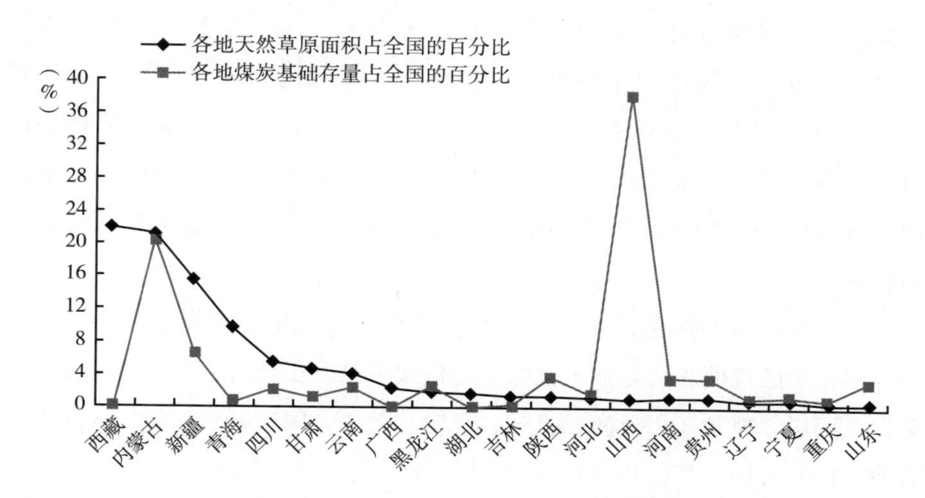

图6　我国各省份天然草原面积占全国百分比和煤炭基础存量占全国的百分比

在我国的草原依法管理中，对非法征收征用使用草原案件的打击力度明显加大。2017年，全国各地共查处非法征收征用使用草原案件552起，是2016年查处数量的3.5倍，超过前五年查处该类案件数量的总和；向司法机关移送案件33起，为移送该类案件数量最多的一年。

（2）森林生态系统保护与农业产业化的矛盾。生态系统保护与经济利用之间的冲突的具体表现之一是，在一些县市存在着林果种植与生态林地的矛盾，如生态林地被转换为林果树、苗木、苗圃。2018年实地调研的情况是，四川省出现柠檬经济林种植占用生态林地，如四川安岳县柠檬主产区经营大户到省内其他地区的生态林地种植柠檬树；江西省出现脐橙经济林种植占用生态林地，如江西省赣南脐橙主产区经营大户到本省其他地区的生态林地种植脐橙树。在农业现代化和产业化进程中，存在着经济林种植与森林生态系统保护之间的矛盾。

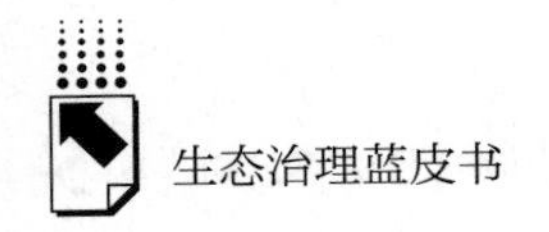

3. 自然保护地共享经济增长和社会发展成果的艰巨性

以我国各省市区的国家级自然保护区面积①、GDP 总量②和人口数量分别代表自然保护地、经济增长和社会发展指标。分析结果为：国家级自然保护区面积大的省份，GDP 总量水平低，人口数量少；GDP 总量水平高的省份国家级自然保护区面积小，人口多。即在空间和行政管理单元上，国家级自然保护区面积与经济增长水平分离。如何让国家自然保护区面积大的省份共享经济增长和社会发展成果，是我国生态治理中的重大挑战。这种生态保护与经济增长在空间和行政单元的分离，需要制度设计来弥补，构建起惠益当地和跨越生态系统空间格局的全面共享共治机制。

（1）国家级自然保护区面积排名前列省份的 GDP 占比低。我国的国家级自然保护区按面积排名前十位的省份依次是西藏、青海、新疆、甘肃、内蒙古、四川、黑龙江、云南、吉林、辽宁。第一，国家级自然保护区面积排名前五位的省份，其面积合计为 790561 平方公里，占国家级自然保护区面积的 84.37%；2014 年和 2017 年，这五省区 GDP 总量占全国 GDP 总量分别是 5.42% 和 4.53%；2017 年，这五省份人口占全国人口的 6.15%。即国家级自然保护区面积占比大的省份，GDP 总量和人口数量占比低；而且，2017 年 GDP 占比较 2014 年出现下降。第二，国家级自然保护区面积前十位的省份，其面积合计 883680 平方公里，占国家级自然保护区面积的 94.31%；2014 年和 2017 年，这十省份 GDP 总量占全国 GDP 总量的 19.86% 和 17.23%；2017 年，人口数量占全国总人口的 23.41%。同样呈现出国家级自然保护区面积占比大的省份，GDP 占比和人口占比低，且 2017 年 GDP 占比较 2014 年出现下降的特征。

---

① 本文使用 2014 年国家级自然保护区数量数据。2015 年起，我国开始探索建立以国家公园体制为主的自然保护地体制，国家级自然保护区与国家公园体制将逐步从并行走向并轨，2014 年底的国家级自然保护区数据可代表国家公园体制试点之初的情况。

② 本文使用 2014 年的 GDP 总量和 2017 年的 GDP 总量，以与国家级自然保护区使用 2014 年数据对应并反映出 GDP 最近年份的变化。

（2）GDP 排名前列省区的国家级自然保护区面积占比低。2017 年我国 GDP 占比前十名的省份从高到低依次是广东、江苏、山东、浙江、河南、四川、湖北、河北、湖南、福建。第一，2017 年 GDP 排名前五位的省份，其 2014 年和 2017 年的 GDP 分别占全国 GDP 的 39.07% 和 40.67%；2017 年，人口占全国人口的 31.99%；国家级自然保护区面积仅占全国的 1.39%。即 GDP 占排列前五名的省份，GDP 占比高、人口占比高、国家级自然保护区面积占比低。第二，2017 年 GDP 排名前十位的省份，其 2014 年和 2017 年的 GDP 分别占全国 GDP 的 59.01% 和 61.04%；2017 年，人口占全国人口的 55.40%；国家级自然保护区面积占全国的 6.06%。同样地，GDP 占比排列前十名的省份，GDP 占比高、人口占比高、国家级自然保护区面积占比低（见表 4）。

表 4　2014 年国家级自然保护区面积、GDP 和人口数据的比较

项目	面积		2014 年 GDP		2017 年 GDP		2017 年人口	
	总面积（平方公里）	占比（%）	总值（亿元）	占比（%）	总值（亿元）	占比（%）	总人口（万人）	占比（%）
按保护区面积前五位的省（区、市）	790561	84.37	37104.62	5.42	38373.82	4.53	8538	6.15
按保护区面积前十位的省（区、市）	883680	94.31	135924.97	19.86	145986.8	17.23	32513	23.41
按 2017 年 GDP 前五位的省（区、市）	12984	1.39	267436	39.07	344531	40.67	44420	31.99
按 2017 年 GDP 前十位的省（区、市）	56801	6.06	403867.1	59.01	517090.6	61.04	76915	55.40

4. 提升监测能力和构建现代监测体系的基础性

准确评价全国生态系统的变化，是我国生态治理能力现代化进程面临的挑战。我国初步建立起的监测体系，已在为我国生态系统管理提供重要数据和决策依据。这些监测体系包括 20 世纪 80 年代起建立的森林资源清查体系，2000 年起建立的土地荒漠化和沙化监测体系，近十年才开始公布全国

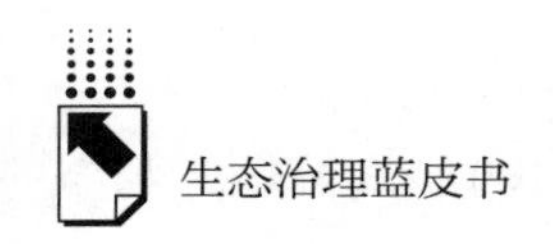

草原监测报告，2003 年和 2013 年两次完成全国湿地调查等。但是，目前我国生态治理中仍面临着基础监测数据的准确性、及时性、可比性的问题。一是准确性问题。如陆地生态系统在一定地域内的草原、湿地、林地之间受到气候变化和人为因素的影响，存在着此消彼长的现象，监测数据部门由于体系的割裂造成的重复统计难以避免。二是及时性问题。如草原面积数据仍是 1990 年全国第一次普查的结果，尽管不乏科学考察和定位定点观测数据，但并不能支撑全国草原面积变化。三是可比性问题。如我国湿地两次调查中的调查方法存在差异，导致数据比较的科学意义下降换句话说，第二次调查中数据的增加并非全部源于真实湿地面积的增加，而是部分源于调查中图斑面积的缩小使得首次调查中遗漏的湿地补充了进来，造成难以定量揭示我国湿地面积和功能的变化。在生态文明战略布局下，建立准确、及时和具有可比性的监测体系是生态治理中的一项基础性工作。

（二）中国生态治理面临的机遇

1. 生态文明建设的制度机遇

2015 年，我国发布的《生态文明制度改革总体方案》加快了生态文明制度建设的步伐，为我国生态治理能力和生态治理现代化提供了制度机遇。

第一，2016 年以来进一步完善生态治理的法律法规体系。2016 年，国办印发了《湿地保护修复制度方案》，开启了我国“全面保护湿地”的新历程。2018 年，湿地保护法正式列入十三届全国人大常委会立法规划，加快了湿地保护法的立法进程。在沙化土地修复保护方面，国家林业局印发《沙化土地封禁保护修复制度方案》，提出要实行严格的保护制度、建立沙化土地修复制度、推行地方政府责任制等。

第二，2018 年完成政府治理主体的改革。国家林业和草原局的成立，扭转了长期以来我国草原行政管理机构层级低、人员编制少、执法监督体系不健全的局面，自然保护区全部归林草局管理，从治理机制上打破了几十年来部门割裂管理的格局。

第三，2019 年，开展自然资源产权登记制度。2019 年我国印发《自然资源统一确权登记暂行办法》，明确提出对水流、森林、山岭、草原、荒地、滩涂、海域、无居民海岛以及探明储量的矿产资源等自然资源的所有权和所有自然生态空间进行统一确权登记，并确定出时间表：从2019年起，利用五年时间基本完成全国重点区域自然资源统一确权登记；2023年以后，通过补充完善的方式逐步实现全国全覆盖的工作目标，制定总体工作方案和年度实施方案，分阶段推进自然资源确权登记工作。自然资源产权登记制度的确立，对推动实施自然资源管理成为可能。

第四，建立以国家公园为主体的自然保护地体制。从党的十八届三中全会到党的十九大，中国国家公园体制的顶层设计初步完成，国家公园建设进入实质性操作阶段。2019年发布的《关于建立以国家公园为主体的自然保护地体系的指导意见》明确提出要合理调整自然保护地范围，并勘界立标、分类有序解决历史遗留问题，构建统一的自然保护地分类管理体制。提出到2020年构建统一的自然保护地分类分级管理体制，到2025年初步建成以国家公园为主体的自然保护地体系，到2035年自然保护地规模和管理达到世界先进水平，全面建成中国特色自然保护地体系。

2. 绿水青山就是金山银山的理论机遇

绿水青山就是金山银山，是习近平生态文明思想的核心内涵，是我国实现生态资产和生态服务价值的理论支撑，是我国实现生态治理现代化的理论机遇。在我国生态治理中，需要着力解决生态系统保护与资源生产利用的矛盾，构建生态保护与经济增长共享机制。目前，主要体现为生态保护优先发展战略的确定。

生态保护优先发展战略的核心是：在人与自然的关系中，强调顺应生态系统规律；在人类生产生活中，优先考虑生态系统承载力；在价值取向中，重视生态系统价值和生物多样性价值，惠益于人类福利和当地社区。坚持生态保护优先发展战略，要把发挥生态系统功能放在优先位置，推动建立生态系统保护修复长效机制；实现生态保护优先发展战略，要提高生态系统承载力水平的技术与制度创新，构建绿色产业体系的支持政策，实现山水林田湖草综合治理，保持生态系统的整体性。

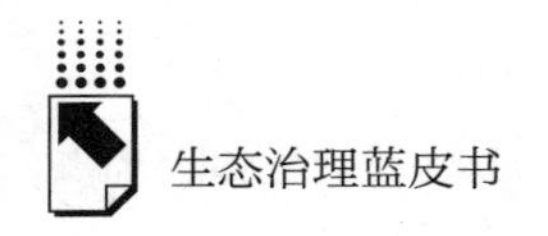

3. 数据科学与信息时代的技术机遇

数据科学与人工智能时代的到来，使我国生态治理中科学技术突破成为可能，为我国生态治理提供了技术机遇。由此，我国生态治理可以更有效地收集数据和信息、获得关键性指标、提高复杂辨识度和动态的生态系统变化的能力，可以更准确地理解自然变化过程、顺应生态系统演替规律、诊断生态系统健康。如在防治土地退化中，更加重视顺应自然过程、控制人为的负面影响，在草原保护中采用系统性和整体论方法，而不是根据单一指标的判断。

三　中国生态治理情况及指数变化

（一）国家层面生态治理情况及变化

总体上看，我国空气环境和水环境治理效果最好，2010 年、2017 年的平均值分别是 0. 89 和 0. 85；其次是污染处理和居民生活改善，这两个的年度平均值分别是 0. 79 和 0. 52；绿化环境指数最低，平均值只有 0. 28。这表明，我国在实施生态治理过程中，特别是环境污染治理成效显著。

从动态来看，全国生态治理水平稳步提高，居民生活和污染处理增幅最大。全国生态治理总指数从 2010 年的 0. 64 上升到 2017 年的 0. 69，上升了 0. 05。在各个分维度中，居民生活和污染处理指数上升的幅度最大，分别从 2010 年的 0. 45 和 0. 75 上升到 2017 年的 0. 57 和 0. 83。

从各维度指数对生态治理总指数增长的贡献看，居民生活和污染处理贡献最大，其贡献率分别达到 48% 和 32% ；其次是居民生活和绿化环境，对生态治理总指数的贡献率分别为 16% 和 8% 。

（二）区域层面生态治理情况及变化

总体来看，四大区域的生态治理总指数表现出明显的地域性差异。2010 年到 2017 年，东部地区生态治理总指数都远远高于其他区域，其平均指数为0.72。其次是中部地区、东北地区，其平均指数分别是0.67和0.65。与它们相比，西部地区生态治理总指数最低，只有0.62。

从动态变化来看，从2010年到2017年，四大区域的生态治理总指数都有所增加，表现出如下特点：东部地区的生态治理总指数基数最大，但其上升幅度最小，西部地区的生态治理总指数基数最小，但其上升幅度最大，区域之间的生态治理指数逐渐缩小，2010年东部地区比西部地区高0.12，2017年这一数据缩小到0.08。

对居民生活指数而言，四大区域差异明显，但也呈现出增加的态势。从2010年到2017年的平均情况来看，东部地区居民生活水平最高，其平均指数为0.64，而中部地区、东北地区分别为0.56和0.43，西部地区的平均指数仅为0.41。动态来看，西部地区居民生活指数上升幅度最大，增加了0.14，东北地区仅增加0.09，中部地区增加了0.16，东部地区均增加了0.06。但区域之间的差异性表现出缩小的特点，2010年东部地区比西部地区高0.26，2017年这一数据缩小为0.18。

对绿化环境指数而言，四大区域差异明显，但都呈现出增加的态势。从2010年到2017年的平均水平来看，东北地区绿色环境指数最高，为0.38；西部地区、中部地区的绿化环境指数分别是0.35和0.22，东部地区则远远低于东北地区，仅为0.18。动态来看，西部地区绿化环境指数上升的幅度最大，为0.04；而东北地区最少，仅为0.01。与此同时，区域之间的差异性也表现出逐渐缩小的态势。2010年东北地区绿化环境指数比东部地区高0.19，2017年这一数据缩小到0.18。

对污染处理指数而言，四大区域也表现出一定的差异性，东部地区远远高于其他地区，但都呈现出增加的态势。从2010年到2017年的平均值表现看，东部地区为0.90，表明其污染处理水平最高，中部地区、东北地区分别为0.83和0.72，而西部地区为0.70。从动态上看，西部地区的指数上升幅度最大，为0.13；东北地区上升幅度最小，仅为0.04。四大区域排名变化明显，2010年从高到低依次为东部地区、中部地区、东北地区、西部地区，而到2017年顺序则变为东部地区、中部地区、西部地区、东北地区。

对空气环境指数而言，四大区域变化程度不同，排名顺序发生了明显变化。2010 年，东部地区、中部地区、东北地区、西部地区分别为 0. 94、0. 89、0. 81、0. 78；2017 年，西部地区超过东北地区。从增加的幅度来看，西部地区最大，增加幅度为 0. 07，其他地区增加幅度差异不大，都在 0. 02 ~0. 03。

对水环境指数而言，从 2010 年到 2017 年的平均值来看，东部地区、东北地区均为 0. 91，中部地区为 0. 80，西部地区相对较低，为 0. 79。动态来看，从 2010 年到 2017 年，西部地区的水环境有所下降，其余三大区域均有不同程度的上升，从而导致了四大区域排名的变化。2010 年，水环境指数从高到低排序依次是东部地区、中部地区、东北地区和西部地区，2017 年这一顺序则变为东北地区、东部地区、中部地区和西部地区。

就分维度对总指数变化的贡献率而言，不同区域表现出不同的特点。计算结果表明：东部地区、中部地区、西部地区三大区域中总指数的增长都主要来自居民生活维度的提升，中部地区该贡献率为 60. 96%，西部地区为 40. 90%；处于第二位的则是污染处理，三大区域该贡献率分别是 33. 16%、18. 25%、36. 09%。而东北地区，水环境对生态治理总指标贡献最大，达到 41. 53%。对生态治理总指数贡献率最小的维度差异性明显，东部地区、中部地区、西部地区和东北地区分别是水环境、空气环境、水环境和绿化环境，贡献率分别是 7. 33%、7. 08%、 -4. 77% 和 4. 22%。

就维度之间的协调性而言，东部地区和中部地区的维度间失衡最严重，西部地区的维度间协调性增加最快。计算结果表明，东部地区、中部地区、西部地区和东北地区维度之间不平衡度的平均值分别是 7. 08、4. 73、3. 51 和 3. 00。动态来看，2010 年，东部地区、中部地区、西部地区和东北地区维度之间不平衡度分别是 7. 43、5. 20、4. 65 和 2. 97。到 2017 年，该顺序则变为东部地区、中部地区、东北地区和西部地区，该数据分别是 6. 85、4. 58、3. 21 和 2. 48。

（三）省级层面生态治理情况及其变化

计算结果表明，东部地区省市的生态治理水平持续领先，中西部省市生态治理水平持续落后。从2010年到2017年的平均值来看，生态治理指数最高的五个省区市分别为山东省（0.76）、广西壮族自治区（0.75）、浙江省（0.74）、江苏省（0.74）、广东省（0.74）；而生态治理指数最低的五省区市分别为西藏自治区（0.35）、甘肃省（0.57）、贵州省（0.59）、宁夏回族自治区（0.60）、陕西省（0.61）。

从2010年到2017年的动态变化来看，除河北省和云南省生态治理指数略有下降外，其他省（区、市）的生态治理指数均有不同幅度的提高，增加幅度居于前三位的是西藏自治区、甘肃省、贵州省，分别上升了0.13、0.13、0.11。

在省级层面，生态治理总指数的差距并不太大，且随着时间的变化差距日渐缩小。在各维度发展的省际差异方面，省际差异最大的是绿化环境，从2010年到2017年，其变异系数的平均值达到0.58，且随着时间的变化略有上升。从变异系数随时间变化看，绿化环境的变异系数从2010年的0.58、2011年的0.12上升到2017年的0.60。居民生活、污染处理、空气环境则分别处于第二到第四位。

对维度之间的协调性而言，上海、天津的维度间失衡最为明显，内蒙古自治区和江苏省协调性增加最快。

四　中国生态治理的政策建议

针对中国生态治理的环境、森林、草原、水域四大对象，应采取相应的政策措施，以更好地落实绿色发展理念，实现“绿水青山就是金山银山”的目标。

（一）强化生态环境保护及修复的政策建议

1. 健全生态保护修复相关法律法规

一是根据生态保护修复的现实需要，迫切需要制定一部明确生态保护修复各方面工作的基本法律文件，为生态保护修复工作的顺利开展提供法律保障。二是健全生态保护修复的配套法规、细则、标准，以确保生态保护修复工作的顺利开展。

2. 继续推行生态保护修复工程

山水林田湖草是一个生命共同体，按照生态系统本身的自然属性，把区域、流域作为保护和修复的有机整体，考虑各种生态问题及其关联和因果关系，打破行政区限制，实现整体设计、分项治理。

3. 创新融资机制，加大投入力度

生态保护修复工程是生态文明建设的重要组成部分，需要创新融资机制，为其提供资金保障。一是加大中央财政资金投入力度，建议设立"国土空间生态保护修复专项资金"。二是加强地方财政投入。按照任务与资金相匹配的原则，考虑到不同区域财政实力的差异，建立上下联动的资金保障体系。三是积极引导社会资本。建议积极发挥市场在资源配置中的决定性作用和政府引导作用，加强与金融资本合作，发挥政策性银行融资优势，建立"国土空间生态保护修复基金"，形成"共建""共治""共享"的多元化投入机制。

4. 完善区域生态补偿机制

一是结合自然资源确权登记，明晰产权主体，激励各产权主体对自然资源的保护和合理开发利用。二是建立跨区域多元化的生态补偿机制，积极运用碳汇交易、排污权交易、水权交易、生态产品标识等方式，探索市场化补偿模式。三是完善生态保护补偿可持续融资机制，确保生态补偿能够落实到位。

（二）巩固林业生态建设成效的政策建议

1. 加强林业创新科技研发，重视科学技术推广

一是根据林业生态工程建设的实际需要，进一步加大林业科研建设的资金投入，建立林业科技研发中心，加快科研成果的研究和推广应用。二是要重视新技术的推广工作。为此，要加大林业科技宣传力度，实现信息互通，

尽快恢复与建立基层林业科技站点，以便建立高质量的林业科技推广队伍，同时，加大林业科技推广资金投入，确保林业技术推广能够顺利进行。

2. 深化林业体制机制改革，推进林业发展转型升级

一是持续推进分类经营改革方案，并采取相应的政策措施；二是进一步加快林权的流转，健全林权流转制度，让有经济、有实力的人员参与整个建设过程；三是拓宽林业的投资渠道，为此，可以通过林权流转来增加林业融资量，积极尝试 PPP 模式。

3. 健全管理机制，提升管理水平

一是要建立完善的生态效益补偿制度，推动林业可持续经营；二是加快林业管理信息化进程，提升林业管理水平。

（三）完善草原生态治理的政策建议

1. 强化理念创新

要树立“生态优先”的理念，把保护修复草原生态屏障作为国家发展战略，将保障草地生态安全作为重点，采取切实措施，遏制草原退化趋势，实现“人－畜－草”平衡。

2. 科学评估草原承载能力

对不同类型草原进行承载能力评估，严格控制牲畜密度，以减缓畜牧生产对草原生态系统的压力，实现草原可持续利用。

3. 划定草地资源的生态保护红线

对明确划入生态保护红线范围的草原面积及类型，要严守生态保护红线职责，杜绝一切对草原的占用，确保草原可持续发展。

4. 加强草原权属管理

加强草原权属管理，进一步明晰产权主体，通过落实草地“三权分置”来规范和促进草地使用权流转，提高草原利用效率。

5. 加强基础设施等能力建设

一是加强牲畜圈舍等设施建设，提高应对异常气候带来的风险；二是在适宜区域加快人工草地建设，确保牧草供给的稳定性；三是要注重农牧民能

力的提升，引导牧民在生产实践中自觉保护草地资源。

6. 开展草地资源的清查

一是要加强草地资源数量和质量的监测工作；二是建立科学合理的草地健康评价体系，监督对草地生态环境有影响的自然资源开发利用活动以及重要生态治理项目和草地生态恢复工作，真正能将草地资源底数摸得清、说得准，为科学决策提供支撑，为我国生态文明建设奠定坚实基础。

（四）推进水生态治理的政策建议

1. 完善水生态治理体制机制

一是改革现有的水生态治理体制，明确主管部门分工，协调各自职责与义务；二是严格执行主要污染物总量控制，确保重要江河湖泊生态用水；三是明确流域与区域权限划分和管理范围，制定流域和区域相结合的水污染防治综合控制规划；四是实行产业优化布局，严格控制新污染的产生，严防对流域生态系统新的破坏。

2. 改进水生态治理制度

一是严格保护流域内水源、森林、草原、湿地等各类生态用地，明确流域生态空间的功能定位；二是构建基于流域生态红线的产业环境准入制度，严禁落后产能向中上游地区转移，遏制盲目重复建设；三是全面划定沿江生态红线，将饮用水源保护区、重要湿地保护区等纳入流域生态红线区。

3. 构建流域生态共同体

政府、企业和公众等利益相关者共同参与流域生态保护和环境治理，流域上中下游各级政府、各部门之间应加强协调配合，共同分摊生态环境建设的直接成本，树立资源使用者对影响流域水环境的成本补偿理念，使排污成本不低于治污成本。加大市场引入力度，发展企业和个人之间的生态服务交易市场，开展政府采购环境保护服务、政府与社会资本合作、第三方治理等流域管理制度创新实践。

4. 实行流域生态补偿

一是实行以政府管控为主、以市场调节为辅的流域生态补偿模式；二是在征收流域水资源费时，应附加征收水源地生态保护费，作为对流域上游水源地的生态补偿；三是由上中下游地区水利、环保和财政等部门协商成立生态补偿运行机构，承担生态补偿主客体确认、补偿标准核定、生态补偿资金使用和管理等任务。

5. 强化水生态功能区绩效考核与责任追究

一是全面开展水生态功能区和省界缓冲区水质达标评价，从严核定流域纳污容量，严格控制入河排污总量，并实行目标绩效考核；二是充分发挥政府的主导作用，明确流域与各区域水利主管部门的管理权力和责任，对水生态治理实行离任审计制度和终身责任追究制度。

6. 注重水生态治理监测

一是建立以重要生态功能区、省（国）界、入河排污口、饮用水源地、地下水监测为主体的水环境监测体系；二是加强流域生态功能区和省界缓冲区水质的自动监测，实现重要河流控制断面水质动态监控。

参考文献

[1] 世界环境与发展委员会：《我们共同的未来》，世界知识出版社，1989。

[2] Robert Costanza，Sven Erik Jorgensen：《理解和解决21世纪的环境问题——面向一个新的、集成的硬问题科学》，徐中民、张志强、张齐兵译，黄河水利出版社，2004。

[3]《防治土地荒漠化　推动绿色发展》，中国林业网，http：//www. forestry. gov. cn，2019 - 06 - 17。

[4]《我国草原生态保护与牧区经济发展矛盾有待破解》，中国林业网，http：//www. forestry. gov. cn，2018 - 07 - 18。

[5]《加强草原生态修复　筑牢生态安全屏障——访国家林业和草原局草原管理司副司长刘加文》，中国林业网，http：//www. forestry. gov. cn，2018 - 10 - 25。

[6]《2017年全国草原违法案件统计分析报告》，中国林业网，http：//www. forestry.

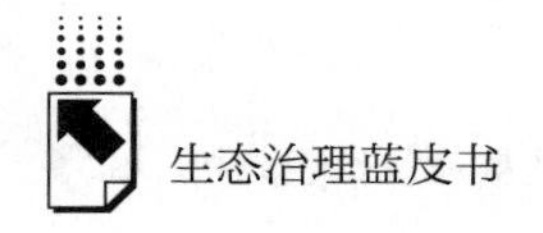

gov. cn，2019 - 05 - 22。

[7] 李俊生、罗建武、王伟、朱彦鹏、罗遵兰：《中国自然保护区绿皮书——国家级自然保护区发展报告（2014）》，中国环境出版社，2015。

[8] 王风才：《生态文明：生态治理与绿色发展》，《学习与探索》2018 年第 6 期。

[9] 姜春云：《中国生态演变与治理方略》，中国农业出版社，2004。

[10]《荒漠变绿洲的奋斗者——八步沙林场“六老汉”三代人治沙造林先进事迹引起热烈反响》，新华网，http：//www. xinhuanet. com/politics/2019 - 03/30/c_1124305405. htm。

[11] 孙若梅：《陆地生态系统保护与可持续管理》，社会科学文献出版社，2017。

[12]《中国自然保护纲要》编写委员会：《中国自然保护纲要》，中国环境科学出版社，1987。

[13]《中国 21 世纪议程——中国 21 世纪人口、环境与发展白皮书》，中国环境科学出版社，1994。

[14] 国家林业和草原局：《2017 年全国林业和草原发展统计公报》，2018。

[15] 国家林业和草原局：《2018 年全国林业和草原发展统计公报》，2019。

[16]《我国草原资源现状、保护建设成效和今后的工作重点》，中国林业网，http：//www. forestry. gov. cn，2018 - 07 - 18。

[17]《国务院常务会议决定实施天然林资源保护二期工程》，中央人民政府门户网站，http：//www. gov. cn，2010 - 12 - 29。

[18]《我国 22. 96% 的国土已被森林覆盖》，中国林业网，http：//www. forestry. gov. cn，2019 - 09 - 17。

[19]《长江、黄河中上游退耕还林生态效益超万亿：评估取得了哪些成果》，退耕还林网，http：//www. forestry. gov. cn。

[20]《我国累计实施退耕还林还草 5. 08 亿亩》，中国林业网，http：//www. forestry. gov. cn，2019 - 09 - 05。

[21] 刘加文：《努力使退牧还草工程真正成为生态富民工程》，《中国牧业通讯》2010 年第 8 期。

[22]《改革开放 40 年：草原的变革与发展》，中国林业网，http：//www. forestry. gov. cn，2018 - 12 - 20。

[23]《全国草原综合植被盖度达 55. 7%》，中国林业网，http：//www. forestry. gov. cn，2019 - 07 - 26。

[24] 中国社会科学院农村发展研究所、国家统计局农村社会经济调查司著《中国农村经济形势分析与预测（2012 ~ 2013）》，社会科学文献出版社，2013。

分 报 告

Sub Report

B.2 全国生态保护修复现状、存在问题及对策

毛显强　高玉冰*

摘　要： 当前，我国正处在工业化、信息化、城镇化、农业现代化深化发展时期，经济社会的快速发展依然对自然生态系统构成巨大压力，人口、经济、资源环境协调发展面临严峻挑战。加强生态保护与修复、提高生态系统承载力是实现高质量发展的重要内容，也是促进全面建设小康社会、建设美丽中国、实现中华民族永续发展的根本要求。本报告梳理了我国生态保护与修复工作的现状、面临的形势与存在的问题，并从健

---

* 毛显强，北京师范大学环境学院教授、博士研究生导师，北京师范大学全球环境政策研究中心（CGEP）主任，主要研究方向为环境经济政策分析、温室气体与局地大气污染物协同控制、绿色贸易与投资、贸易与贸易政策的环境经济影响评估、生态环境保护规划、生态补偿的经济政策等；高玉冰，北京师范大学环境学院、全球环境政策研究中心（CGEP）工程师、助理研究员，主要研究方向为环境经济政策分析。

全生态保护修复相关法律法规、继续推行生态保护修复工程、拓宽生态保护修复资金来源、完善区域生态补偿机制、完善国家公园管理机制等方面，提出了进一步加强生态保护修复工作的对策建议。

关键词： 生态保护修复 高质量发展 生态治理

一 引言

当前，我国经济已由高速增长阶段转向高质量发展阶段，正处在转变发展方式、优化经济结构、转换增长动力的关键时期。良好的生态环境质量如自然生态系统功能完备、结构合理、良性循环，资源总量和生态容量都达到较高水平，能够提供更多更优质的生态产品，是实现高质量发展的基础。然而，长期以来粗放的发展方式造成的自然资源过度开发利用、生态系统退化、生物多样性降低、生态安全受到严重威胁等问题依然存在。

党的十八大以来，国家高度重视生态保护与修复工作，相继采取了一系列重大举措加强生态保护与修复，并将其作为生态文明建设的重要任务和建设美丽中国的重要途径。本报告系统分析了我国生态保护与修复的现状，梳理了生态保护与修复面临的形势与存在的问题，并提出针对性的对策建议。

二 全国生态保护修复现状

我国的生态保护修复工作按要素大体可以划分为森林、草原、湿地与河湖、海洋保护修复，荒漠、沙化与水土流失治理，矿山生态保护与修复等类型。最初的生态保护修复工作就是按要素类型分别展开，但容易导致项目之间相互分割、缺乏系统性考虑。随着习近平总书记提出山水林田湖草生命共同体的理念，生态保护修复更加重视山水林田湖草统一保护、统一修复。本报告即从这几个方面梳理目前已经实施的生态保护与修复项目以及取得的主要成效。

（一）森林生态系统

1. 主要生态保护与修复工作

（1）天然林资源保护工程。天然林资源保护工程从1998年开始试点，2000年10月正式启动，是一项包括天然林禁伐、植树造林、封山育林、森林管护以及森工企业转产分流安置等综合措施的生态环境建设与保护的国家重点工程。第一期工程规划到2010年。为了巩固建设成果，2010年12月国家决定实施天然林资源保护二期工程（2011～2020年）。

（2）退耕还林工程。1999年，我国在四川、陕西、甘肃三省率先开展了退耕还林试点，退耕的对象是水土流失严重和粮食产量低而不稳的坡耕地和沙化耕地，在退耕的同时，实施荒山造林和封山育林等措施，国家无偿向退耕户提供粮食、现金补助及种苗费。2002年退耕还林工程正式启动，工程范围涉及25个省（自治区、直辖市）的1897个县。为了巩固第一轮建设成果，2014年我国批准实施《新一轮退耕还林还草总体方案》，提出到2020年将具备条件的坡耕地和严重沙化耕地约4240万亩退耕还林还草。

（3）京津风沙源治理工程。2000年6月，国家启动了京津风沙源治理工程。按照《京津风沙源治理工程规划（2001～2010年）》（以下简称一期工程），建设范围包括北京、天津、河北、山西及内蒙古等五省（自治区、直辖市）的75个县（旗、市、区）。到2012年一期工程结束，工程累计完成营造林752.61万公顷（其中退耕还林109.47万公顷）。[1]

2012年国务院通过了《京津风沙源治理二期工程规划（2013～2022年）》（以下简称二期工程），建设范围包括北京、天津、河北、山西、陕西及内蒙古六省（自治区、直辖市）的138个县（旗、市、区）。二期工程的建设任务为：现有林管护730.36万公顷，营造林586.68万公顷，工程固沙37.15万公顷；对25度以上坡耕地和严重沙化耕地实施退耕还林还草。

(4)“三北”及长江中上游等重点地区防护林建设工程。1978年11月25日，国务院批准《关于在西北、华北、东北风沙危害和水土流失重点地区建设大型防护林的规划》（以下简称《规划》），“三北”防护林工程正式启动。工程范围包括陕西、甘肃、宁夏、青海、新疆、陕西、河北、北京、天津、内蒙古、辽宁、吉林、黑龙江等13个省（自治区、直辖市）的551个县（旗、市、区）。工程期限为1978～2050年，造林3734万公顷。[2]

《规划》要求在保护好现有森林草原植被基础上，采取人工造林、飞机播种造林、封山封沙育林育草等方法，营造防风固沙林、水土保持林、农田防护林、牧场防护林以及薪炭林和经济林等，形成乔、灌、草植物相结合，林带、林网、片林相结合，多种林、多种树合理配置，农、林、牧协调发展的防护林体系。

截至2018年，上述四项林业重点生态工程历年累计造林面积分别为：天然林资源保护工程1334.90万公顷，退耕还林工程2855.29万公顷，京津风沙源治理工程900.34万公顷，“三北”及长江流域等重点地区防护林体系工程5366.10万公顷（见表1），极大地改善了当地的生态环境质量，促进了区域经济社会发展。

2. 生态保护与修复成效

表2为我国第五至九次森林资源清查数据，[3]可以看出，我国的森林资源呈现出数量持续增加、质量稳步提升、效能不断增强的良好态势。

森林总量持续增长。从1998年到2018年，全国森林面积和森林蓄积量连续保持“双增长”，森林覆盖率也由16.55%提高至2018年的22.96%，成为全球森林资源增长最多、最快的国家。

森林质量不断提高。2013年较2008年，森林每公顷蓄积量增加3.91立方米，达到89.79立方米；每公顷年均生长量增加0.28立方米，达到4.23立方米。每公顷株数增加30株，平均胸径增加0.1厘米，近成过熟林面积比例上升3个百分点，混交林面积比例提高2个百分点。

表1　全国历年林业重点生态工程完成造林面积

单位：万公顷

时间	合计	天然林资源保护工程	退耕还林工程		京津风沙源治理工程	“三北”及长江流域等重点地区防护林体系工程						
			小计	其中：退耕地造林		小计	“三北”防护林工程	长江流域防护林工程	沿海防护林工程	珠江流域防护林工程	太行山绿化工程	平原绿化工程
1979～1985年	1010.98					1010.98	1010.98					
“七五”时期	589.93					589.93	517.49	36.99			35.46	
“八五”时期	1186.04				44.12	1141.92	617.44	270.17	84.67		151.86	17.78
“九五”时期	1391.76	119.43	113.15	70.99	110.43	1048.75	615.09	193.71	29.73	15.93	170.44	23.84
“十五”时期	2592.55	355.87	1660.66	700.41	259.96	316.06	172.10	56.10	23.80	18.07	32.69	13.29
“十一五”时期	1715.68	476.31	516.55	28.12	206.77	516.05	339.04	56.83	50.05	23.21	45.73	1.20
“十二五”时期	1318.33	255.44	302.90	44.64	217.53	542.46	329.74	83.78	75.92	29.14	20.77	3.10
2016年	250.56	48.73	68.33	55.85	23.00	110.50	64.85	21.78	10.87	5.73	3.59	
2017年	275.87	39.03	121.33	121.33	20.72	94.79	62.64	17.40	6.81	4.80	3.14	
2018年	219.71	40.09	72.37		17.81	89.44						
总计	10551.41	1334.90	2855.29	1021.34	900.34	5366.10	3729.37	736.76	281.85	96.88	463.68	59.21

资料来源：1979～2017年数据来源于《中国林业统计年鉴（2017）》，2018年数据来源于《2018年全国林业和草原发展统计公报》，作者整理。

森林生态功能增强。随着森林总量增加、结构改善和质量提高，森林生态功能进一步增强。2018 年与 2013 年相比，全国森林年涵养水源量由 5807.09 亿立方米上升至 6289.5 亿立方米，年固土量由 81.91 亿吨上升至 87.48 亿吨，年保肥量由 4.30 亿吨上升至 4.62 亿吨，年吸收污染物量由 0.38 亿吨上升至 0.4 亿吨，年滞尘量由 58.45 亿吨上升至 61.58 亿吨。

表 2　全国第五至九次森林资源清查数据

统计项目	森林面积（万公顷）	人工林面积（万公顷）	森林覆盖率（%）	活立木总蓄积量（万立方米）	森林蓄积量（万立方米）
第五次全国森林资源连续清查（1994～1998 年）	15894.09	4708.95	16.55	1248786	1126659
第六次全国森林资源连续清查（1999～2003 年）	17490.92	5364.99	18.21	1361810	1245585
第七次全国森林资源连续清查（2004～2008 年）	19545.22	6168.84	20.36	1491268	1372080
第八次全国森林资源连续清查（2009～2013 年）	20768.73	6933.38	21.63	1643281	1513730
第九次第八次全国森林资源连续清查(2014～2018 年）	22000	/	22.96	/	1756000

资料来源：国家林业和草原局，http://www.forestry.gov.cn/main/65/index.html。

（二）草原生态系统

1. 主要生态保护与修复工作

（1）退牧还草工程。[4] 2003 年国务院决定对内蒙古、新疆（含新疆生产建设兵团）、青海、甘肃、四川、西藏、宁夏、云南 8 个省（自治区）启动退牧还草工程。2015 年，退牧还草工程实施范围从原有的 8 个省（自治区）扩大到包括辽宁、吉林、黑龙江、陕西、贵州在内的 13 个省（自治区）。2003～2016 年，中央财政累计投入资金 255.7 亿元。退牧还草工程主要是通过禁牧休牧、播种草籽、划分轮牧区、建设围栏、建设人工饲草基地等措施进行草原生态恢复建设。

（2）京津风沙源治理工程。京津风沙源治理工程于2000年全面启动实施。工程通过采取多种生物措施和工程措施，有力遏制了京津及周边地区土地沙化的扩展趋势。“十二五”期间，中央财政累计投入资金约17亿元。2016年，中央投入草原建设资金5.03亿元，在北京、河北、山西、内蒙古、陕西五省（区、市）共安排京津风沙源草原治理任务20.12万公顷，其中，人工种草2.87万公顷、飞播牧草1.41公顷、围栏封育15.8万公顷、草种基地0.04万公顷，建设牲畜舍饲棚圈187万平方米，建设青贮窖55.31万立方米、储草棚29万平方米。[5]

（3）西南岩溶地区草地治理试点工程。2006年西南岩溶地区石漠化草地治理试点工程在贵州、云南两省实施，岩溶地区草地治理主要运用改良草地、围栏封育、栽培草地等工程措施，截至2015年，中央财政累计投入资金5.31亿元，工程对石漠化草地治理达到42.67万公顷，西南岩溶地区草地生态环境恶化势头得到有效遏制。

（4）三江源生态保护和建设工程。2005年国务院批准实施《青海三江源自然保护区生态保护和建设总体规划》，一期工程于2005～2012年实施，共8年，总投资75亿元。2013年二期工程启动，总投资达160.6亿元，期限为2013～2020年，共8年。工程主要包括草地围栏建设、栽培草地建设、天然草地改良、退耕还林、封山育林、湿地保护等。一期工程主要目标是促进生态系统宏观结构局部改善，使退化趋势得到有效缓解。二期工程的目标是增加林草植被覆盖度，增强水源涵养和水土保持能力，促使三江源地区生态得到恢复，进一步改善生态宏观结构。

（5）甘南黄河重要水源补给生态功能区的生态保护与建设。2007年12月，国家发改委批复了《甘南黄河重要水源补给生态功能区生态保护与建设规划》，总投资44.51亿元，期限为2006～2020年，分两期实施，以生态保护与修复、农牧民生产生活基础设施建设和生态保护支撑体系三大项目，来减少和转移生态负荷，恢复和提高生态容量，达到人与自然的和谐发展。

2. 生态保护与修复成效

（1）天然草原理论载畜量总体增加，天然草原平均牲畜超载率明显下降。我国天然草原理论载畜量从2006年的23161.00万羊单位增加至2018年的26717.12万羊单位，增加了15.35%。全国重点天然草原平均牲畜超载率从2006年的34.00%降低到2018年的10.2%，减少了23.8个百分点（见表3）。

（2）全国草原综合植被盖度总体呈上升趋势，天然草原产草量总体保持增长。全国草原综合植被盖度由2011年的51.00%增加到2018年的55.7%。全国天然草原鲜草产量由2006年的94313.00万吨增加到2018年的109942.02万吨，增加了16.57%；全国天然草原干草产量由2006年的29587.00万吨增加到2018年的33930.75万吨，增加了14.68%（见表3）。

表3　2006～2018年全国天然草原载畜量、盖度及产量

年份	全国重点天然草原平均牲畜超载率(%)	全国天然草原理论载畜量(万羊单位)	草原综合植被盖度(%)	天然草原草产量(万吨)	
				鲜草	干草
2006	34.00	23161.00	—	94313.00	29587.00
2007	33.00	23369.00	—	95214.00	29865.00
2008	32.00	23178.00	—	94715.50	29626.80
2009	31.20	23098.81	—	93840.86	29363.77
2010	30.00	24013.11	—	97632.21	30549.71
2011	28.00	24619.93	51.00	100248.26	31322.01
2012	23.00	25457.01	53.80	104961.93	31322.01
2013	16.80	25579.20	54.20	105581.21	32387.46
2014	15.20	24761.18	53.60	102219.98	31502.20
2015	13.50	24943.61	54.00	102805.65	31734.30
2016	12.40	—	54.60	103864.86	—
2017	11.30	25858.61	55.30	106491.69	32840.45
2018	10.20	26717.12	55.70	109942.02	33930.75

资料来源：表中2006～2016年数据来源于历年《全国草原监测报告》，2017～2018年数据来源于《2018年全国林业和草原发展统计公报》。

（三）湿地与河湖生态系统

1. 主要生态保护与修复工作

（1）湿地保护与修复。我国湿地分布广、类型丰富，湿地总面积位居亚洲第一位，世界第四位。自 1992 年加入《湿地公约》以来，党和政府高度重视湿地保护工作，采取了一系列重大举措加强湿地保护与恢复。①湿地保护工程建设。进行湿地自然保护区、国家湿地公园、湿地保护小区等建设，包括基础设施、管护能力、保护设施设备、栖息地恢复及科普宣教和科研监测等建设。②湿地恢复与综合治理工程建设。开启重要湿地恢复工程。采取湿地生态补水、围堰蓄水、退耕（田）还湿、植被恢复、栖息地改造、污染综合治理、外来物种入侵控制等措施，恢复湿地的生态功效，维护湿地生态系统健康。“十二五”期间，我国在三江平原、松嫩平原、黄河河套平原、长江中下游、沿海等区域，对于集中连片的退化湿地，开展了大规模修复。

（2）河湖保护与修复。①提升重大水利工程生态功能。注重兼顾协调上下游、干支流多方利益主体关系，既考虑水利传统功能，也考虑生态和环境功能，注重发挥水利工程的生态效益。代表性的案例包括：太湖流域水环境综合治理骨干引排通道工程，河湖水环境承载能力明显增强，富营养化得到有效缓解；牛栏江－滇池补水工程自 2013 年建成至 2016 年底，已累计向滇池补水 17 亿立方米，滇池外海氨氮、总磷浓度明显降低；引黄入冀补淀工程在缓解沿线地区农业用水和地下水超采状况的同时，向白洋淀进行生态补水；2016 年开工建设的引江济淮工程，在承担供水、航运功能的同时，通过长江与巢湖的水量交换，加快巢湖水体流动，改善巢湖水环境，提高生态环境效益。[6] ②加强生态脆弱河流和重点流域区域生态治理。针对一些地方出现的河湖萎缩、连通不畅、生态功能退化等问题，通过加强河湖管理、加大节水力度、转变用水方式，先后实施了塔里木河、石羊河等生态脆弱流域综合治理。

2016 年 12 月发布的《水利改革发展“十三五”规划》提出，以京津冀“六河五湖”（永定河、滦河、北运河、大清河、潮白河、南运河和白洋淀、衡水湖、七里海、南大港、北大港）、西北内陆河、重要湿地等为重点，综合运用强化水资源统一配置与管理、河道治理、清淤疏浚、生物控制、自然修复、截污治污等措施，推进生态敏感区、生态脆弱区、重要生境和生态功能受损河湖的生态修复。

2. 生态保护与修复成效

（1）湿地保护体系初步形成。根据第一、第二次全国湿地资源调查结果，2003 年我国湿地保护面积为 1798. 38 万公顷，湿地保护率为 30. 49%。2013 年，全国湿地保护面积增加到 2324. 32 万公顷，湿地保护率提高至 43. 51%。2018 年，湿地保护率进一步提高到 49. 03%，截至 2018 年 7 月，全国共有国际重要湿地 57 个、湿地自然保护区 602 个、国家湿地公园 898 个，[7] 初步形成了以湿地自然保护区为主体、湿地公园和湿地保护小区并存、其他保护形式互为补充的湿地保护体系。

（2）湿地恢复面积增加。根据《全国湿地保护工程“十二五”实施规划》与《全国湿地保护“十三五”实施规划》，“十一五”期间，全国湿地保护工程共投资 30. 3 亿元（中央 14 亿元，地方配套 16. 3 亿元），恢复湿地 79162 公顷，湿地污染防治面积 2093 公顷；“十二五”期间，全国湿地保护工程共投资 67. 02 亿元（中央 53. 5 亿元，地方配套 13. 52 亿元），恢复湿地 16 万公顷（比“十一五”增加了 1 倍），退耕还湿 1. 77 万公顷。

（3）河湖水质持续改善。根据《2018 年生态环境状况公报》，2018 年，全国地表水监测的 1935 个水质断面（点位）中，Ⅰ ~ Ⅲ类占比为 71. 0%，比 2017 年上升 3. 1 个百分点；劣Ⅴ类占比为 6. 7%，比 2017 年下降 1. 6 个百分点。

2018 年，长江、黄河、珠江、松花江、淮河、海河、辽河七大流域和浙闽片河流、西北诸河、西南诸河监测的 1613 个水质断面中，Ⅰ类占 5. 0%，Ⅱ类占 43. 0%，Ⅲ类占 26. 3%，Ⅳ类占 14. 4%，Ⅴ类占 4. 5%，劣Ⅴ类占 6. 8%。与 2017 年相比，Ⅰ类水质断面占比上升 2. 8 个百分点，Ⅱ类上升 6. 3 个百分点，Ⅲ类下降 6. 6 个百分点，Ⅳ类下降 0. 2 个百分点，Ⅴ类下降 0.7 个百分点，劣Ⅴ类下降 1.4 个百分点。

2018 年，监测水质的 111 个重要湖泊（水库）中，Ⅰ类占 6.3%，Ⅱ类占 30.6%，Ⅲ类占 29.7%，Ⅳ类占 17.1%，Ⅴ类占 8.1%，劣Ⅴ类占 8.2%。与 2017 年相比，Ⅰ类占比上升 0.9 个百分点，Ⅱ类上升 6.5 个百分点，Ⅲ类下降 0.3 个百分点，Ⅳ类下降 2.5 个百分点，Ⅴ类上升 1 个百分点，劣Ⅴ类下降 2.5 个百分点。

（四）荒漠化、沙化与水土流失治理

1. 生态保护与修复工作

一方面，建立了严格的保护制度。认真落实《森林法》《草原法》《防沙治沙法》，禁止滥放牧、滥开垦、滥樵采，强化沙区开发建设项目环境影响评价制度，建立沙化土地封禁保护制度，划定沙区植被保护红线等。

另一方面，通过实施京津风沙源治理、“三北”防护林体系建设、退耕还林、退牧还草、水土保持等生态工程，促进了全国荒漠化、沙化和水土流失状况的好转。

2. 生态保护与修复成效

（1）荒漠化和沙化面积持续减少。根据《中国荒漠化和沙化状况公报（2015）》，截至 2014 年，我国荒漠化土地面积为 261.16 万平方公里，沙化土地面积 172.12 万平方公里。与 2009 年相比，五年间荒漠化土地面积净减少 12100 平方公里，年均减少 2420 平方公里；沙化土地面积净减少 9902 平方公里，年均减少 1980 平方公里。这是自 2004 年（第三次监测）出现缩减以来，连续第三个监测期出现“双缩减”，土地荒漠化和沙化状况较 2009 年有明显好转，呈现整体遏制、持续缩减、功能增强、成效明显的良好态势（见表 4）。

（2）荒漠化和沙化程度进一步减轻。荒漠化和沙化程度呈现逐步变轻的趋势。从荒漠化土地看，极重度、重度和中度分别减少 2.83 万平方公里、2.44 万平方公里和 4.29 万平方公里，轻度增加 8.36 万平方公里；从沙化土地看，极重度减少 7.48 万平方公里，轻度增加 4.19 万平方公里。极重度荒漠化和极重度沙化土地分别减少 5.03% 和 7.90%。

表4　全国历次荒漠化和沙化状况监测数据

第一次监测（1994年）	全国沙化土地面积168.89万平方公里，年均扩展2460平方公里；荒漠化土地面积262.20万平方公里
第二次监测（1999年）	全国沙化土地面积174.31万平方公里，年均扩展10840平方公里；荒漠化土地面积267.40万平方公里，年均扩展10800万平方公里
第三次监测（2004年）	全国沙化土地面积173.96万平方公里，年均缩减700平方公里；荒漠化土地面积263.62万平方公里，年均缩减7650平方公里
第四次监测（2009年）	全国沙化土地总面积173.11万平方公里，年均缩减1700平方公里；荒漠化土地面积262.37万平方公里，年均缩减2500平方公里
第五次监测（2014年）	全国沙化土地面积172.12万平方公里，年均缩减1980平方公里；荒漠化土地面积261.16万平方公里，年均缩减2420平方公里

资料来源：http：//www.forestry.gov.cn/portal/main/s/4047/content－845137.html。

（3）沙区植被盖度增加，固碳能力增强。2014年沙区的植被平均盖度为18.33%，与2009年的17.63%相比，上升了0.7个百分点；京津风沙源治理一期工程区植被平均盖度增加了7.7个百分点；我国东部沙区（呼伦贝尔沙地、浑善达克沙地、科尔沁沙地、毛乌素沙地和库布齐沙漠）植被盖度增加了8.3个百分点，固碳能力提高了8.5%。

（4）防风固沙能力提高，沙尘天气减少。2014年与2009年相比，我国东部沙区土壤风蚀状况呈波动减小趋势，土壤风蚀量下降了33%，地表释尘量下降了约37%，其中植被对输沙量控制的贡献率为18%～20%。沙尘天气也明显减少，五年间全国平均每年出现沙尘天气9.4次，较上一监测期减少2.4次，减少了20.3%，北京地区减少了63.0%，风沙危害明显减轻。

（5）38%的可治理沙化土地得到有效治理，重点地区生态状况明显改善。截至2014年，实际有效治理的沙化土地为20.37万平方公里，占53万平方公里的可治理沙化土地的38.4%。京津风沙源治理工程区和四大沙地等地区生态状况明显改善，京津风沙源治理一期工程区沙化土地减少1486平方公里，植被盖度平均增长7.7个百分点；四大沙地所在区域沙化土地减少1685平方公里，植被盖度增加5～15个百分点。

（6）水土流失面积减少，强度明显降低。2018年全国水土流失面积为

273.69万平方公里，占全国土地面积（不含港澳台）的28.6%。与2011年相比，水土流失面积减少了21.23万平方公里，减幅为7.2%。此外，我国水土流失强度也呈现明显下降的趋势，与2011年结果对比，2018年中度以上侵蚀面积均有下降，共减少51.11万平方公里，减幅达32.65%。当前水土流失以中轻度侵蚀为主，占比78.7%；中度以上侵蚀面积占比降低14.6%，呈现出高强度侵蚀向低强度变化的特征。[8]

（五）海洋生态保护与修复

1. 生态保护与修复工作

2010年我国海洋生态保护修复工作正式启动。自2012年起连续两年，中央设立海岛保护专项资金，支持地方实施海岛生态修复示范与领海基点保护试点项目。自2014年起，中央层面将海岛保护专项资金与中央分成海域使用金合并，2015年正式更名为中央海岛和海域保护资金。2016～2017年，中央财政对沿海城市开展蓝色海湾整治给予奖补支持，统筹支持地方实施“蓝色海湾”“南红北柳”和“生态岛礁”等重大修复工程。据统计，2010～2017年中央财政累计下发专项资金137亿元。海洋生态保护修复主要包括以下四个方面内容。[9]

（1）海域海岸带环境综合整治。海域海岸带环境综合整治包括对重要海湾、河口海域、风景名胜区以及重要旅游区毗邻海域和大中城市毗邻海域等的综合整治和修复，主要措施包括废弃码头拆除、废弃物清理、海域清淤、退养还滩、退堤还海、自然岸线修复、人工岸线整治、离岸潜堤建设、防潮堤修建、滨海观景长廊修建、沙滩整治修复和地质遗迹景观修复等。

修复项目包括锦州白沙湾、烟台十里湾、青岛小港湾、厦门天泉湾、茂名水东湾、广西廉州湾和防城港西湾等海湾，大连金石滩和老虎滩、辽宁月亮湾和北戴河、烟台金沙滩、北海银滩以及钦州三娘湾等优质沙滩浴场，天津永定新河口、大沽排污河和江苏连云新城临洪河口等河口海域，荣成月湖、乳山潮汐湖、汕尾品清湖、万宁小海和老爷海等城市滨海潟湖。

（2）海岛整治修复。海岛整治修复包括海岛生态环境整治、海岛基础设施建设和特殊用途海岛保护。主要措施包括海岛岛体修复、植被种植、岸线整治、沙滩修复、周边海域清淤及养殖池和废弃设施拆除，海岛码头、桥梁、护岸、防波堤、输水管道、海水淡化设施、垃圾处理厂（站）、污水处理厂（站）、山塘水库和环保厕所等修建，海底电缆铺设，地质灾害治理及山体边坡修复等。

修复项目包括：大笔架山、菩提岛、鲁家峙岛、鼓浪屿、舟山岛和平潭岛等一大批生态和景观受损海岛的修复；獐子岛、南长山岛、秦山岛、连岛、洞头岛和南澳岛等海岛的基础设施建设；通过领海基点所在海岛现状调查和保护范围选划以及重要生态价值海岛修复和生态试验基地建设等措施，让新能源、新材料和新技术在海岛上得以应用示范，生态型开发模式和理念得以强化，提升大洲岛和南麂岛等涉岛保护区的管护能力。

（3）典型生态系统保护修复。典型生态系统保护修复包括对重要滨海湿地、珊瑚礁、红树林和海草床等典型生态系统的保护修复。通过退养还海、退养还滩和退养还湿等措施，结合碱蓬、芦苇和怪柳等植被的修复和重建，促进辽宁兴城河口、昌邑潍河河口、东营黄河口、荣成天鹅湖、日照付疃河口和小清河河口等重要滨海湿地生态系统的恢复；通过红树林栽培和移种以及互花米草治理等措施，促进闽东滨海湿地、厦门下潭尾、广东珠江口、雷州半岛保护区、湛江流沙湾、茅尾海沙井、广西北仑河口和山口自然保护区等红树林生态系统的恢复；通过珊瑚礁移植恢复等措施，开展涠洲岛、徐闻和大洲岛等海域的珊瑚礁生态修复和保护；通过龙须菜移植、羊栖菜和鼠尾藻育苗、人工鱼礁投放以及海洋鱼贝类生物放流等措施，探索提高特定海域生物多样性的方法。

（4）生态保护修复能力建设。生态保护修复能力建设包括海洋保护区能力提升、海域动态监视能力建设、海岛视频监测系统建设和海洋预警报系统升级改造等。

实施项目包括山东龙口和利津、江苏海门蛎蚜山以及广东海陵岛等国家级自然保护区（海洋公园）管理水平提升，佳蓬列岛和围夹岛领海基点等视频监控系统建设等。

2. 生态保护与修复成效

（1）海洋生态环境状况整体稳中向好。在海水质量方面，我国管辖海域水环境维持在较好水平，2018 年，劣Ⅳ类水质海域面积较 2017 年同期减少 450 平方公里；近岸海域水质总体稳中向好，水质级别为一般，417 个点位中Ⅰ类水质占46.1%，Ⅱ类水质占28.5%，Ⅲ类水质占6.7%，Ⅳ类水质占3.1%，劣Ⅳ类水质占 15.6%，优良水质占比为 74.6%，较 2017 年上升了 6.7 个百分点。[10]

在海洋生态方面，实施监测的河口、海湾、滩涂湿地、珊瑚礁等 21 个典型海洋生态系统中，河口和海湾生态系统均处于亚健康和不健康状态。对 25 个保护区开展了保护对象监测，结果表明，沙滩、海岸、基岩海岛及历史遗迹基本保持稳定。

（2）海域海岸带、海岛、滨海湿地整治修复效果明显。截至 2017 年底，全国累计修复岸线 260 公里、沙滩 1240 公顷，北戴河、辽河口、胶州湾和厦门湾等地的整治修复效果明显，全国整治修复海岛近 60 个，全国累计修复滨海湿地 4100 公顷，海洋生态环境呈明显改善和整体趋稳向好态势。

（六）矿山地质环境治理

1. 生态保护与修复工作

我国矿山生态问题与地质环境的破坏相关，主要表现为地面塌（沉）陷、地面沉降、地裂缝、滑坡、泥石流、地下含水层破坏与污染、地貌景观破坏和固体废弃物排放压占损毁土地等。其中，煤炭矿山的地质环境问题最为严重，采煤塌陷占塌陷总面积的 97.43%，金属矿山固体废物年产出和累计积存量较大，分别占总量的 48% 和 52%；非金属矿山的数量最多，范围最广，对地形地貌景观破坏相对严重。[11]

自 2000 年起，财政部会同国土资源部利用探矿权、采矿权的使用费和价款设立矿山地质环境治理专项，开展全国矿山地质环境治理（见表 5）。从目前国内矿山修复成功案例来看，综合其不同功能与特性，主要有生态恢复类、博物资源利用类、旅游开发类、复垦造田类、引水造湖类、垃圾处理厂类、仓储类七大类型，其中生态恢复类、旅游开发类占据主导，占国内矿山修复工程的一半以上，主要是由于这两类具有较高的经济价值。

表5　我国分阶段的矿山地质环境治理和生态恢复进展[12]

阶段	进展
起步探索阶段	2000～2002年,我国启动了全国矿山地质环境治理和生态恢复示范工作,安排了18个矿山地质环境治理示范项目。示范项目的实施,为下一步全面开展矿山地质环境治理工作提供了借鉴
快速推进阶段	在总结以往项目经验的基础上,2003～2009年,安排的项目数量累计1577个,在此期间,虽然治理投入经费及项目数量大规模增加,但项目平均投入经费偏少,存在单个矿山经费投入不足、解决问题不彻底等现象
调整完善阶段	2010～2015年,项目的投入重点和方向,由过去支持多而散、经费少的小项目转向支持区块面积大、集中连片的大型项目。其中2000～2013年开展矿山地质环境治理项目1934个。本阶段治理工作的特点是财政专项投资力度大幅提高,方向更加明确,重点更加突出,项目实施更注重总体规划、分期实施、集中连片的理念,项目的持续性较以往提高很多

资料来源：李玉倩、王德利：《新常态下矿山地质环境的生态修复》，《中国资源综合利用》2017年第35卷第5期，第69～71页。

2. 生态保护与修复成效

我国矿山修复工作取得了一定的成效。[13]数据显示，截至2017年底，全国用于矿山地质环境治理的资金超过1000亿元，其中中央财政安排资金超过300亿元，地方财政和企业自筹资金近700亿元；全国累计完成治理恢复土地面积约92万公顷，治理率约为28.75%。

矿山绿化和矿山公园建设是我国目前矿山生态修复的主要措施。根据资料汇总显示，2005年9月，国家启动矿山公园建设，并批复了首批28家国家级矿山公园的建设资格，此后，分别于2010年、2013年、2017年公布第二至第四批建设名单，至此国家级矿山公园达88家。

绿色矿山方面，2013年3月，国土资源部公布了首批37家国家级绿色矿山试点单位，此后分别于2012年3月、2013年2月、2014年3月分别公布了第二批183家、第三批239家和第四批202家的试点名单，四批名单共确定了661家国家级绿色矿山试点。

（七）自然保护地建设

1. 生态保护与修复工作

2019年6月，中共中央办公厅、国务院办公厅印发了《关于建立以国家公园为主体的自然保护地体系的指导意见》（以下简称《指导意见》），提出建立以国家公园为主体的自然保护地体系。该《指导意见》按照自然生态系统原真性、整体性、系统性及其内在规律将我国的自然保护地分为国家公园、自然保护区、自然公园三大类型，即自然保护地按照生态价值和保护强度由高到低、由强到弱，依次为国家公园、自然保护区、自然公园。

（1）国家公园。国家公园以保护具有国家代表性的自然生态系统为主要目的，是我国自然生态系统中最重要、自然景观最独特、自然遗产最精华、生物多样性最富聚的区域。自党的十八届三中全会提出“建立国家公园体制”以来，我国相继启动了若干国家公园体制试点工程。截至2019年7月，全国已开始三江源、大熊猫、东北虎豹、湖北神农架、钱江源、南山、武夷山、长城、普达措和祁连山10处国家公园体制试点，涉及青海、吉林、黑龙江、四川、陕西、甘肃、湖北、福建、浙江、湖南、云南、海南12个省，总面积约22万平方公里。[14]

国家公园体制改革试点在管理体制机制设计、生态保护制度、资源监测评价、技术标准建立、政策支持保障、人员队伍培训、生态文化普及等多个方面进行了有益探索。

初步探索管理体制改革。2018年机构改革后，组建国家林业和草原局，加挂国家公园管理局牌子，统一管理国家公园等各类自然保护地，标志着自然保护地领域多头管理的问题得到解决。东北虎豹、祁连山、大熊猫依托国家林草局驻地专员办成立了国家公园管理局，实现了跨省区的统一管理，同时与有关省份分别成立了协调工作领导小组，共同推进试点工作。青海省、海南省均成立了省级直属的国家公园管理局，统一行使国家公园范围内的管理事权，

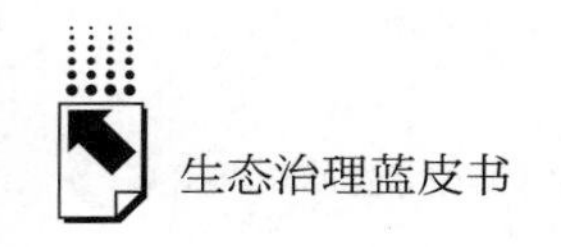

明确了主体责任。其他各国家公园体制试点地区也分别成立了专门的管理机构。

持续加大生态保护力度。东北虎豹国家公园将珲春、汪清、老爷岭等多个自然保护区连成一个大区域，自然保护地碎片化问题得到较好解决，自然生态系统原真性和完整性进一步提升。祁连山、东北虎豹、三江源、神农架、钱江源等试点区初步搭建了自然资源监测平台，为实现国家公园立体化自然资源及生态环境监管格局打下了基础。国家公园试点区分别启动了林（参）地清收还林、生态廊道建设、外来物种清除、茶山专项整治、裸露山体生态治理等工作。

不断强化基础工作。推进各试点区总体规划和专项规划编制，抓紧制定国家公园标准体系、管理办法等。协调相关部委，推动落实国家公园体制建设资金保障，探索构建以财政投入为主、以社会投入为辅的资金保障机制。构建支撑体系，加强宣传交流，成立国家公园监测评估研究中心和国家公园规划研究中心，主持国家公园国际研讨会及国际高端论坛，积极传播国家公园理念。各试点区积极探索社区参与共建共享的保护模式，三江源、神农架、普达措、南山等国家公园设置了生态公益管护岗位，优先吸纳生态移民和当地社区居民参与国家公园保护，社会参与更加广泛，公众影响迅速提升。

（2）自然保护区。自然保护区是保护典型的自然生态系统、珍稀濒危野生动植物种的天然集中分布区、有特殊意义的自然遗迹的区域。根据《2018 年全国林业和草原发展统计公报》，2018 年，国务院办公厅先后 4 次发文，公布辽宁五花顶等 11 处新建国家级自然保护区和湖南东洞庭湖等 10 处调整的国家级自然保护区名单。截至 2018 年底，我国累计建立国家级自然保护区 474 处，其中国家级海洋自然保护区 35 处。

（3）自然公园。自然公园是以生态保育为主要目的，兼顾科研、科普教育和休闲游憩等功能而设立的自然保护地，是指除国家公园和自然保护区以外，拥有典型性的自然生态系统、自然遗迹和自然景观，或与人文景观相融合，具有生态、观赏、文化和科学价值，在保护的前提下可供人们游览或者进行科学、文化活动的区域。

根据《2018 年全国林业和草原发展统计公报》，截至 2018 年底，我国世界自然遗产（含文化与自然双遗产）达35处；国家级和省级风景名胜区共1051处，其中国家级风景名胜区244处；世界地质公园37处，国家地质公园212处；国家矿山公园34处；国家级森林公园897处；海洋自然保护地271处（见表6）。

表6　我国2018年自然公园数量

指标	数量(处)	指标	数量(处)
世界自然遗产	35	国家矿山公园	34
国家级和省级风景名胜区	1051	国家级森林公园	897
其中:国家级风景名胜区	244	海洋自然保护地	271
世界地质公园	37	其中:国家级海洋特别保护区	71
国家地质公园	212		

资料来源：《2018年全国林业和草原发展统计公报》。

2. 生态保护与修复成效

（1）保护地碎片化、管理多头化现象得到明显改善。通过建立国家公园试点，在试点区成立国家公园管理局或管委会，对原有各类保护地机构、编制进行了整合，实现“一个保护地、一个牌子、一个管理机构”，各试点区原来牌子多、碎片化管理现象得以改善。例如青海三江源国家公园整合了园区国土、环保、水利、农牧等部门编制、职能及执法力量，建立覆盖省、州、县、乡四级统筹式“大部制”生态保护机构。[15]

（2）生物多样性保护力度明显增强。通过国家公园、自然保护区、自然公园等自然保护地建设，形成了类型比较齐全、布局基本合理、功能相对完善的自然保护地体系，有效保护了天然河流、湖泊、湿地等自然水生态系统和大多数重点野生动植物种类，部分珍稀濒危物种种群逐步恢复。截至2016年，全国有超过90%的陆地自然生态系统类型、约89%的国家重点保护野生动植物种类，以及大多数重要自然遗迹在自然保护区内得到保护，部分珍稀濒危物种种群逐步恢复。以大熊猫为例，存活的大熊猫超过1800只，已经从濒危过渡到易危。[16]

（八）山水林田湖草生命共同体的生态保护修复

2016年起财政部、原国土资源部、原环境保护部开始统筹推进国家山水林田湖草生态保护修复工程，决定在国家重要生态屏障区、国家公园试点区、重点战略水源涵养区选取具有全国性和区域性重大影响的区域，推进山水林田湖草生态保护修复试点工作。试点地区的生态保护修复工作统筹包括矿山环境治理恢复、土地整治与污染修复、生物多样性保护、流域水环境保护治理和全方位系统综合治理修复等五项重点内容，对山上山下、地上地下、陆地海洋以及流域上下游进行整体保护、系统修复、综合治理（见表7）。

表7　第一至三批次全国山水林田湖草生态保护修复试点

批次	试点名称
第一批（2016年）	陕西黄土高原 京津冀水源涵养区 甘肃祁连山 江西赣州
第二批（2017年）	吉林长白山保护开发区山水林田湖草生态保护修复工程 云南抚仙湖流域山水林田湖草生态保护修复工程 广西左右江流域山水林田湖草生态保护修复工程 山东泰山区域山水林田湖草生态保护修复工程 四川广安华蓥山区山水林田湖草生态保护修复工程 福建省闽江流域山水林田湖草生态保护修复工程
第三批（2018年）	贵州省乌蒙山国家脱贫攻坚区山水林田湖草生态保护修复重大工程 湖北省长江三峡地区山水林田湖草生态保护修复工程 湖南省湘江流域和洞庭湖生态保护修复工程试点 河南省南太行地区山水林田湖草生态保护修复工程 黑龙江省小兴安岭－三江平原 宁夏贺兰山东麓山水林田湖草生态保护修复工程 广东粤北南岭山区山水林田湖草生态保护修复试点

三　生态保护修复面临的形势和问题

（一）生态保护修复面临的形势和挑战

1. 总体依然缺林少绿，森林资源分布不均

尽管我国的森林面积和森林蓄积量都呈现逐年递增趋势，但我国的森林覆盖率依然远低于全球30.7%的平均水平，人均森林面积也不足世界平均水平的1/3，人均森林蓄积量只有世界平均水平的1/6，森林资源总量相对不足的状况仍未得到根本改变。[17] 此外，我国森林资源分布不均衡，中东部地区、西南地区和沿海地区的生态环境比较好，且大部分已经完成基本绿化任务，森林生态的基本框架已经形成；西北部地区依然缺林少绿，地区差异仍然较大。这就要求我国继续加大森林资源保护和生态修复力度。

2. 草原生态依然脆弱，人畜矛盾仍然存在

虽然全国草原生态持续恶化的局面得到了有效遏制，但是受自然、地理、历史和人为活动等因素影响，草原生态保护欠账较多，草原生态系统整体仍较脆弱。而且，我国的草原分布具有“四区叠加”的特点，既是重要的生态屏障区又大多位于边疆地区，还是众多少数民族的主要聚集区和贫困人口的集中分布区，草原生态保护与牧区经济发展的矛盾仍然十分突出，草原违法征（占）用、家畜超载过牧等现象还非常普遍。一些地方征（占）用草原过度开发、无序开发，草原被不断蚕食，面积萎缩。草原退化、沙化、石漠化等问题还依然存在。

3. 荒漠化与沙化面积大，治理任务艰巨

根据《中国荒漠化和沙化状况公报（2015）》，2000年以来，我国荒漠化土地仅缩减了2.34%，沙化土地仅缩减了1.43%，恢复速度缓慢。已有效治理的沙化土地中，初步治理的面积占55%，沙区生态修复仍处于初级阶段。而且，随着荒漠化与沙化土地治理工程的不断推进，新治理区域的立

地条件更差，治理难度越来越大。

荒漠化、沙化的人为因素依然存在，沙区开垦问题突出。2009～2014年，沙区耕地面积增加114.42万公顷，增加了3.60%；沙化耕地面积增加39.05万公顷，增加了8.76%。超载放牧现象也很突出，2014年牧区县平均牲畜超载率达20.6%。而且，向沙漠排污的事件还时有发生。农业用水挤占生态用水问题也很突出，塔里木河农业用水占比高达97%。

4. 水土流失依然严重，治理难度不断增大

当前我国仍有超过国土面积1/4的水土流失面积，面积大、分布广，治理难度越来越大。特别是中西部地区基础设施建设与资源开发强度加大，水土资源保护压力加大，黄土高原、东北黑土区、长江经济带、石漠化等区域水土流失问题依然突出，贫困地区小流域综合治理亟待加快推进。人为水土流失虽然得到了初步遏制，但重建设、轻生态、轻保护问题依然存在，仍需进一步加强人为水土流失防治和监督管理。

5. 湿地面积萎缩退化，功能有所减退

根据第一、第二次全国湿地资源调查结果，2003年我国湿地总面积5699.89万公顷，到2013年降至5360.26万公顷，减少339.63万公顷，减少了8.82%。根据《全国湿地保护“十三五”实施规划》，我国近70%的重要湿地受到污染、围垦、过度放牧和不合理水资源利用等威胁，湿地面积减少和生态功能退化的趋势不断加剧，鸟类栖息生境不断被蚕食，湿地生物多样性降低，湿地生态状况不断下降。这表明我国湿地保护的任务依然十分艰巨和紧迫。

6. 矿山修复面积大、综合性强，治理任重道远

据2017年全国矿山资源开发环境遥感监测结果，全国矿产资源开发占用土地面积约362万公顷，其中历史遗留及责任人灭失的有230万公顷，在建生产矿山占用132万公顷，存在包括崩塌、滑坡、泥石流、含水层破坏、塌陷、地表破坏等各种各样的问题。矿山生态环境修复任重道远。

矿山生态环境修复具有综合性、复杂性、专业性和创新性等特点。例如，北方地区矿山地质灾害包括地貌景观破坏、地下含水层破坏、土地资源

占压与破坏、环境污染等多种矿山地质环境问题，完成一个综合性矿山修复工程需要岩土工程学、地质学、生物学、土壤学和水土保持学等多学科知识和技术支持，需要耗费大量的资金。

（二）生态保护修复管理中存在的问题

1. 生态保护修复法律法规和监管制度有待完善

我国在长期的立法活动中，对生态环境治理方面给予了一定的关注，相关法律法规出台较多，例如《环境保护法》《水土保持法》《森林法》《草原法》等，其中都有关于生态保护与修复的内容，但还没有一部专门规范生态修复工作的法规文件，现有的部分生态保护修复相关条文因其缺乏可操作性而导致实践中困难重重。

生态保护修复的配套法律制度也不健全，增大了法律法规施行的难度。例如：《土地复垦条例》《矿山地质环境保护规定》要求对矿区的资源和环境进行保护，但没有具体给出如何判断修复结果的程序，也没有给出对生态修复之后的追偿等问题的解决办法；耕地污染治理与修复领域的相关法律法规分散而不系统，缺乏耕地质量保护与污染控制的专项法律法规、标准和技术规范；《森林法》中没有对保护和修复森林生态环境进行具体规定，虽然在这部法律中明确规定了森林效益补偿基金制度，但缺乏对森林生态效益补偿基金如何实施的配套程序规定；《草原法》颁布三十余年，仍缺乏具体的实施程序规定；等等。

2. 生态保护修复和后期维护资金不足

生态环境修复具有系统性和长期性，在此过程中需要大量的资金做保障。当前我国缺乏完善的生态保护修复监督制度和问责制，导致在生态保护修复中主体不明确，生态保护修复所需资金依然以财政拨款为主。就当前我国生态环境修复现状来看，资金不足已经成为很多生态保护修复工程无法继续的主要原因。据统计，我国近90%的土壤修复项目因为资金不足而延期甚至停滞。[18]

3. 生态保护修复区域生态补偿机制不完善

一是补偿范围偏窄。现有生态补偿主要集中在森林、草原、矿产资源开发等领域，流域、湿地、海洋、耕地及土壤等生态补偿尚处于起步阶段。二是补偿标准普遍偏低。生态保护修复的重点区域大多处于老少边穷地区，经济发展、生态保护、脱贫攻坚任务繁重。若中央财政对地方政府转移支付不足，当地居民未能得到足够的生态补偿，地方政府和当地居民往往倾向于牺牲生态环境发展地方经济。三是补偿资金来源渠道和补偿方式单一。补偿资金主要依靠中央财政转移支付，地方政府和企事业单位投入、优惠贷款、社会捐赠等其他渠道明显缺失。四是补偿资金支付和管理办法不完善。有的地方补偿资金没有做到及时足额发放，有的甚至出现挤占、挪用补偿资金现象。

4. 以国家公园为主体的自然保护地体系建设与改革依然有待加强

保护与开发的关系尚未厘清。一些地方政府将国家公园视为“吸金”招牌，导致在试点实施后开发建设强度不降反升。也有一些人认为国家公园是绝对禁区，不允许任何开发利用活动，忽视了试点区内仍有大量社区的历史事实，从而引发了一些社会矛盾，也忽视了国家公园“全民公益性”的建设理念，以及除了生态系统原真性和完整性保护外，自然保护地还应兼具科研、教育、游憩等综合功能的定位。这些矛盾都需要在以国家公园为主体的自然保护地体系建设过程中逐步解决。

四 解决生态环境修复存在问题的对策

（一）健全生态保护修复相关法律法规

1. 制定生态保护修复基本法

制定一部明确生态保护修复各方面工作的生态保护修复基本法律文件，将目前分布在《环境保护法》《土壤污染防治法》《森林法》等众多生态环境法律法规中与生态保护修复有关的规定进行统一协调，并补充制定和改进在这些法律中缺失的调节事项，为生态保护修复工作的顺利开展提供法律支撑。

2. 健全生态保护修复的配套法规、细则、标准

在以生态保护修复基本法为导向的基础上，国家行政机关还应制定一系列与之配套的具体法规、细则、标准，以确保生态保护修复工作的顺利开展。应在各个层面规定生态保护修复的具体实施程序、生态保护修复的标准、生态保护修复资金的来源与使用方式，以及拒绝履行实施生态修复的责任和义务或者实施生态修复达不到规定的标准时应如何承担责任等内容。

（二）继续推行生态保护修复工程

各项生态保护修复工程是落实生态系统保护、提升生态系统功能的重要抓手，未来应该继续大力推行生态保护修复工程项目建设。生态保护修复工程的设计要进一步突出山水林田湖草是一个生命共同体的理念，有机整合各类生态要素，进行整体保护、系统修复、综合治理。首先，应该按照生态系统本身的自然属性，把区域、流域作为保护和修复的有机整体，考虑各种生态问题及其关联和因果关系，打破行政区限制，实现整体设计、分项治理。其次，按照山水林田湖草各生态要素明确治理的工程重点，从治本治源出发进行保护修复。

（三）拓宽生态保护修复资金来源渠道

1. 谁破坏，谁治理

从法律的公平原则来看，各种企业主体在其经营活动中有义务防止生态破坏，破坏者必须负责承担治理修复成本。在具体实施过程中，可以通过征收生态补偿金、生态环境与资源税以及实行其他经济补偿措施，来获取治理修复经费。

2. 加大中央财政投入力度

在统筹使用中央自然资源资产相关收益基础上，中央财政应加大对国土

空间生态保护修复一般预算支持力度，建立稳定的财政资金投入渠道。建议设立“国土空间生态保护修复专项资金”，组织实施事关国家生态安全战略全局的生态保护修复重大工程，重点支持山水林田湖草系统治理、江海岸线生态修复、矿山生态修复和土地综合整治。

3. 加强地方财政投入保障

在明确中央与地方生态保护修复事权划分的基础上，按照任务与资金相匹配的原则，财政部门应建立上下联动的资金保障体系，在地方各级财政设立相应专项，稳定支持渠道，确保财政资金投入与国土空间生态保护修复目标任务相适应。

4. 积极引导社会资本投入

建议积极发挥市场在资源配置中的决定性作用和政府引导作用，加强与金融资本合作，发挥政策性银行融资优势，建立“国土空间生态保护修复基金”，运用资源资产升值、权益置换、财政贴息、特许经营等手段，吸引社会资本参与，激发社会组织、村民集体经济组织和生态保护修复义务人的内生动力，形成“共建”“共治”“共享”的多元化投入机制。

（四）完善区域生态补偿机制

1. 结合自然资源资产确权登记，明晰产权主体

通过自然资源资产统一确权登记，对自然资源资产的产权进行清晰合理的界定，建立并完善自然资源资产的收益分配规则、方式及保障制度，从而明确生态补偿收益在被补偿主体间的分配方式，激励各产权主体对自然资源的保护和合理开发利用。

2. 建立跨区域多元化的生态补偿机制

搭建跨区域协商平台，完善支持政策，引导和鼓励受益地区与生态保护地区，流域的上游与下游通过自愿协商建立横向补偿关系，采取资金补助、对口协作、产业转移、人才培训、共建园区等方式实施横向生态补偿。积极运用碳汇交易、排污权交易、水权交易、生态产品标志等方式，探索市场化补偿模式。

3. 完善生态保护补偿可持续融资机制

鼓励各类金融机构尝试开发以特定生态保护项目为标的的绿色证券等多元化、差异化的绿色金融产品，探索排污权、碳排放权、水权、碳汇和购买生态服务协议抵押等担保贷款业务。鼓励保险机构联合金融机构、非金融机构和公益组织，创新开发生态破坏责任保险、森林保险等绿色生态相关险种。鼓励有条件的地方运用政府和社会资本合作（PPP）模式，吸引符合资质条件的社会资本参与重大生态系统保护修复工程等生态项目的建设、运营和管理。

（五）完善国家公园管理机制

1. 根据保护地功能定位实行分区分级管理

根据各类自然保护地功能定位，合理分区分级，实行差别化管控。对于国家公园和自然保护区，原则上核心保护区内禁止人为活动，一般控制区内限制人为活动。对于自然公园原则上按一般控制区管理，限制人为活动。

2. 实事求是调整自然保护地空间布局

结合国家公园体系建设，以及对自然保护地生态服务功能、生态脆弱性和生物多样性的详细调查与评估，结合自然保护地及周边社会经济发展现状，合理调整并确认自然保护地范围与功能。对于生态服务功能价值高的自然保护地，应当结合易地扶贫搬迁工程，对居住在自然保护区核心区与缓冲区内的居民实施生态移民，并加快研究制定自然保护区内已有探矿权、采矿权的退出补偿机制。

参考文献

［1］国家林业和草原局：《京津风沙源治理工程有关情况》，http：//www.forestry.gov.cn/Zhuanti/content_201406hmhghr/775972.html，2015－06－17。

［2］《“三北”工程40年：科学评估“绿色长城”》，科学网，http：//news.sciencenet.cn/htmlnews/2018/8/416292.shtm，2018－08－06。

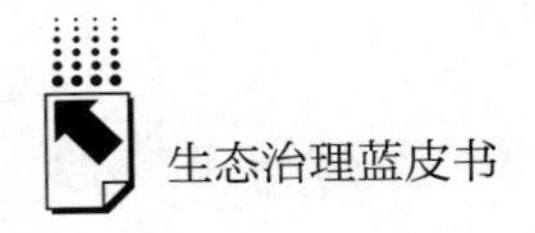

[3] 国家林业和草原局：《第八次全国森林资源清查主要结果（2009～2013年）》，http：//www. forestry. gov. cn/main/65/20140225/659670. html，2014－02－25。

[4] 杨旭东、杨春、孟志兴：《我国草原生态保护现状、存在问题及建议》，《草业科学》2016年第33卷第9期。

[5] 刘源：《2016年全国草原监测报告》，《中国畜牧业》2017年第8期。

[6] 水利部：《开展河湖生态修复》，http：//www. mwr. gov. cn/ztpd/2017ztbd/dlfjshms/sstwmspxzts/201709/t20170929_ 1001306. html，2017－09－29。

[7] 国家林业和草原局：《我国湿地面积8亿亩　位居世界第四》，http：//www. forestry. gov. cn/main/142/20180717/144048138865928. html，2018－07－17。

[8] 水利部：《我国水土流失面积持续减少》，《光明日报》2019年7月3日。

[9] 张志卫、刘志军、刘建辉：《我国海洋生态保护修复的关键问题和攻坚方向》，《海洋开发与管理》2018年第10期。

[10] 生态环境部：《中国海洋生态环境状况公报》，2018。

[11] 国土资源部：《全国矿山环境保护与治理规划（2010～2015年）》。

[12] 李玉倩、王德利：《新常态下矿山地质环境的生态修复》，《中国资源综合利用》2017年第33卷第5期。

[13]《中国矿山生态修复市场发展现状分析　矿山生态修复成效显著》，前瞻网，https：//www. qianzhan. com/analyst/detail/220/190308 － 3c49dc9c. html，2019－03－10。

[14] 中华人民共和国中央人民政府：《我国已建成十处国家公园体制试点》，http：//www. gov. cn/xinwen/2019－07/10/content_ 5407752. htm，2019－07－10。

[15] 黄宝荣、王毅、苏利阳等：《我国国家公园体制试点的进展、问题与对策建议》，《中国科学院院刊》2018年第33卷第1期。

[16]《我国生物多样性保护取得重要进展（美丽中国·关注生物多样性）》，人民网，http：//politics. people. com. cn/n1/2016/0523/c1001 － 28369928. html，2016－05－23。

[17] 国家林业和草原局：《中国森林覆盖率22.96%》，http：//www. forestry. gov. cn/main/65/20190620/103419043834596. html，2019－06－17。

[18] 陈瑶：《我国生态修复的现状及国外生态修复的启示》，《生态经济》2016年第32卷第10期。

B.3
中国林业生态治理报告

张 颖　孙剑锋*

摘　要： 本报告在梳理新中国成立以来我国林业政策法规、林业工程建设情况的基础上，将近70年我国林业生态治理分为五个阶段，即林业生态建设奠基阶段、挫折发展阶段、全面开展阶段、可持续发展阶段、生态建设和全新发展阶段。报告分析了各个阶段的背景特征，并总结出当前我国林业生态治理存在的主要问题：林业生态治理系统性不足、治理质量不高、发展转型需进一步深化。在结合实际情况的基础上针对以上有关问题对我国今后林业生态治理进行了展望，指出应立足区域实际，实现差别发展；加强林业创新科技研发，重视科学技术推广；深化林业体制机制改革，推进林业发展转型升级；健全管理机制，提升管理水平。报告以期为我国林业生态治理高质量发展提供参考。

关键词： 林业生态建设　生态治理

一　引言

林业作为生态建设的主体和生态文明建设的主要承担者，肩负着建设和保护森林生态系统、保护和恢复湿地生态系统、治理和改善荒漠生态系统及

* 张颖，北京林业大学经济管理学院教授、博士生导师，美国科罗拉多州立大学合聘教授，主要研究领域为资源环境价值评价及核算、区域经济学和生态经济；孙剑锋，北京林业大学经济管理学院博士研究生，主要研究领域为资源环境价值评价及核算。

维护生物多样性、弘扬生态文明的重要职责。过去的半个多世纪，中国政府在领导人民摆脱贫困、发展经济、建设现代化的历史进程中，一直以战略眼光关注着与人类生存、发展息息相关的森林问题、生态问题，做出了一系列重大决策，在探索中不断前进，我国林业生态建设的政策也在满足资源－环境－经济－社会耦合系统发展的现实需要的情况下进行调整优化。特别以党的十七大提出建设生态文明为标志，逐步找到了一条具有中国特色的林业生态文明发展道路。尤其是党的十八大以来，以习近平同志为核心的党中央对加快林业发展、推进生态建设提出了许多新要求，做出了一系列重大决策部署，推动我国林业生态建设从认识到实践发生了历史性变化。经过 70 年的努力，当前我国林业生态体系逐步完善，林业生态功能不断发挥，林业产业体系日益发达，林业经济社会功能不断增强。与此同时，当前我国生态文明建设已经进入新阶段，对林业生态建设也提出了新的要求，在认真回顾新中国成立以来我国林业生态建设政策、林业生态工程实施的基础上，系统地梳理出我国林业生态建设历程，重点总结其演变发展过程中的特点，总结归纳发展规律，分析当前林业生态建设中存在的问题，并对今后林业生态治理和建设进行展望，力图为推动中国林业治理体系和治理能力现代化建设提供参考。

二　新中国成立以来中国林业生态治理建设与治理历程

新中国成立以来，尤其是改革开放 40 年来，我国政府十分重视林业生态建设，制定出台了一系列方针政策，实施了众多林业生态治理工程，探索出一套适合我国国情、林情的生态环境治理经验，取得了一系列辉煌成就，我国的林业生态建设历程主要分为以下几个阶段。

（一）1949～1956年：以“合理采伐、护林造林”为主导的林业生态建设奠基阶段

1. 阶段背景分析

历史上中国是一个森林资源较为丰富的国家，但是经过长时期的利用和

开发，尤其是近代连年征战和帝国主义的粗暴攫取，新中国成立初期森林覆盖率仅为12.5%。[1]新中国成立后，我国奉行的是赶超型、增长第一的快速工业化发展道路，林业政策作为国家战略发展的重要组成部分，提供大量的木材产品是其核心任务，这给我国脆弱的林业资源造成了很大压力。木材生产不仅能提供国家建设所需的各种原材料，而且能较快地、低成本地获取经济效益，地方私自砍伐倒卖林产品的现象较为普遍，更加大了原本较为脆弱的林业生态系统恢复难度。因此，促进林业发展，为新中国工业化提供坚实的基础成为这一阶段林业发展的主要任务。

2. 主要政策和相关法规

1949～1956年是林业生态建设的起步阶段，这一阶段的林业政策主要集中在呼吁群众停止破坏，发动群众进行荒山绿化、植树造林等运动；政府层面也在营林培育、森林工业管理、林业社会主义改造方面倾注了大量努力（见表1）。

表1　1949～1956年我国主要林业政策

时间	政策法规	内容
1949年10月	中国人民政治协商会议	林业工作的方针为“保护森林，并有计划地发展林业”
1950年2月	第一次全国林业业务会议	林业建设的方针是：普遍护林，重点造林，合理采伐和合理利用
1950年6月	政务院发布《关于全国林业工作的指示》	普遍护林，选择重点有计划地造林，并大量采种育苗；合理采伐，节约木材，进行重点的林野调查
1952年10月	林业部全国林业会议	除继续贯彻普遍护林、重点造林、合理采伐利用的方针外，应有目的、有计划地造林和开发新林区
1952年底	各省成立森林工业局	统一领导全国国营木材生产和木材管理工作
1953年9月	政务院发布《关于发动群众开展造林、育林、护林工作的指示》	确定开展造林、育林、护林工作应成为各级人民政府的主要任务之一
1956年10月	第七次全国林业会议	认真贯彻政策，保持群众对林业生产的积极性；做好国营造林工作；在国有林区贯彻主伐规程和进行抚育更新；搞好山区生产规划和绿化规划

虽然新中国成立初期我国林业恢复与建设的主要方向是以保护为主、开发为辅，但受制于社会主义建设时期对木材的客观需求，林业生态建设的总

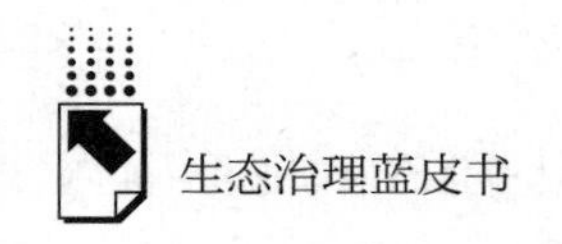

方针未能很好地落实，这一时期林业作为一项生产性事业，其工作重点还是集中在木材砍伐与运输上，林区培育方面投入较少。

（二）1957～1978年：以“木材生产”为主导的林业生态建设挫折发展阶段

1. 阶段背景分析

随着社会主义改造的完成，林业发展方针也随之发生转变，林业发展要为快速工业化推进服务，因此这一阶段林业生态建设的方针主要以“林区开发，木材生产”为主。这种采育比例严重失调的状况在“大跃进”及“文革”期间尤为严重，刚成型的林业管理体制遭到冲击，大量林业机构被撤销，加之林业政策出现偏差，给林业资源造成极大破坏，活立木总蓄积量逐年下滑，1977年活立木蓄积量仅为新中国成立初期的82.17%，我国林业生态恢复与发展处于后退状态。[2]

2. 主要政策和相关法规

这一阶段主要以林区大规模开发、大力发展森林工业为主要方针，虽然这一阶段国家也出台了部分调整措施，但是“国情决定林情”，在社会主义建设快速推进的大背景下，效果甚微。在国家建设对木材刚性需求的背景下，林业工作主要围绕“木材生产”展开，虽然出台过多项关于防护林建设和植树造林的法规，但总体而言，我国天然林资源过度开发的情况十分严重，尤其是以大兴安岭为代表的国有林场的大规模开发，虽然为经济建设提供了建设的物质基础，为国家现代化做出了突出贡献，但天然林的生态保护能力是人工林无法替代的，林业生态建设在这一阶段并无实际成效（见表2）。

表2　1957～1978年我国主要林业政策

时间	政策法规	内容
1958年3月	林业发展“二五”计划	大力开发利用现有森林资源，大量增产木材；积极发展木材机械加工和化学加工工业，提高木材利用率
1960年4月	《一九五六到一九六七年全国农业发展纲要》	绿化荒地荒山，大力开展“四旁”造树

续表

时间	政策法规	内容
1963 年 12 月	全国国有林场工作会议	国有林场贯彻执行“以林为主,林副结合,综合经营,永续作业”的方针,逐步发展为采育造综合经营、永续作业的林业企业
1964 年 2 月	《关于开发大兴安岭林区的报告》	成立大兴安岭开发指挥部,负责大兴安岭林区开发工作

（三）1979～1991年：以“植树造林和立法保护”为主导的林业生态建设全面开展阶段

1. 阶段背景分析

“大跃进”和“文革”期间的长期毁林开荒和乱砍滥伐，以及土地资源的不合理利用，导致我国森林资源破坏严重，生态环境平衡失调，自然灾害增多，风沙灾害和水土流失严重，严重阻碍了经济社会的有序发展。基于此，加强林业生态建设，大力植树造林，发挥林业系统在生态调节中的基础作用，逐步改善脆弱的生态系统，为经济社会发展提供一个良好的外部环境，成为当时政府及广大人民群众的迫切希望。

2. 主要政策和相关法规

1978 年十一届三中全会的召开，及时修正了之前农林业发展的错误方针，林业的基础性作用得到重视，林业生态建设开始步入正轨。国务院相继出台了一系列的法律法规，明确了保护现有森林资源、大力开展植树造林的基本方针。与此同时，《中华人民共和国森林法》的颁布，第一次明确地在法律上为森林的保护、管理、培育、利用等做出了保障。中央和地方也在积极试点推行林业“三定”工作，推动林业体制改革，逐步开放林产品市场。同时，以“三北”防护林为主的防护林体系建设极大地改善了我国区域生态环境质量，也将我国林业生态建设推向新的高度。

经过这一时期的发展，初步探索出了一条适合我国国情的林业生态建设道路，为接下来的林业可持续发展奠定了基础，为经济社会健康稳步发展提供了良好的生态环境支持（见表3）。

表3　1979～1991年我国主要林业政策

时间	名称	内容
1978年11月	《关于在“三北”建设防护林的规划》	规定从1978年至1985年，在“三北”地区建设8000万亩防护林，使该地区在规划期末防护林面积达到1.2亿亩
1978年12月	《农村人民公社工作条例》	充分发动群众，植树造林，绿化祖国
1980年3月	《关于大力开展植树造林的指示》	大规模地开展植树造林，加速绿化祖国；实行大地园林化，把森林覆盖率提高到30%；积极发展国营造林，并鼓励社员个人植树
1981年10月	十三省（自治区）林业“三定”工作会议	研究林业“三定”（稳定山权林权、划定自留山、确定林业生产责任制）有关政策问题
1984年9月	第六届全国人民代表大会常务委员会第七次会议	会议通过《中华人民共和国森林法》，自1985年1月1日起施行
1988年11月	《中华人民共和国野生动物保护法》	国家保护野生动物及其生存环境，禁止任何单位和个人进行捕猎和破坏
1989年12月	《中华人民共和国环境保护法》	开发利用自然资源必须采取措施保护生态环境
1990年2月	《长江中上游防护林体系建设工程管理办法》	通过保护、恢复自然植被，尽快改善长江中上游环境状况，促进当地人民脱贫致富
1991年6月	《中华人民共和国水土保持法》	应当有计划地进行封山育林育草、轮封轮牧、防风固沙、保护植被
1991年7月	《沿海防护林体系建设工程管理办法》	沿海防护林体系建设是国土整治中生态林业建设的重要工程

（四）1992～1997年：“生态效益与经济效益”并重的林业生态可持续发展阶段

1. 阶段背景分析

针对全球气候变化，土地沙漠化、生物多样性锐减等引起的众多经济、社会、资源、环境问题，联合国开始在全球范围内普及可持续发展理念，中国政府承诺履行《21世纪议程》，至此，中国林业生态建设开始步入可持续发展的道路。这一阶段政府对林业可持续发展高度重视，将生物多样性保护、森林资源保护、植树造林运动、防护林体系建设、林业生态体系建设等摆在了关键位置，各项措施的落实得到加强。

2. 主要政策和相关法规

这一阶段陆续制定出台了《中华人民共和国陆生野生动物保护实施条例》《关于当前乱砍滥伐、乱捕滥猎情况和综合治理措施的报告》《关于进一步加强造林绿化工作的通知》《关于加强森林资源保护管理工作的通知》《关于国有林场深化改革加快发展若干问题的决定》《中华人民共和国自然保护区条例》等一系列林业可持续发展政策。中国林业发展中存在的乱砍滥伐、毁林开荒、水土流失严重等问题得到了一定程度的遏制，生态保护取得了一定成效（见表4）。

表4　1992～1997年我国主要林业政策

时间	名称	内容
1992年12月	《关于当前乱砍滥伐、乱捕滥猎情况和综合治理措施的报告》	采取有力措施严厉打击破坏森林资源违法犯罪行为，要集中力量，在乱砍滥伐、乱捕滥猎严重地区开展专项斗争和治理
1993年7月	《中华人民共和国农业法》	国家实行全民义务植树制度。保护林地，制止乱砍滥伐森林，提高森林覆盖率
1994年5月	《关于加强森林资源保护管理工作的通知》	严格执行森林采伐限额和木材凭证运输制度。严格依法治林，严厉打击各种破坏森林资源的违法犯罪活动
1994年10月	《自然保护区条例》	主要以生物多样性为保护对象，并划分自然保护区
1995年3月	《中国21世纪议程林业行动计划》	到21世纪中期建立起比较完备的林业生态体系和比较发达的林业经济体系
1996年11月	《关于全国重点生态林业工程建设项目及投资使用管理暂行办法》	加大对生态林业工程建设的资金、劳动、技术等投资力度，逐步建立完备的生态林体系

（五）1998～2014年：以“重点工程”和“自然保护区”建设为抓手的生态建设阶段

1. 阶段背景分析

1998年特大洪水灾害后，中央政府意识到林业生态系统作为生态环境屏障的基础性作用，开始投入更多精力发展林业生态系统，保护森林资源，维护国家生态安全。先后启动了天然林保护工程、退耕还林工程、京津风沙源治理工程、"三北"及长江流域重点防护林体系建设工程、野生动植物保护区及自然保护区建设工程、重点地区以速生丰产用材林为主的基地建设工程等六大林业重点工程。同时设立了祁连山、三江源等10个国家公园试点，建立各种类型、不同级别的保护区2750个，总面积约14733万公顷，约占中国陆地面积的14.88%。力求通过重点工程及自然保护区的建设，保护发展森林资源，完善森林生态体系，巩固生态环境恢复能力，保障促进国民经济有序发展。

2. 主要政策和相关法规

这一阶段前期政策主要向"天保工程"建设倾斜，重视天然林资源是我国林业政策的一大转变，不仅改变了原有的以国有林区"生产性"为主导的发展方向，也在历史上第一次建立了对林业财政投入的政策与机制。2009年后，"中央林业工作会议"系统研究了新形势下林业改革发展问题，突出强调林业在贯彻可持续发展战略、生态建设和应对气候变化中的重要地位和作用，标志着中国林业发展进入生态建设新时期（见表5）。

表5　1998~2014年我国主要林业政策

时间	政策名称	内容
1998年8月	《国务院办公厅关于进一步加强自然保护区管理工作的通知》	强调保护和发展森林资源的重要性、迫切性
1999年5月	《国家林业局关于加强重点林业建设工程科技支撑的指导意见》	国家实行全民义务植树制度。保护林地，制止乱砍滥伐森林，提高森林覆盖率
2002年12月	《退耕还林条例》	执行"退耕还林、封山绿化、以粮代赈、个体承包"的政策措施
2003年6月	《中共中央、国务院关于加快林业发展的决定》	确定以生态建设为主的林业发展方向，中国林业面临着由木材生产向生态建设方向的转变
2006年7月	《全国林业自然保护区发展规划（2006~2030年）》	确定2006~2030年全国林业自然保护区发展规划
2009年10月	《林业产业振兴规划（2010~2012年）》	指导林业产业应对金融危机的行动计划方案，规划期为2010~2012年

续表

时间	名称	内容
2010 年 6 月	《全国林地保护利用规划纲要(2010 ~ 2020)》	提出了适应新形势要求的林地分级、分等保护利用管理新思路
2012 年 7 月	《国有林场森林经营方案编制和实施工作的指导意见》	促进国有林场森林可持续经营,充分发挥国有林场示范带动作用
2013 年 8 月	《中国智慧林业发展指导意见》	系统诠释了智慧林业的内涵意义、基本思路、目标任务和推进策略

(六)2015年至今:“林业体制机制改革”和“生态文明建设”双管齐下的全新发展阶段

1. 阶段背景分析

长期以来,国有林场功能定位不清、管理体制不顺、经营机制不活、支持政策不健全,林场可持续发展面临严峻挑战。为适应新时代社会主义建设对林业发展的新要求,释放企业自主权,激发林业发展活力,我国林业改革开始全面深化,确定了推进林业治理体系和治理能力现代化的目标要求;提出了国有林场改革、国有林区改革和深化集体林权制度改革、集体资产股份权能改革试点、国家公园建设试点等多个方案和意见,完善现代化管理,推动林业改革的市场化。

2. 主要政策和相关法规

2015 年 3 月,由中共中央、国务院正式印发的《国有林区改革指导意见》和《国有林场改革方案》,通篇贯穿了“绿水青山就是金山银山”和“人人都是生态文明建设者”的发展理念,标志着中国林业进入了全面深化改革的新阶段,为推进国有林场和国有林区改革指明了方向。2016 年,国务院办公厅印发了《关于完善集体林权制度的意见》,这是我国林业改革发展进入新阶段的重要里程碑。国有林场改革扎实开展,改革把握了国有林场公益事业性质的取向,将 95% 的国有林场定为公益事业单位,并做到了事业编制明确到位、财政预算保障到位(见表 6)。

表 6　2015 年至今我国主要林业政策

时间	名称	内容
2015 年 2 月	《国有林场改革方案》和《国有林区改革指导意见》	坚持生态导向、保护优先；坚持改善民生、保持稳定；坚持因地制宜、分类施策；坚持分类指导、省级负责
2016 年 11 月	《关于完善集体林权制度的意见》	促进集体林业适度规模经营，完善扶持政策和社会化服务体系，创新产权模式和国土绿化机制，广泛调动农民和社会力量发展林业，充分发挥集体林生态、经济和社会效益
2017 年 7 月	《省级林业应对气候变化 2017 ~ 2018 年工作计划》	进一步加强省级林业应对气候变化工作，确保"十三五"既定目标任务如期实现
2018 年 1 月	《关于加强林业品牌建设的指导意见》	加强林业品牌建设，提高林业竞争力，实现林业提质增效

三　中国林业生态治理中存在的问题与分析

一直以来，林业生态建设的政策法规、方式方法不断优化调整，我国林业生态治理取得了显著成就，但与此同时，林业生态建设也面临一些挑战和问题。

（一）林业生态建设系统性不足

我国林业生态建设得到了党和政府的高度关注，尤其是在生态文明建设进入新阶段的情况下，林业生态建设过程中系统性不足的问题逐渐凸显，主要表现在以下几个方面。

一是林业生态建设缺乏稳定的经济投入。长期以来中央政府和国家林业局对促进林业建设发展出台了大量政策法规，但是在某些建设难度大的经济欠发达地区，尤其是分布在高原、沙漠以及喀斯特地貌等老少边穷地区的林业生态建设还存在较大资金缺口。由于林业建设是一项长期性、复杂性的系统工程，林业生态建设"投资大，经济效益见效慢"，地方政府未能正确处理生态环境和经济发展的互动关系，对林业生态建设的长期经济和社会效益认识不足，仍奉行“先破坏、后保护”的理念，特别是新造林区的后续管理和保育措施落实不到位，难以巩固新成果，给林业生态体系建设造成了较大负面影响。

二是林业生态建设管理水平有待提高。林业行政机构定位不科学，机构设置不合理；林业管理部门缺乏系统的分析，业务流程规范性不足，在管理方式上注重政策下发，忽视政策宣传落实，导致林业生态建设的宣传不到位；很多基层群众对林业生态建设认识不足，法律意识淡薄，盗砍破坏森林资源的行为时有发生，科学、合理的林间种植方式推广进程慢；林业税费相对较多，严重挫伤了群众造林积极性，且没有形成有利于调动社会力量参与林业生态建设的激励机制和森林生态效益补偿机制。

三是林业生态建设监管力度亟待加强。长期以来，我国林业生态建设缺乏专业独立的建设队伍以及操作性强的监管措施，林业管理部门缺少对破坏森林资源违法犯罪活动的执法权，对违法犯罪分子的震慑力不足；同时现行的林业管理政策不健全，完整性、系统性不足，对违法犯罪处罚措施缺乏有效参考，执法不严，导致当前林业生态建设监管不到位。

（二）林业生态建设质量不高

经过近70年几代人的辛勤努力，我国造林面积逐年增加，森林覆盖率从12.5%提升至21.66%，但是当前我国森林资源仍存在总量不足、分布不均、质量不高、功能单一的状况。随着经济社会发展水平的提升，当前国土造林绿化空间进一步压缩，全国乔木林年均生长量为4.23立方米/公顷，单位面积蓄积量是世界平均水平的84%，森林每年提供的主要生态服务价值仅6.1万元/公顷，只相当于日本等国的40%，与德国、芬兰等林业发达国家相比更是相差甚远。与此同时，林业利用效率低下，木材生产和生态功能是其两大主要功能，林业资源的多功能开发和林业经济发展与西方国家相比仍有较大差距，绿色发展中的经济、生态效益发掘空间较大。

在针对林区的调查中发现，针叶纯林或是阔叶纯林的比重较大，树种较为单一，珍贵树种比较稀少，而且人工林的面积在不断增大，造林工程中人工林比重过大，树种结构不合理，容易引发病虫害。再者是缺乏系统的林业生态建设规划。林业生态建设具有较强的地域性，其对区域状况依赖性较强，部分地区盲目借鉴已有的成功经验，未能统筹协调林业建设与环境 - 经济 - 社会等众多因素，建设规划的不合理直接导致了林业资源无法优化配置，如树种选用不适合当地水文条件；后期管理也缺乏延续性和科学性，如灌溉、施肥、抚育等，直接降低了生态林建设质量。

（三）林业发展转型需进一步深化

在经济社会发展和资源环境保护中寻求一个动态平衡状态是我国林业可持续发展的关键，也是林业生态建设措施落到实处的根本目标。我国森林资源总量较少，难以满足日益增长的发展需要，且生态文明建设对林业资源开发的限制性加强，尽管有关部门也在积极推进林业发展转型升级，但当前林业转型发展仍需要深化。

一是林业发展由生产优先向生态优先转型不彻底。近年来，国家有关部门一直倡导林业发展要遵循“生态优先”战略，但目前看来，该战略并未得到有效落实，“生产优先”的思想根深蒂固。当前我国集体林地面积 1.82 亿公顷，占全部林地的 60%，而集体林地基本奉行“生产优先”。因此，其生态功能被弱化。二是部分地方政府仍在论证“天保工程”合理开发的科学性，以及尝试突破法规限制，进行商业性开发活动，或是倡导林下经济，试图以林下的生产优先替代林上的生产优先。

森林经济结构转型较慢。目前，林业产业还存在大而不强，资源基础不牢，我国森林资源总量不足，林业产业基础支撑能力较弱；产业聚集度低，企业总体规模偏小，集约化程度较低，人均劳动生产率不到发达国家的 1/6；创新能力不强，全国林业科技成果供给不足，与林业发达国家相比，仍处于“总体跟进、局部并行、少数领先”的发展阶段；劳动力成本不断上升，附加值不高；综合竞争力较弱，我国林业企业面对的国际贸易环境较为严峻等主要问题。有关林业部门主要精力并未放在创新发展模式、调整林业发展布局上面，而是过分追求部门效益，通过森林系统的生态功能，过度争取补贴资金；利用其生产功能，通过不合理宣传，过度地增加林产品的产值和附加值，使森林系统成为一种效益工具。

林业改革力度仍需加强。一是改革资金过少，营林方式过于粗放。林业融资投资方式较为单一，主要依靠国家投资，并没有在发展潮流中形成多元化的投资格局。林业改革中资金的投入从本质上决定了林业产业改革的效果，直接影响到林业生态效益和经济效益，以及我国林业产业的可持续发展。二是林权流转工作存在一定的滞后性。《森林资源资产评估管理暂行规定》明确提出：100 万元以下的林权抵押贷款项目由林业部门管理的具有一定资质的相关单位进行评估咨询服务，但符合相应资质的单位较少，甚至在部分地区缺少评估单位，这样就使得林权流转工作难以进行。同时，林业管理部门未建立健全林权流转管理平台，缺乏专业的管理机构和指导流程。

四　展望

林业生态建设是一项长期工程，需要几代人的共同努力。加快林业生态建设关乎经济社会可持续发展能力，是我国生态文明建设的重要举措。因此，林业生态建设要紧密立足当前“国情”及“林情”，结合发展过程中的问题与挑战，创建一条中国特色林业生态建设道路。

（一）立足区域实际，实现差别发展

由于各地林业在国家宏观生态系统上的定位不同，生态环境状况与经济社会发展水平各有差异，应该按照经济效益服从生态效益、局部服从整体、当前服从长远的三大原则，有区别地制定不同的林业发展重点，实行不同的政策。[3]黄河中上游的林业生态区位十分重要，要以降低土壤水蚀，减缓长江、黄河水患为其主要任务，在这一区域要加强天然林保护、退耕还林（草）、荒山造林绿化并行的生态大环境建设。北方有占我国国土面积 1/3 的沙漠化地区，林业的主要任务是降低土壤风蚀，防治土地荒漠

化；在作为我国主要木材生产基地的东北、内蒙古林区、重点国有森工企业，要深入贯彻落实“生态优先”发展战略，逐步弱化森林“生产功能”，加快企业管理制度改革，调整企业发展方向，妥善处理好分流人员安置工作。东南地区水热条件良好，森林发育速度快、质量高，在保留生态公益林的基础上，可适当强化森林的生产性功能，成为我国主要林产品供应地，实行高投入、短周期、高产出的集约经营方式，走产业化的发展道路。

（二）加强林业创新科技研发，重视科学技术推广

林业生态建设需要科学技术作为支撑，以科学的生态理念指导林业现代化发展。基于当前我国林业发展现状，为保障林业可持续发展，必须加大林业科研建设的资金投入，建立林业科技研发中心，加快科研成果的研究和推广应用，引进国外先进科技成果，建立林业管理部门与林业科研院校的对接机制，实行“请进来”与“走出去”的方式，加强林业科研成果的研发和运用。[4]制定持续长效政策，加大林业科学技术的研究力度；林业研究人员应注重与国外相关机构的合作，加快林业科学技术的创新和应用，以提高我国林业国际竞争力。

与此同时，应重视新技术的推广工作。一是要加大林业科技宣传，实现信息互通，提高人们对科技兴农的认识，积极建立基层林业科技站点。二是打造高质量的林业科技推广队伍。在林业科技推广人员的选择上要通过严格的筛选考察，选择具备专业林业知识与科技知识的人才，打造一支高质量的林业科技推广队伍，实现高质量的科技推广。三是加大林业科技推广资金投入，改进推广方法，加大对林业推广资金的投入，不断完善设备设施，保证林业科技推广工作的顺利进行。

（三）深化林业体制机制改革，推进林业发展转型升级

林业发展已经由最开始以经济建设为主到以生态保护优先再到现在的以生态与民生共生。林业经济发展必须满足以林业生态建设优先，同时还要对

民生改善做出努力。“天保工程”的实施倒逼森工企业进行转型发展，林业改革势在必行。

持续推进分类经营改革方案。将林区划分为公益林和商品林两种类型。加强公益林的科学管理，严禁任何商业开发行为，保障其“生态性”。在一定程度上放开商品林的管控力度，将其开发权下放给林业管理者，进一步激发林业管理者的积极性，并明确具体责任人，从根本上提升管理效率和水平。[5]积极加快采伐试点改革的步伐，并且要保证林区在改革之后树木的采伐限额不变，对伐区做出合理的安排，保证采伐指标的合理性；提升管理人员的待遇水平，增加公益林的补贴范围，针对特定地区制定相应的补贴标准。

进一步加快林权的流转。在林业改革中最为主要的手段便是林权的流转，林权的流转不仅能够增强我国林业在发展中的动力与活力，并且能够进一步促使我国林业资产市场化。要健全林权流转制度，出台可操作性的法律法规来支撑林权流转的推进。[6]要建立林权评估体系，打造评估平台，从根本上提升林权流动中相应的服务质量以及服务效率，在保证森林社会效益的基础上适当放宽政策，让有才能、有实力的人员参与整个林业生态建设。

拓宽林业的投资渠道。资金投入一直是限制林业生态建设高质量发展的掣肘。因此，加快推进林业生态建设必须要拓宽林业投资渠道，增加资金来源。一是通过林权流转来增加林业融资量，二是要积极尝试 PPP 模式。2016 年 11 月，国家林业局和财政部共同下发《关于运用政府和社会资本合作模式推进林业建设的指导意见》。以政府和社会资本合作（PPP）模式推进林业生态建设，鼓励社会资本参与林业重大生态工程建设、国家储备林建设、林区基础设施建设、林业保护设施建设、野生动植物保护及利用等领域，不仅能够拓宽林业生态建设投融资渠道、转变政府职能、减轻政府压力，还能有效地带动林区经济发展转型、完善林权制度、提高林业建设管理水平。[7]

（四）健全管理机制，提升管理水平

为保障林业生态建设的高效运行，党和政府结合实际情况，完善法律法

规，健全管理机制，提升相关部门的管理水平，确保各项林业政策顺利实施。

一是要建立完善的生态效益补偿制度。首先要进一步完善森林生态补偿制度，外部资金投入是保障林业生态建设正常推进的必要因素；其次要明确森林资源的补偿途径，森林补偿要具体落实到直接负责人，坚持“谁受益、谁补偿”原则，体现生态效益的共享性；最后建立一套合理的森林补偿金征收体系，需要进行科学验证，制定合理的标准，统筹考虑生态要素和经济要素。

二是加快林业管理信息化进程。随着互联网技术的普及和发展，林业管理要借助信息技术进行自我升级，尤其是在“互联网 +”“大数据”“云计算”等大背景下，林业管理部门可以高效、及时地处理问题。通过建立技术服务网站，将林业技术资料、综合信息、市场价格、市场供求信息、市场分析、林业标准化、林业政策法规等实施信息化管理，以更加有效地宣传新政策、推广新技术，提高工作效率。而网络电商平台的崛起，则指明了林业经济发展的新方向，通过网络宣传、网上招商、电子订单、物流信息平台，可更好地推进林业经济与社会接轨，促进林业经济发展。“互联网 +”对文化和文化传播具有强大的推动作用。互联网 + 生态文化具有信息传输的快捷性、传播的广泛性、复制的无限性和保存的永久性等特点，同时具有大众性的特性。利用互联网 +，创新生态文化传播形式，充分运用各种新媒体对生态文化和林业生态建设进行宣传。

参考文献

[1] 陈根长：《中国林业政策的回顾与展望》，《中国林业》2000 年第 1 期。

[2] 张壮、赵红艳：《改革开放以来中国林业政策的演变特征与变迁启示》，《林业经济问题》2018 年第 4 期。

[3] 李朝洪、赵晓红：《关于中国林业生态建设的思考》，《林业经济》2018 年第 5 期。

[4] 张建龙：《实施以生态建设为主的林业发展战略》，《中南林业科技大学学报》2018 年第 4 期。

[5] 刘尧飞、曾丽萍、沈杰：《新时代我国林业发展的新思考——兼论习近平的林业发展观》，《林业经济》2018 年第 3 期。

[6] 曹博、王玉芳：《生态文明建设背景财政扶持、林权改革对林业生产效率的影响》，《林业经济问题》2019 年第 3 期。

[7] 姜喜麟、李昌晓：《我国林业 PPP 的政策制度思考》，《林业经济》2018 年第 4 期。

B.4 中国草原生态治理报告

尹晓青*

摘　要： 本报告考察了我国草原生态治理进展情况，包括阶段性特点、治理效果和面临的挑战。改革开放以来，我国政府对草原管理的政策目标发生重大变化，从追求生产功能逐步转变为保护优先、加强生态修复，并不断完善草原生态保护机制，推动重大草原生态治理工程建设，草原生态实现了从全面退化到局部改善，但根本问题尚未解决。党的十九大以来，中央对我国草原生态保护提出了更高要求，因此，需要提升草原生态治理能力，推进草原生态保护的各项工作逐步深入。

关键词： 草地退化　生态优先　草地资源　草原生态治理

一　引言

根据我国第一次全国草地资源普查结果（1985 年），我国草地面积约 4 亿公顷，占国土面积的 41.7%，其中可利用草地面积 3.9 亿公顷。我国草地按其集中分布的程度，80% 分布在北方，20% 分布在南方；北方以传统的天然草原为主，南方则主要是草山和草坡。西藏、内蒙古、新疆、四川、青海、甘肃六省区草原面积 2.93 亿公顷，占全国草原面积的 73.35%，是我国最重要的草原省份。全国有草原面积比重较大的牧业县 108 个、半牧业县

---

* 尹晓青，中国社会科学院农村发展研究所副研究员，主要研究领域为农村环境与生态经济、草原经济政策。

160个，共拥有草原面积2.34亿公顷，占全国草原面积的59.57%。

草原是我国最大的陆地生态系统，是江河的源头和涵养区，是维护生物多样性的“基因库”，是防风固沙、水土保持和调节气候的重要生态支柱。草原碳储量占全国土壤碳储量的16%（李建东等，2017），具有不可替代的重要性。草原生态安全问题成为国家层面的重大问题。

草原也是畜牧业发展的重要资源和牧区社会发展的基础。长期以来，草地一直被作为生产资料来管理，过度追求经营效益导致超载过牧严重；加上自然环境复杂多样、气候时空变化、人为干扰等原因，我国北方90%左右的天然草原出现了不同程度的退化，目前我国优良等级的草原面积仅占24%，年均覆盖度低于20%的面积达42.8%，生产功能和生态功能均显著降低（董恒宇，2018）。

近二十年来，国家对草原生态保护日益重视。中央政府进行大规模的干预活动，对草原治理和可持续发展的投资增加，启动了包括退耕还林还草、退牧还草、京津风沙源治理、岩溶地区草地治理、草原生态奖补等具有重要影响的环境治理工程，在改善牧区民生和草原可持续性发展方面取得了明显成效，使得我国草原生态整体恶化的势头有所减缓（方精云等，2016）。但由于草原生态系统自身的脆弱性，我国退化草原的恢复任务依然艰巨。

党的十九大报告明确指出，统筹山水林田湖草系统治理，实行最严格的生态环境保护制度等。草原生态保护第一次被纳入生态文明建设大格局，也为草原生态保护提出了更高的要求。草原生态环境质量有没有改善，也是判断绿色发展水平是否提升的重要标志之一，是实现未来五年“生态环境质量总体改善”目标的关键性指标（刘加文，2016）。因此，需要在新时代生态文明建设的理念和制度框架下推进草原生态保护和治理。

二　我国草原保护和生态治理的进展

系统梳理改革开放以来我国草原生态保护与治理的政策及实践，发现最早将草原视为重要畜牧业生产资料，主要追求其生产功能而忽视其生态功能；之后，全社会开始关注草原的生态属性，政府提出草原利用和管理中要坚持生产与生态并重；近年来，政府开始强调草原利用中坚持保护优先、加强生态修复的目标。随着草地资源从利用优先转变为生态优先，纳入治理的草地资源范围更广，难点问题也在不断变换。

草原生态治理行动体现了发展理念的变化。国家推动的草原生态治理工程，最早可追溯到1979年启动的“三北”防护林建设项目，当时在局部地区采取人工种草，只是作为减少风沙和水土流失的重要措施。2000年以后，随着北方草原生态恶化的持续加剧，国家开始加大对草原生态治理的投入力度，陆续组织实施了包括退耕还林还草、天然草地恢复与建设、京津风沙源治理、退牧还草、牧区生态移民等具有重要影响的草原生态环境建设工程，推行草地承包制、禁牧和轮牧政策、草畜平衡以及草原生态保护补偿奖励政策，遏制了草原生态整体恶化的势头。概括起来，草原生态治理工程可以分为三类：一是加强源头管理和保护；二是积极引导草原合理利用；三是大力开展草原生态修复。草原生态治理工程表现为以下特点：一是获得中央财政的支持；二是项目决策和组织实施是从上到下贯彻；三是项目从局部试点逐步扩大实施范围，政策逐步调整，执行期限逐步延长。

（一）草原生态治理的行动和项目

从时间顺序来看，我国大规模草原生态治理工程是从退耕还林还草项目开始，之后根据不同区域和难点问题，草原保护和治理工程重点不断调整，范围不断扩大（见表1）。

表1　我国草原生态治理工程

项目名称	执行期限	项目名称	执行期限
退耕还林还草	1999～2013年	草原生态补奖机制	2011～2015年
京津风沙源治理工程	2000～2010年	京津风沙源治理二期工程	2013～2022年
游牧民定居工程	2001～2013年	新一轮退耕还林还草	2014年至今
天然草地恢复与建设项目	2002～2003年	新一轮退牧还草工程	2014年至今
退牧还草工程	2003～2008年	新一轮草原生态补奖	2016～2020年
岩溶地区草地治理试点工程	2006年至今		

资料来源：侯向阳、李西良、高新磊：《中国草原管理的发展过程与趋势》，《中国农业资源与区划》2019年第7期。

1. 天然草原植被恢复与建设项目

2000～2003 年，中央财政累计投入 13 亿元，在内蒙古、西藏、新疆、甘肃、青海、宁夏等 21 省（区、市）和新疆生产建设兵团安排草原建设项目 216 个，主要措施包括建设人工饲草料基地、围栏改良草场，基本草场建设、草原灭鼠、牲畜棚圈建设，新建和完善草原监理机构。

2. 退耕还林还草工程

退耕还林还草工程自 1999 年开始试点，2002 年拓展到全国 25 个省（区、市）实施。项目的政策目标是，从保护和改善生态环境出发，将易造成水土流失、风沙危害的坡耕地、沙化耕地停止继续耕种，恢复林草植被，并给予参与退耕户提供粮食补助、现金补助等。2014 年启动了新一轮退耕还林还草工程，确定到 2020 年要完成 25 度以上坡耕地、严重沙化耕地、重要水源地 15～25 度坡耕地和严重污染耕地的退耕还林还草任务，到 2030 年，全国不宜耕作土地全部退出耕种。① 退耕还林还草工程由林业部门组织推进，由于项目实施改善了退耕区的生态环境，项目每年安排退耕地种草面积，陡坡耕地和严重沙化地恢复了草原植被，水土流失和土地沙化危害明显减轻。

3. 退牧还草工程

退牧还草工程是国家推行的改善草原生态的重要举措之一。从退牧还草开始，国家对草原的利用开始强调坚持保护为先，建设和合理利用相结合。工程从 2003 年开始试点，2005 年全面展开，2014 年启动新一轮退牧还草项目。项目实施范围包括内蒙古、辽宁、吉林、黑龙江、陕西、宁夏、新疆（含新疆生产建设兵团）、甘肃、四川、云南、贵州、青海、西藏等 13 个省（区），通过草原围栏建设、退化草原补播和人工饲草地、岩溶地区草地治理、牲畜舍饲棚圈建设改造等项目（历年完成任务量见图 1～图 4），工程区草原得以休养生息，草原植被覆盖度和牧草产量明显提高，草原植被中优良牧草比例逐步增加，草原生态环境逐渐好转。

① 国家发展改革委、财政部等八部门联合印发《耕地草原河湖休养生息规划（2016～2030 年）》，2016。

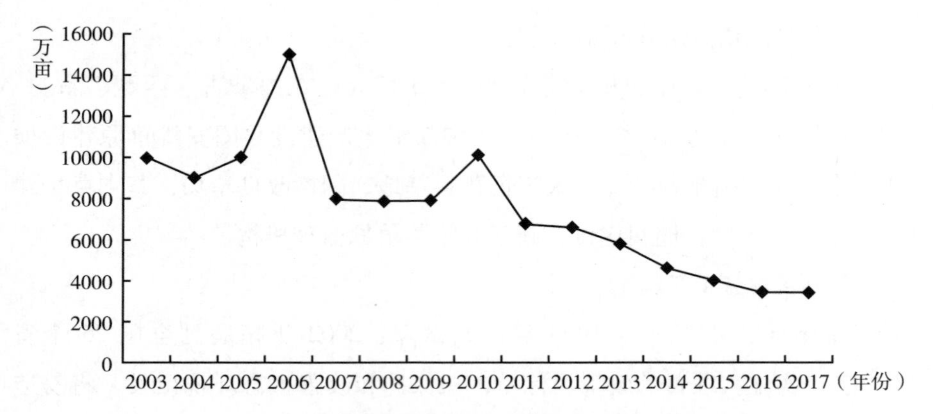

图1　我国退牧还草工程中草原围栏完成情况

资料来源：历年《全国草原监测报告》。

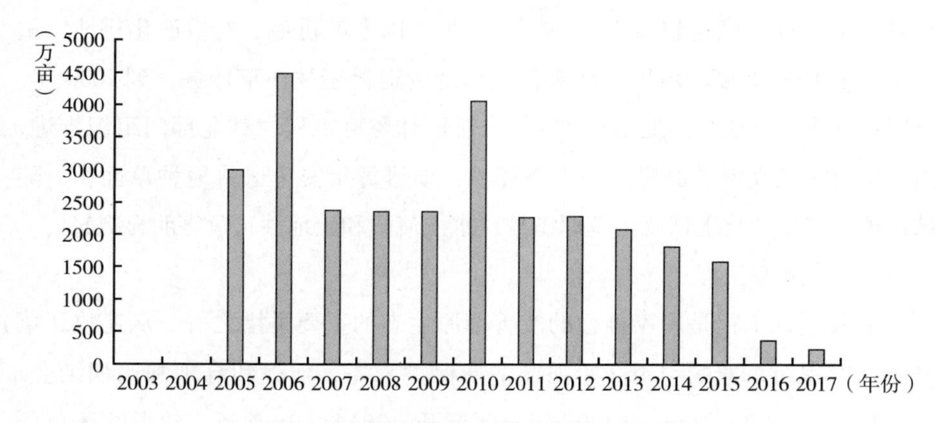

图2　我国退牧还草工程中草原改良面积

资料来源：历年《全国草原监测报告》。

4. 京津风沙源治理工程

京津风沙源治理工程始于2000年，涉及北京、天津、内蒙古、山西、河北五省区的75个旗县，主要通过植被保护、造林、退耕还林、草地治理、小流域综合治理工程等措施建立北方生态保护屏障，遏制京津及周边地区土地沙化扩展趋势。2012年9月，国务院通过了《京津风沙源治理二期工程规划（2013～2022年）》，工程区增加到包括陕西在内的6个省的138个旗县。京津风沙源草原治理任务包括人工草地、飞播牧草、围栏封育、草种基

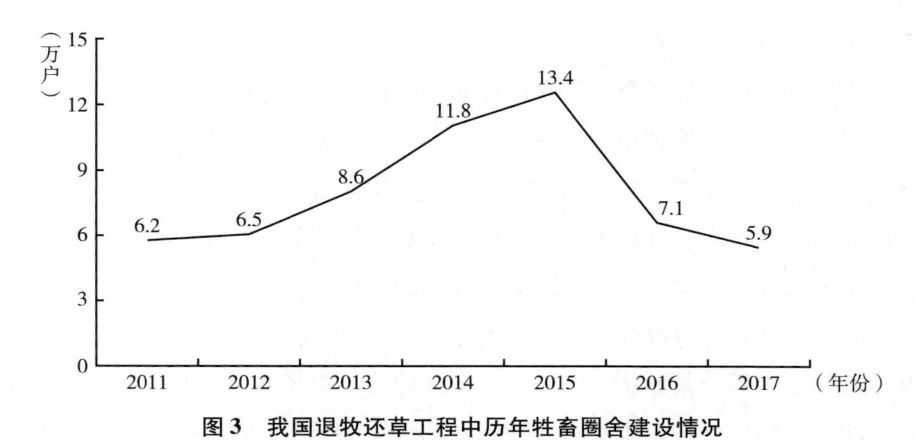

图 3　我国退牧还草工程中历年牲畜圈舍建设情况

资料来源：历年《全国草原监测报告》。

地，同时包括牲畜舍饲棚圈、建设青贮窖、储草棚建设等。根据林业部门和草原管理部门的历年公告，[①] 林业和草原管理部门都把草原治理作为风沙源治理工作中的重要选项，加强与畜牧业生产配套的圈舍、青贮窖、储草棚、饲草料机械购置等基础设施建设，减轻放牧对草场的压力，有效遏制了严重沙化草地的扩张。

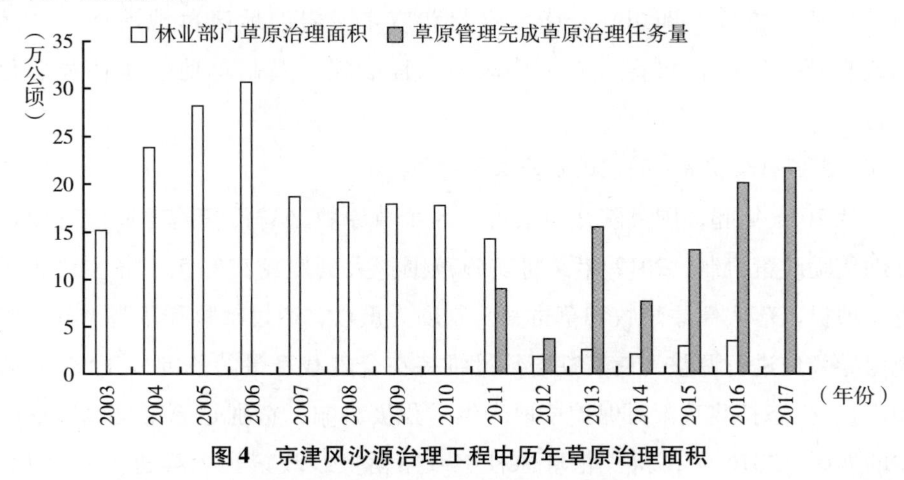

图 4　京津风沙源治理工程中历年草原治理面积

资料来源：历年《中国林业统计年鉴》《全国草原监测报告》。

① 林业部门：《中国林业统计年鉴》；农业部草原管理部门：历年《全国草原监测报告》。

5. 游牧民定居工程

为帮助牧区游牧民转变传统的逐水草而居的游牧生产和生活方式，提高农牧民生活水平，保护草原生态环境，国家从2001年开始率先在西藏实施游牧民定居试点工程，2008年将工程实施范围扩大到西藏、内蒙古、四川、云南、青海、甘肃、新疆七省区的民族地区，[①] 工程为游牧民提供定居安置和牲畜棚圈建设补助。各省区地方政府将农村安全饮水、农网改造、农村公路、农村社会事业等财政支持资金也整合到项目中，改善定居点的水、电、路、医疗卫生等公共设施。例如四川藏区牧区结束了绝大多数游牧民居无定所的状况，使其生产、生活方式面临新的变化和转型，生态环境也有所改善（杨胜利，2015）。

6. 西南岩溶地区草地治理试点工程

西南岩溶地区可利用草地面积占该区总面积的16.08%，草地生态系统比较脆弱，难以发挥长江、珠江水系上游生态屏障的作用。2006年，退牧还草工程安排一部分资金用于西南岩溶地区草地治理试点工程。2010年项目正式在贵州、云南两省开始实施，后扩展到湖北、湖南、广西、重庆、四川、云南、贵州和广东。岩溶地区草地治理主要运用改良草地、围栏封育、人工草地等工程措施，遏制草地生态环境恶化的势头。

7. 草原补奖机制——积极引导草原合理利用

从2011年起，国务院在内蒙古等8个草原牧区省份实施草原生态保护补助奖励政策机制，2012年又将实施范围扩大到黑龙江等5个非主要牧区省。项目以落实草原禁牧和草畜平衡制度为重点，通过禁牧和草畜平衡等措施引导牧户进行调整，使其牲畜数量维持在合理载畜量的范围（王海春等，2017）。生态补奖政策对保护草地产生了积极影响，特别是原来草地质量较差的地区。2016年，新一轮草原补奖政策落实，政策和内容进一步优化，禁牧补助和草畜平衡奖励标准提高。2011～2017年，中央财政累计投入草

① 国家发改委、住建部、农业部联合制定了《全国游牧民定居工程建设“十二五”规划》。

原补奖资金 1150 亿元。从最近 2018 年报告中看到，中央财政安排新一轮草原生态保护补助奖励 187.6 亿元，支持实施禁牧面积 12.06 亿亩，草畜平衡面积 26.05 亿亩，并对工作突出、成效显著地区给予奖励。

（二）草原管理制度和政策

在近半个多世纪中，我国北方草原相继遭遇 4 次巨大冲击，包括 20 世纪 70 年代的垦荒种粮对草原的蚕食，20 世纪 80 年代后由于牲畜数量激增而加剧超载过牧，20 世纪 90 年代的全球变暖和草原地区干旱化对草地资源影响，以及 21 世纪以来的草原地区工矿业开采导致草地生态退化（张新时等，2016）。

随着社会经济条件和草原生态环境的变化，中央政府对草原的利用和管理政策重点进行调整，从注重草地经济功能转向重视其生态功能，从传统的生产保护拓展到生态保护。政府实施的主要政策措施：一是制度保障，通过完善草原产权管理制度、划定草原红线等，为资源管理提供制度依据。二是通过草畜平衡政策，退牧还草、禁牧休牧政策，草原围栏、生态移民政策，生态补偿政策等，以减少对草地生态系统的物质、能量索取。

1. 完善草原产权管理制度

十一届三中全会后，随着农区以家庭承包经营为核心的农村经营体制改革的不断深入，我国广大草原地区开始逐步推行以“草畜双承包”为内容的家庭承包经营责任制。

2008 年，中央一号文件要求“稳步推进草原家庭承包经营”。2009 年，中央一号文件要求“加快落实草原承包经营制度”。2010 年，中央一号文件进一步要求：“按照权属明确、管理规范、承包到户的要求，继续推进草原基本经营制度改革。”2011 年，国务院印发的《关于促进牧区又好又快发展的若干意见》明确提出，要“按照权属明确、管理规范、承包到户的要求，积极稳妥地推进草原确权和承包工作”。党的十八大以来，为进一步夯实草原承包制度，牧区陆续开始进一步完善草原确权承包工作，实现承包地块、面积、合同和证书“四到户”，依法赋予广大农牧民长期稳定的草原承包经营权目标。截至2017年，全国累计完成草原承包面积2.82亿公顷，占可利用草地面积的85%。从政府出台的相关政策看，目的是通过明确草场地的产权属性来加强牧民对草地权属的认同，以改善草场、促进草畜平衡的实现；同时，着眼于未来，即只有明确的草地产权才能构成市场，实现草原资源的资产化。

各地在落实草原确权过程中进行制度创新，允许通过联合承包、确权不确地、“三权”（草原所有权、使用权和承包经营权）分置等方式落实和完善草原产权管理制度，对于保护农牧民草原承包经营权益、促进草原流转、减少草原权属纠纷等具有重要意义。

2. 推行草畜平衡政策

草畜平衡管理能够更好地解决草畜之间关系问题，是现阶段我国草原可持续发展的核心内容。对草原实施草畜平衡的管理，是政府以草原生态保护建设为前提、以政策为主导的刚性草畜平衡管理方式。从2001年起，各地先后开始在草原牧区推行以草定畜、草畜平衡，为的是控制牲畜数量，缓解草原压力。2005年农业部制定的《草畜平衡管理办法》开始施行，标志着我国草原管理进入一个新阶段，草畜长期失衡的状态开始逐渐缓解。但随着实践的发展，单纯以草地面积来计算和限定家畜饲养数量的草畜平衡政策执行中暴露出一些问题，例如，确定草畜平衡标准时仅考虑草地的面积和静态产量，忽略了草地生产力的季节性和年度变化，忽略了草地区块之间的空间差异性，以及牧民的生存现状和基本需求（侯向阳等，2019），因此，草畜平衡政策需要根据实践中的问题不断进行调整和完善。

3. 休牧禁牧政策

休牧、轮牧和禁牧就是在退化草地上采取划区、季节性放牧或禁止放牧，依靠草原自身的修复能力，使草地群落的植被盖度、生产力水平和优质牧草比例逐步恢复。2002年，国务院提出，为了合理有效地利用草原，保护牧草的正常生长和繁殖，推行划区轮牧、休牧和禁牧制度；在春季牧草返青期和秋季牧草结实期实行季节性休牧；在生态脆弱区和草原退化严重的地区实行围封禁牧。[①] 历年报告数据显示（见表2），全国累计完成的禁牧、休牧和草原围栏面积逐年增加。

表2　全国草原建设情况

单位：万公顷

年份	累计草原承包面积	累计禁牧、休牧、轮牧面积	累计围栏草场面积	草原鼠害治理面积	草原虫害治理面积
2006	23028	7961	4686	579	393
2010	23437	10852	7120	642	529
2017	28212	16244	8713	746	438

资料来源：《全国草业统计》。

4. 划定草原生态保护红线

划定并严守生态保护红线已经上升为国家战略，体现了我国以强制性手段实施严格生态保护的政策导向。建立草原生态空间用途管制制度，明确划入生态保护红线范围的草原面积及类型，厘清严守生态保护红线职责。完善基本草原保护制度，依法划定和严格保护基本草原，严格征（占）用审核，确保面积不减少、质量不下降、用途不改变。内蒙古部分地区开始致力于通过草原保护红线划定解决草原合理利用的问题，确保生产生活活动对草原植被不占用、少占用、短占用。

5. 草原管理机构推进改革

草原保护建设工作，长期以来是由农牧部门进行归口行业管理，并进行单项治理。2018年3月启动的国务院机构改革，国家设立了专门的国有自然资源资产管理机构，把我国草地资源的监管、保护、利用和建设发展职能从原农业部调整到国家林业和草原局，强化了对草原保护工作的组织领导，提高了对草原生态环境的系统化治理能力。草原管理可以借鉴林业生态治理和资源管理方面的经验，积极推进草地资源的生态治理，也更便于解决林业和草地资源保护中的矛盾问题。

① 《国务院关于加强草原保护与建设的若干意见》，2002年9月16日。

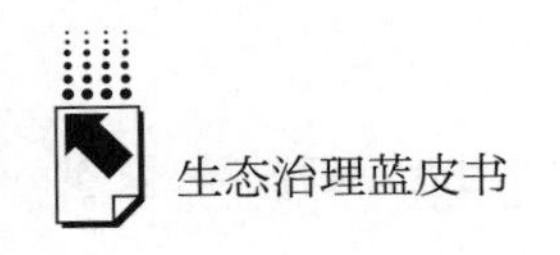

三　草原生态治理的绩效和挑战

我国草地生态环境的脆弱性，以及草地过度利用和气候变化异常带来的草地退化问题，已经成为国家层面关注的重大问题。中央财政逐年增加投入，对草原生态进行保护和修复，草原生态功能逐渐完善，草原生产力得到提高，但草原生态环境恶化趋势尚未得到根本扭转，任务依然艰巨。

（一）草原生态治理绩效

草地资源变化情况是判断草原生态环境质量是否改善的重要标志之一。本报告通过草地资源面积变化、草地覆盖度变化、草原生产力变化和草原利用状况来把握我国草地资源的基本变化态势。

1. 草地资源面积变化

目前我国草原面积依然沿用20世纪80年代第一次全国草地资源调查数据。其间，各地草地资源面积发生了很大变化，但由于草原调查和统计等制度尚未建立，政府公开报告的草原面积数量一直相对稳定。

根据中国工程院重大咨询项目课题组以中国科学院资源环境遥感数据为基础研究得出的1988～2008年中国草地资源面积变化情况，全国植被郁闭度大于5%的草原面积已经从1988年的3.01亿公顷下降到2008年的2.97亿公顷，净减少455万公顷，下降1.3%。其中，1988～2000年草原面积净减少329万公顷；进入21世纪以来，下降趋势有所减缓，2000～2008年草原面积净减少126万公顷，草原面积总体下降的趋势并没有得到遏制。面积减少的原因主要是由于草原被开垦成耕地、草原造林与草地退化（刘纪远等，2014）（见图5、图6）。2000年以后，草地转为建设用地的面积从之前的8.58万公顷增加到14.06万公顷，表明近年来工业化在进一步挤占草原资源和破坏草原生态环境。从空间分布上看，1988～2000年草原面积减少的区域主要分布在东北、华北和西北地区，2000～2008年草原面积减少的区域主要集中在西北地区和南方地区（项目组，2016）。

此外，1988～2000 年我国草地面积与质量变化显著，不同覆盖度类型的草地之间转化面积变化明显，其中呈现退化的草原面积为 182 万公顷，草地覆盖度提升的面积约为 142 万公顷，说明草地总体上仍呈现退化趋势。

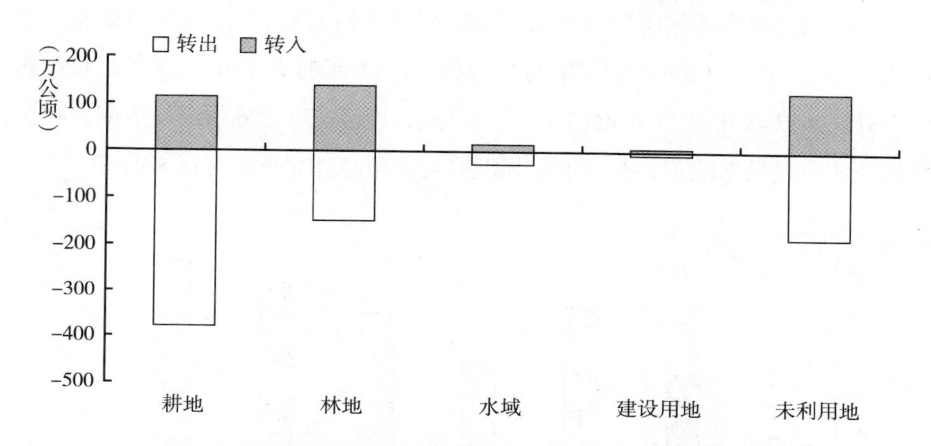

图 5　1998～2000 年草地与其他用地类型之间面积转移情况

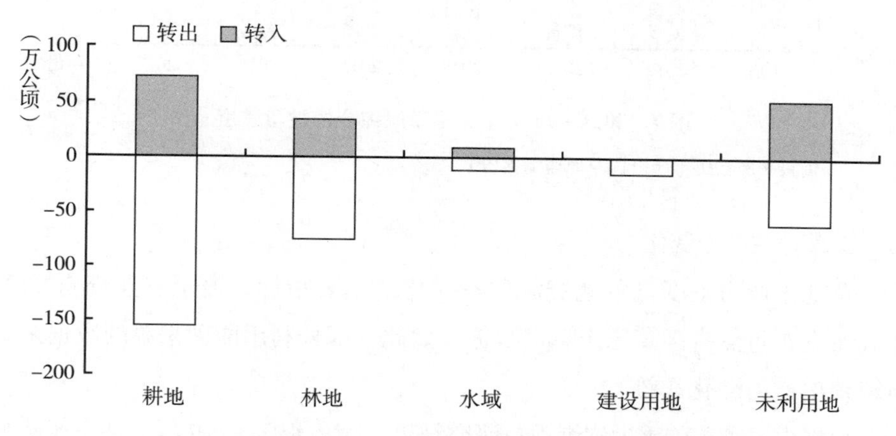

图 6　2000～2008 年草地与其他用地类型之间面积转移情况

资料来源：黄季焜、任继周：《中国草地资源、草业发展及食物安全》，科学出版社，2017。

2. 草地覆盖度变化

基于中国科学院资源环境遥感调查数据分析（黄季焜等，2017），1988～2008 年我国草地面积减少 231 万公顷，草地质量的总体恶化趋势仍在延续，其中，1988～2000 年全国有 182 万公顷草地覆盖度下降，2000～2008 年有 49 万公顷草地覆盖度下降。

我国从 2005 年起已连续十三年组织开展全国草原监测工作，形成了一系列草原监测成果。根据历年《全国草原监测报告》，全国草原综合植被覆盖度由 2011 年的 51% 增加到 2013 年的 54.2%，2014 年略有下降，但之后几年逐年上升，2017 年比 2011 年增加 4.3 个百分点（见图 7）。分析结果表明，我国草地资源质量局部改善，草原退化强度减弱，但总体恶化趋势尚未改变。

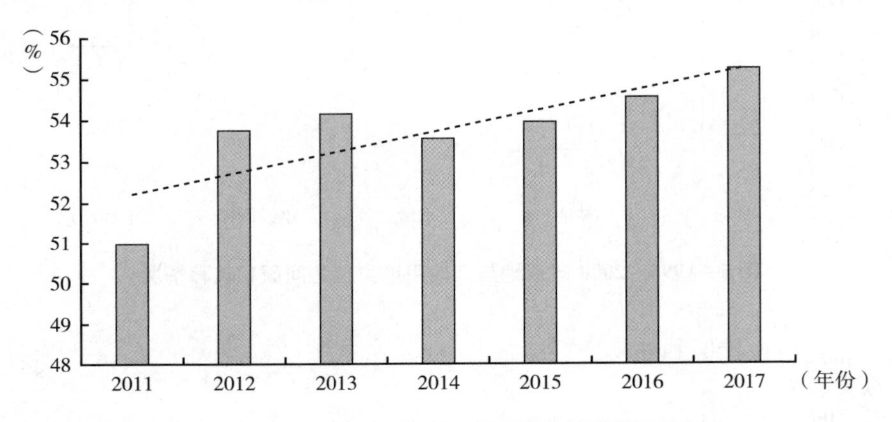

图 7　2011～2017 年全国草原综合植被覆盖度

资料来源：历年《全国草原监测报告》。

3. 草地生产力变化

草地生产力是度量草地资源质量变化的重要指标。由于农业部自 2006 年开始发布重点省区草原产草量数据，因此本部分利用两种来源的数据来分析草地生产力变化态势。

根据中国工程院重大咨询项目研究结果（黄季焜等，2017），基于遥感数据反演的 1988 年、2000 年、2008 年中国草地净初级生产力的数据变化发现，1988～2000 年我国草地净初级生产力减少发生的面积较大，增加的面积次之，不变的草原面积最小。各生态经济区的草地净初级生产力变化均呈现下降趋势。但是从 2000 年开始，局部地区草地生产力呈现恢复的态势，表明草地净初级生产力下降强度有所减弱，并且开始出现局部地区改善的现象。

根据2006年以后历年《全国草原监测报告》全国重点省区[①]天然草原产草量监测数据，2006年以来，全国草原产草量在个别年份相对较低（2009年最低，鲜草产量为9.38亿吨）以外，总体趋势一致保持增长态势，2017年草原产草量比2006年增长11%，天然草场的理论载畜量也保持增长恢复的态势（见图8～图10）。

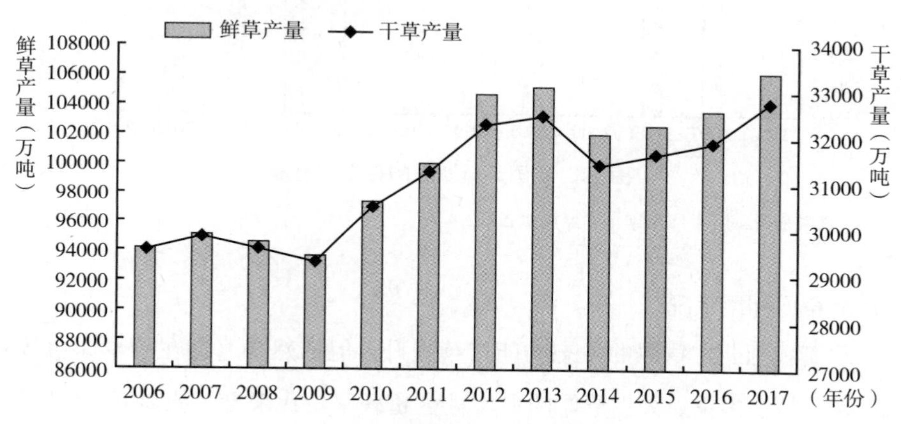

图8　全国天然草原的产草量变化

资料来源：历年《全国草原监测报告》。

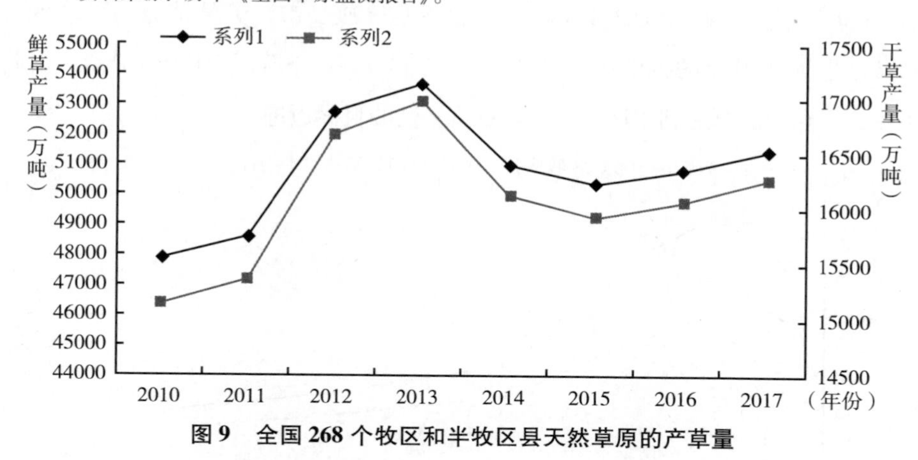

图9　全国268个牧区和半牧区县天然草原的产草量

资料来源：历年《全国草原监测报告》。

① 全国重点天然草原是指我国北方和西部分布相对集中的天然草原，也是我国传统的放牧型草原集中分布区，涉及草原面积3.37亿公顷。

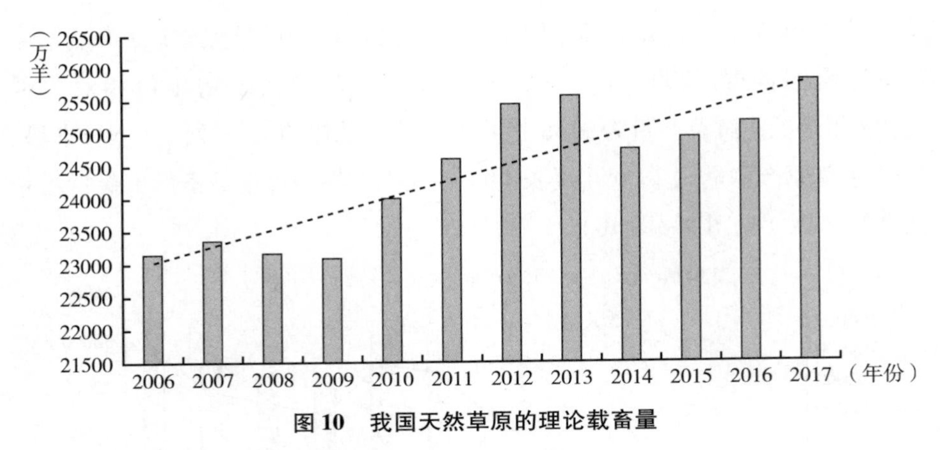

图 10　我国天然草原的理论载畜量

资料来源：历年《全国草原监测报告》。

4. 草原利用状况

尽管我国北方草原的生态功能持续提升，但依然普遍存在着草原畜牧超载现象。从全国重点天然草原的平均牲畜超载率变化来看，从 2010 年开始一直保持下降趋势（见图 11）。2017 年与 2011 年相比，超载率下降了 18.7 个百分点，幅度超过一半。全国 268 个牧区半牧区县（旗、市）天然草原的平均牲畜超载率也从 2010 年的 44% 下降到 2017 年的 14.1%，下降近 30 个百分点，由此可见，重点天然草原利用逐步向实现草畜平衡的目标迈进。

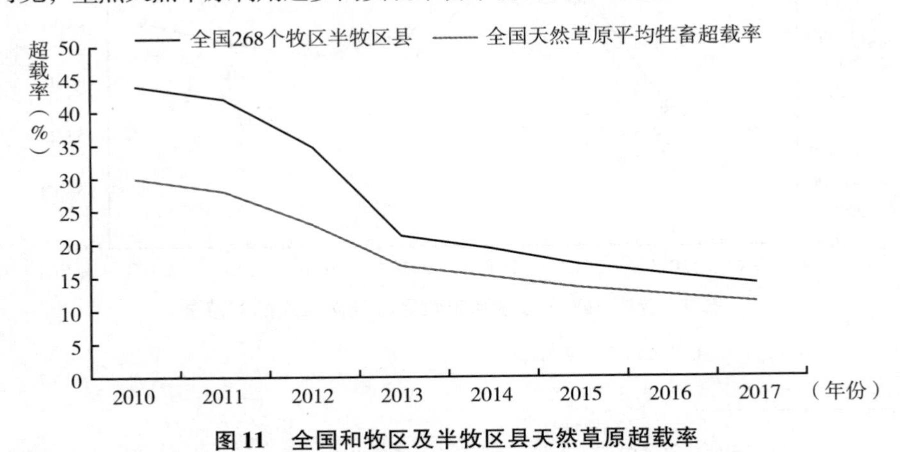

图 11　全国和牧区及半牧区县天然草原超载率

资料来源：历年《全国草原监测报告》。

（二）草原生态环境治理面临的挑战

我国草地资源保护与治理取得了初步成效，但草原生态局部改善、总体恶化的趋势尚未得到根本扭转，我国草原生态系统仍然脆弱，草原生态安全面临多方面的压力。

1. 草原生态系统整体仍然脆弱，草原生态修复非常紧迫

目前我国90%的草地仍存在不同程度的退化、沙化、石漠化、盐渍化等问题。全国草地资源的总体面积呈下降趋势；平均产草量较20世纪80年代下降20%～30%；草原总体质量较低，优良等级仅占24%，年均覆盖度低于20%的面积达42.8%（董恒宇，2018）。主要原因仍然是牧区草地资源承载压力大；草原有毒、有害、劣质植物滋生蔓延，鼠、虫害等发生频次和强度较大。2008～2017年，全国可利用草原中发生鼠虫害面积从19.82%下降到2017年的12.46%，仍保持较高水平（见图12）。此外，各种征（占）用平均每年造成草原面积减少50万公顷左右。草原是我国生态空间中受人为干扰最大、破坏最为严重的生态系统，亟须采取有效措施大力开展保护修复（刘加文，2018）。

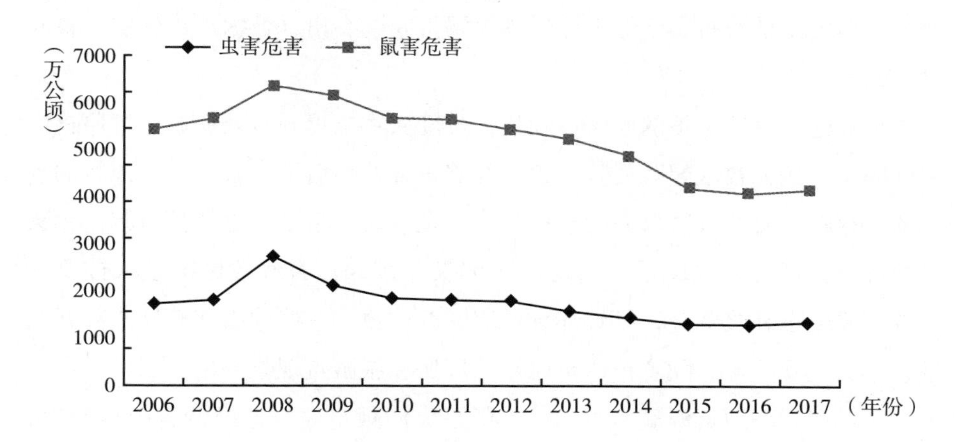

图12　2006～2017年我国草原虫害和鼠害发生面积

资料来源：历年《全国草原监测报告》。

2. 气候变化对草地退化的影响无法回避

我国北方草地多处在高海拔，中、高纬度的内陆地区，是受气候变化影响较大的区域（杜金燊等，2017），而且自身抵抗自然灾害的能力不足。我国北方草原生产力严重依赖于降水量，在年降水为 50 ~ 700 毫米范围内，降水每增加 1 毫米，产草量平均上升 5.8 千克/公顷（侯扶江，2016）。有研究表明，异常的气温、降雨、降雪等气候因素变化对内蒙古植被产生重要影响，包括草地面积减少、草地生态功能和草地生产力变化（牛建明，2001）。从趋势来看，在未来相当长的一段时间内，我国北方草原牧区气候变化如下：一是整体趋于干旱；二是异常气候，如连续干旱、暴雨、暴雪等出现频率增加，由此可能导致草地面积减少、草原生产力下降、虫害鼠害发生概率增加等问题，我国草地面积和草地质量仍呈退化趋势，因此需要对草地资源保护做出战略调整（项目组，2017）。

3. 草原生态治理能力仍然有待提高

我国目前对草原的保护和重视程度远不及对山、水、林、田、湖。从调查中了解到，有些地区的领导重发展、轻保护的观念尚未得到根本扭转，具体表现在部分省区草原主管部门不能及时对违规征（占）用草原问题摸清底数，但由于抽查核实不够，导致瞒报漏报问题突出、数据严重失实、整改进展迟缓。

部分地区草原保护的监管不到位，过度放牧未得到有效遏制，草原违法案件频发。例如牧区超载放牧、领了补奖资金补贴后不禁牧、昼禁夜牧的现象依然存在。有些牧区草原生态补奖资金发放后，由于缺乏考核机制，无法与禁牧减畜任务建立联系，出现“养懒汉”现象。有些牧区甚至未按要求发放草原生态补奖资金，导致部分草原过度放牧。一些地方在草原上乱开滥垦、违法违规开矿、随意挤占草原修建厂房和旅游点现象突出。

至今我国草地资源底数不清。《草原法》规定建立草原调查统计制度，定期开展草原资源调查统计工作，但该制度至今尚未建立执行。具体实践中，不同机构对草原的定义和内涵认识不尽相同，不同部门对于草原资源数据口径不一。例如，20 世纪 80 年代第一次全国草地资源调查数据为 58.9

亿亩，2011 年“国土二调”的数据为 43.1 亿亩，相差 15.8 亿亩（吴平，2016）。

4. 牧区畜牧业生产基础仍然薄弱

近年来，在国家各项政策扶持下，对部分地区规模化养殖场（户）牲畜棚圈、青贮窖池、储草棚库等生产性设施进行投入，但对广大的小规模农牧户养殖基础设施投入少，“水、草、料、林、机”配套水平低，影响了小规模牧民实施禁牧和草畜平衡、发展标准化养殖的积极性。

四 草原生态治理的目标与对策建议

草地生态系统是国家生态安全的重要组成部分。在统筹山水林田湖草系统治理思想的指导下，坚持在“加大保护草地资源力度，全面恢复和改善草原生态功能的草地生态安全保障战略目标下”持续进行草原生态建设（项目组，2017）。基于对我国草原生态治理的进展、绩效和面临的挑战的分析，就进一步推进草原生态建设提出如下对策建议。

第一，草地资源的保护和利用要树立“生态优先”的理念，把保护修复草原生态屏障作为国家发展战略，采取切实措施，遏制草原退化趋势，实现“人－畜－草”平衡。因此，随着草原生态保护优先理念不断深化，与草原有关的行动，都要将保障草地生态安全作为重点；并根据不同牧区资源禀赋条件，因地制宜，科学施策，推动草原生态步入良性循环轨道。

第二，草原利用要严格控制牲畜密度，减缓畜牧生产对草原生态系统的压力。虽然我国天然草原的超载率逐年降低，但仍需要控制草畜平衡，开展以草定畜，落实禁牧、休牧、轮牧等制度，适度发展草牧业，切实减轻天然草原承载压力。要加快草原畜牧业向质量效益型转变，提高草地资源利用效率。

第三，划定草地资源的生态保护红线，确保草原面积不减少。划定并实施草地资源与生态保护红线是秉承“生态优先”的价值观和伦理观（项目组，2017）。建议明确划入生态保护红线范围的草原面积及类型，严守生态保护红线职责，防止草原被占用，严格控制草地转变为农地、林地、住房和基建用地，确保草原面积不减少、质量不下降、用途不改变。坚决制止和打击滥采乱挖、破坏草原植被的行为，保证草原生态系统服务功能的完善。

第四，增加对草原的保护建设投入，完善草原生态补偿机制。加大草原生态保护修复力度，但草原“生态环境恶化趋势尚未得到根本扭转”，目前到了“进则全胜、不进则退”的关键时期（董恒宇，2018）。中央财政要持续加大对草地生态治理工程的支持力度，进一步完善草原生态环境保护的补偿机制，政府在草原生态补偿政策设计上目标要清晰，使草原生态补偿政策完全聚焦到草原生态保护和建设上，更好地贯彻对牧户保护和改进草原生态系统的行为及效果进行补偿的原则，考核被补偿者保护生态的努力程度，真正实现“投资一片、保护一片、改善一片、带动一片”的目标（杨邦杰等，2010）。

第五，加强草原权属管理。草原产权的不确定性是影响草原可持续发展的重要因素。目前，牧区草地承包制度在不断完善中，按照政府目标，要落实好承包地块、面积、合同、证书“四到户”。草场流转有助于推进畜牧业的适度规模经营和草原生态保护，所以通过落实草地“三权”分置来规范和促进草地使用权流转。很多地区将草原产权的稳定性与产权管理的灵活性结合起来，获得了很多经验。从长远看，则要通过立法来促进和保障草原产权管理制度改革。

第六，加强基础设施等能力建设。加强牲畜圈舍等设施建设，更好地应对由于异常气候导致的草地生产力降低带来的影响。在适宜水土条件下，加快人工草地建设，确保牧草供给的稳定性，减轻草原畜牧业对天然草地的压力。此外，要注重农牧民的能力提升，通过培训让牧民尽快使用新技术，引导牧民在生产实践中自觉地保护草地资源。

第七，开展草地资源的清查。当前，我国生态文明体制改革正在深入推进，对草地资源的精准化管理提出了更高的要求。一是要加强草地资源数量和质量的监测工作；二是建立科学合理的草地健康评价体系，监督对草地生态环境有影响的自然资源开发利用活动，以及重要生态治理项目和草地生态恢复工作，真正将草地资源底数摸得清、说得准，为科学决策提供支撑，为我国生态文明建设奠定坚实基础。

参考文献

［1］董恒宇：《草原建设仍需爬坡过坎》，《中国政协》2018 年第 16 期。

［2］杜金燊、于德永：《气候变化和人类活动对中国北方农牧交错区草地净初级生产力的影响》，《北京师范大学学报（自然科学版）》2017 年第 54 卷第 3 期。

［3］方精云、白永飞、李凌浩等：《我国草原牧区可持续发展的科学基础与实践》，《科学通报》2016 年第 61 卷第 2 期。

［4］黄季焜、任继周：《中国草地资源、草业发展与食物安全》，科学出版社，2017。

［5］侯扶江：《我国草原生产力》，《中国工程科学》2016 年第 18 卷第 1 期。

［6］侯向阳、李西良、高新磊：《中国草原管理的发展过程与趋势》，《中国农业资源与区划》2019 年第 7 期。

［7］李建东、方精云：《中国草原的生态功能研究》，科学出版社，2017。

［8］刘加文：《从“十三五”规划纲要看草原保护建设主要任务》，《中国畜牧业》2016 年第 10 期。

［9］刘加文：《加强草原生态修复　筑牢生态安全屏障》，《中国绿色时报》2018 年 10 月 25 日。

［10］刘纪远等：《20 世纪 80 年代末以来中国土地利用变化的基本特征与空间格局》，《地理学报》2014 年第 69 卷第 1 期。

［11］牛建明：《气候变化对内蒙古草原分布和生产力影响的预测研究》，《草地学报》2001 年第 9 卷第 4 期。

［12］王海春等：《草原生态保护补助奖励机制对牧户减畜行为影响的实证分析》，《农业经济问题》2017 年第 12 期。

［13］吴平：《草原生态治理实现增收增绿》，《中国经济时报》2016 年 12 月 7 日。

［14］项目组（“中国草地生态保障与食物安全战略研究”项目组）：《保障我国草地生态与食物安全的战略和政策》，《中国工程科学》2016 年第 8 卷第 1 期。

［15］项目组（“中国草地生态保障与食物安全战略研究”项目组）：《中国草地生态保障与食物安全战略研究》，科学出版社，2017。

［16］杨邦杰、马有祥、李兵：《中国草原保护与建设——内蒙古调查报告》，《中

国发展》2010 年第 2 期。

[17] 杨胜利：《四川藏区生态保护与可持续发展研究》，《中国发展》2015 年第 15 卷第 6 期。

[18] 张新时等：《中国草原的困境及其转型》，《科学通报》2016 年第 61 卷第 2 期。

B.5
中国水生态治理报告

包晓斌*

摘　要： 新时期我国生态用水和水环境面临的形势严峻，亟须进行水生态综合治理。针对水生态治理存在的责任主体不明确、治理能力弱化、治理制度缺失、预警体系薄弱、监管力度不足等问题，提出相应的对策建议，包括完善水生态治理体制机制、改进水生态治理制度、构建流域生态共同体、实行流域生态补偿、强化水生态功能区绩效考核与责任追究、注重水生态治理监测等。

关键词： 水生态治理　流域　水质　生态用水

随着全国城镇化和工业化的快速发展，我国水质性缺水、资源性缺水和工程性缺水的复合性水资源短缺严重。在我国用水结构中，生态用水量所占比例很低，生态水资源被挤压，对水资源过度开发利用。同时水污染依然严重，又进一步导致可用水量的减少，加剧我国水短缺状况。为了确保我国水生态安全，需要在安全范围内确保水资源的数量和质量，落实国家制定的“水十条”任务，划定生产、生活、生态空间开发管制界限，针对重要用水户、重要水功能区和主要省界断面，实行生态红线管理，推进水生态治理进程。

---

* 包晓斌，中国社会科学院农村发展研究所研究员，博士生导师，农村环境与生态经济研究室副主任，主要研究方向为农村环境与生态经济。

一　我国水生态现状

（一）生态用水现状

全国生态用水量随着生态环境改善而迅速增长，2007 年以后保持在 100 亿立方米以上，总体上呈现增长态势。2018 年全国生态用水量达到 200.9 亿立方米，比 2010 年增长 67.70%，远高于同期总用水量增长率，如图 1 所示。

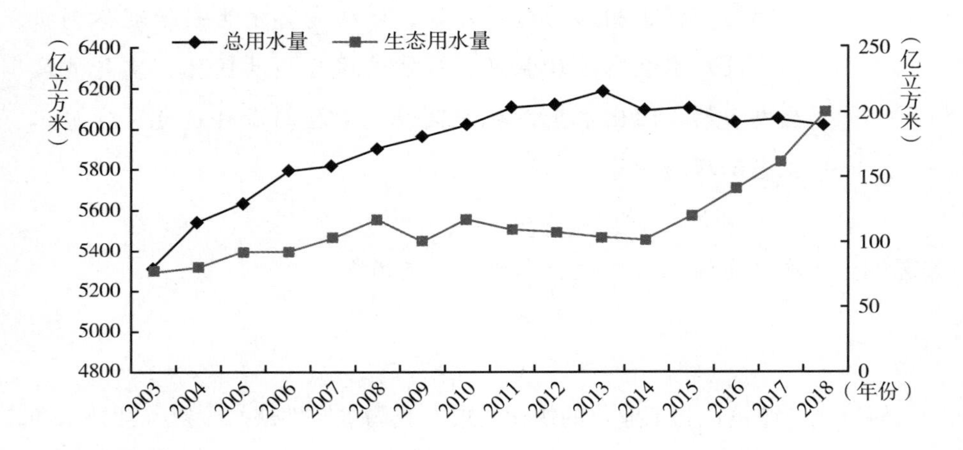

图 1　全国总用水量和生态用水量变化

资料来源：《2018 年中国水资源公报》《中国水利统计年鉴》（2004～2018 年）。

全国生态用水量占总用水量比例呈持续增长的态势，2018 年生态用水比例达到 3.34%，较 2005 年增加 1.69 个百分点。尽管农业用水比例和工业用水比例有所降低，但仍然分别保持在 60% 和 20% 以上，生活用水比例高于 10% 且持续增长，生态用水比例仍然较低，用水结构尚需优化，如表 1 所示。在流域诸多工程的水量调节中没有考虑生态用水威胁流域生态安全。

表 1　生态用水量比例变化

单位：%

年份	生态用水比例	农业用水比例	工业用水比例	生活用水比例
2005	1.65	63.55	22.81	11.98
2010	1.99	61.26	24.03	12.72
2015	2.01	63.12	21.87	13.00
2018	3.34	61.39	20.97	14.29

资料来源：《2018 年中国水资源公报》《中国水利统计年鉴》（2004～2018 年）。

（二）水环境现状

1. 废水排放量变化

2000～2015 年全国废水排放总量持续增长，到 2015 年高达 735.3 亿吨，之后增长趋缓，2017 年为 699.66 亿吨，比 2000 年增长 68.51%。在废水排放总量中，生活废水排放量高于工业废水排放量。全国工业废水排放量呈下降态势，从 2015 年开始，工业废水排放量低于 200 亿吨。全国生活废水排放量逐年增加，自 2014 年以来，生活废水排放量达到 500 亿吨以上，如图 2 所示。

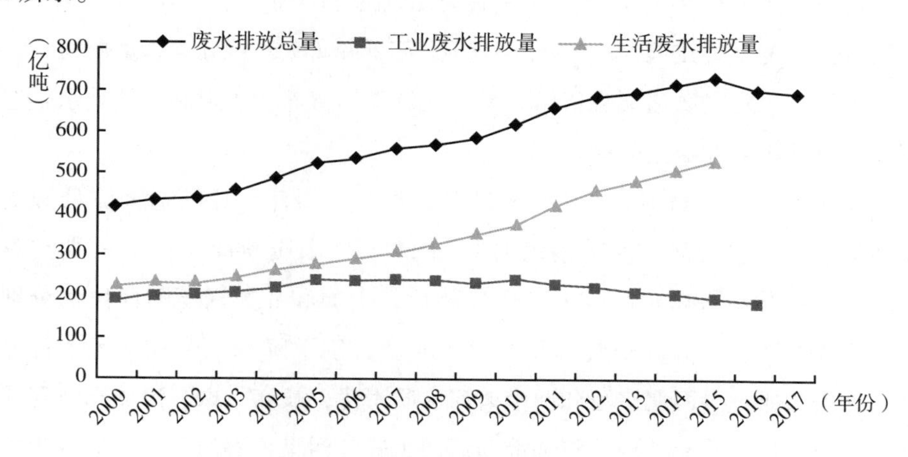

图 2　全国废水排放总量及其结构变化

资料来源：《中国环境统计年鉴》（2001～2018 年）、《中国统计年鉴（2018）》。

全国废水化学需氧量排放总量呈下降态势，2017 废水化学需氧量排放总量降至 1021.97 万吨，比 2000 年降低 29.28%。其中，生活化学需氧量排放量高于工业化学需氧量排放量，生活化学需氧量排放量超过 800 万吨，工业化学需氧量排放量持续下降，如表 2 所示。

表 2　化学需氧量排放量变化

单位：万吨

年份	化学需氧量排放总量	生活化学需氧量排放量	工业化学需氧量排放量
2000	1445	740.5	704.5
2005	1414.2	859.4	554.7
2010	1238.1	803.3	434.8
2015	1140.4	846.9	293.5
2017	1021.97	—	—

资料来源：《中国环境统计年鉴》（2001～2018 年）。

2. 水质变化

2018 年我国地表水优良水质断面比例继续提升，全国地表水监测的 1935 个水质断面（点位）中，Ⅰ～Ⅲ类比例为 71.0%，比 2015 年上升 6.5 个百分点；劣Ⅴ类比例为 6.7%，比 2015 年下降 2.1 个百分点，水质稳步改善。但是，水污染防治形势依然严峻，在氮磷等营养物质控制、流域水生态保护等方面仍存在突出问题。

2018 年长江、黄河、珠江、松花江、淮河、海河、辽河七大流域和浙闽片河流、西北诸河、西南诸河监测的 1613 个水质断面中，Ⅰ～Ⅲ类占 74.3%，劣Ⅴ类占 6.9%。与 2017 年相比，Ⅰ类和Ⅱ类水质断面比例分别上升 2.8 个和 6.3 个百分点，Ⅲ类和劣Ⅴ类分别下降 6.6 个和 1.5 个百分点，如表 3 所示。西北诸河和西南诸河水质为优，长江、珠江流域和浙闽片河流水质良好，黄河、松花江和淮河流域为轻度污染，海河和辽河流域为中度污染。

表3　主要流域水质类型变化

水质类型	2018年占比(%)	2017年占比(%)	变化百分点(个)
Ⅰ类	5.0	2.2	2.8
Ⅱ类	43.0	36.7	6.3
Ⅲ类	26.3	32.9	-6.6
Ⅳ类	14.4	14.6	-0.2
Ⅴ类	4.5	5.2	-0.7
劣Ⅴ类	6.9	8.4	-1.5

资料来源：生态环境部：《2018中国生态环境状况公报》，2019。

2018年全国10168个国家级地下水水质监测点中，Ⅰ类水质监测点占1.9%，Ⅱ类占9.0%，Ⅲ类占2.9%，Ⅳ类占70.7%，Ⅴ类占15.5%。超标指标为锰、铁、浊度、总硬度、溶解性总固体、碘化物、氯化物、“三氮”（亚硝酸盐氮、硝酸盐氮和氨氮）和硫酸盐，个别监测点铅、锌、砷、汞、六价铬和镉等重（类）金属超标。

2018年按照监测断面（点位）数量统计，监测的337个地级及以上城市的906个在用集中式生活饮用水水源监测断面（点位）中，814个全年均达标，占89.8%。其中，地表水水源监测断面（点位）577个，534个全年均达标，占92.5%，主要超标指标为硫酸盐、总磷和锰；地下水水源监测断面（点位）329个，280个全年均达标，占85.1%，主要超标指标为锰、铁和氨氮。按照水源地数量统计，871个在用集中式生活饮用水水源地中，达标水源地比例为90.9%。36个重点城市1062个黑臭水体中，1009个消除或基本消除黑臭。“长三角”“珠三角”城市密集区水网污染严重，区域水体富营养化，江河源头水环境恶化，流域的开发与保护之间不平衡，需要采取更为严格的水生态保护和治理措施。

部分流域水质虽总体良好，但保护压力仍然较大，局部水域污染较严重，干流城市江段存在岸边污染带。湖库富营养化程度未得到有效缓解，部分湖泊和部分水库处于富营养状态。部分水源地水质安全保障不足，不能达到全年水质合格。水污染风险隐患加大，沿江钢铁机械、石油化工、有色金属等行业密集布局，危化品运输依靠水运方式，存在突发水污染事件隐患。部分流域水生态系统结构不完整、功能受损、服务价值下降，主要水生生物资源减少，部分珍稀物种濒临灭绝。受到围垦与滩涂开发、城市建设、岸线利用等影响，湿地功能退化。受到涉水工程建设水库淹没、闸坝阻隔、水沙变化等因素的影响，水系连通性降低，水生生境发生改变。

（三）水生态治理制度建设

2016 年国家做出关于全面推行河长制的重大决策部署，明确地方主体责任。由各级党政主要负责人担任河长，以水资源保护、水污染防治、水环境治理、水生态修复、水域岸线管理等为主要任务，完善河流治理体系，构建责任明确、协调有序、监管严格的河流保护机制，为维护河流生命健康、实现河流功能永续利用提供制度保障。

2016 年以来，各地区都在探索省、市、县、镇（乡）四级河长体系，并向村级延伸。目前，全国共明确省、市、县、乡四级河长 30 多万名，其中省级河长 402 人，59 名省级党政主要负责同志担任总河长，设置村级河长（含巡河员、护河员）76 万多名。从各地实践来看，推行河长制初步实现河流有人管、管得住。全国用水结构不断优化，用水总量得到严格控制，用水效率进一步提升。针对侵占河道、围垦湖泊、超标排污、非法采砂等突出问题进行清理整治，一些河流功能逐步恢复。

江苏省已有 97.7% 的骨干河道落实保洁管护人员，48% 的河段实行社会化管护。太湖流域推广无锡“河长制”经验，15 条主要入太湖河流实行“双河长制”，即每条河由省、市两级领导共同担任河长。无锡实行河长制后，该市辖区内 79 条主要河流考核断面达标率从 2007 年的 53.2% 提高到 71.1%。无锡城区河道水质逐步改善，Ⅲ、Ⅳ类水质河道占比已达全市河道总量的六成。

浙江省启动“治污水、防洪水、排涝水、保供水、抓节水”的“五水共治”，落实河长责任。全省跨区市的 6 条水系，分别由省领导担任省级河长，流域所经过的市、县政府为责任主体。所经过的市、县、乡、村分别由市、县、乡、村领导担任市级河长、县级河长、乡镇级河长和村级河长。截至2017年，已有6名省级河长、199名市级河长、2688名县级河长、16417名乡镇级河长、42120名村级河长，还有众多的民间河长，形成五级联动的河长制体系。在坚持五级河长制体系的基础上，把管理向下延伸到沟、渠、塘等小微水体。通过设立河道巡查员、网格员，真正形成横向到边、纵向到底的立体河长制体系。全省已消除劣Ⅴ类水质断面，地表水Ⅲ类以上的控制断面达到80%以上，水环境质量显著改善。

二 我国水生态治理存在的主要问题

（一）水生态治理的责任主体不明确

目前，水生态治理涉及水利、环保、农业、林业、渔业、国土、城建等多个部门，客观上存在多头管理现象，缺乏统一的协调机制，尚未形成全国范围的水生态治理体系。在我国现行流域水生态治理体制上，国家流域管理机构与地方相关部门进行条块分割，完整流域与行政区的边界不重合。以行政区为基础进行生态功能区划，上下游、左右岸等跨界矛盾突出。虽然由多个部门共同承担流域环境保护和治理的任务，但各部门的责权边界不清，各自为政，缺乏统一规划和管理。一些上下游地区实行流域条块分割治理，从整体上缺乏宏观调控和部署，难以从根本上协调流域内各利益相关者在水环境保护和治理方面的冲突，无法满足未来我国流域水环境战略管理的需求。

流域生态治理中涉及的各行政管理部门之间配合程度不高，不同部门职能存在交叉，使得流域生态补偿存在多头管理现象。例如，流域排污收费、排污权交易等由环保部门执行，流域水资源利用和开发由水利部门管理，矿产资源补偿费、土地损失补偿费等由各个产业部门收取和管理，这样既妨碍流域生态补偿实施过程中各环节的集中管理，又不利于提高资金利用效率。

水生态治理成本未能有效内部化，作为治理主体的企业外部驱动力严重不足。企业所缴纳的排污费远低于治污成本，排污费收取政策尚不能真正达到刺激企业治理环境污染的目的。尽管在一定范围内流域上中下游地区之间采用市场补偿模式，但其功效仍很有限。过度依赖行政手段开展流域生态补偿，容易受到政府财政和管理方式的制约，阻碍上中下游地区形成利益和责任共同体。

（二）区域水生态治理能力弱化

区域水生态治理的顶层设计与整体规划布局缺失，联动协调能力弱化。许多地区对水生态的保护与修复的投入不足，未能落实已有规划的水生态保护与修复措施，已有规划方案也未进行细化深化，缺乏水生态保护与修复专项规划。

水污染总量减排目标未能与水环境质量改善效益评估、流域上下游地区绩效评估相衔接，而是采用“一刀切”的方式。随着资源约束的加剧和投资边际效益的递减，粗放型经济增长方式下规模化资源开发和投资规模持续扩大的格局难以长期维持。部分地区污水处理设施建设速度跟不上水环境污染的速度，需要解决当前目标总量控制条件下污染物持续达标排放与水质未见明显改善之间的矛盾。

全国水生态治理基础设施薄弱，污水治理设备投入不足，污水处理工程建设进展迟缓。虽然我国城市污水集中处理率逐年提高，但许多地区农村乡镇污水处理却由于基础设施建设严重滞后而难以进行集中处理。一些工业园区缺乏配套的污水处理设施，成为污染排放集中区。同时，尽管国家增加了节水设施投入，但城镇管网漏损率仍居高不下。部分工业行业的生产工艺和关键环节用水浪费严重，万元工业增加值用水量依然较高。

（三）水生态治理制度缺失

我国许多法律法规与水生态治理相关，但不同的法律法规侧重不同，执行难度较大，相关措施落实不到位。水生态治理制度建设滞后，推广较慢。

已出台的“河长制、湖长制”刚开始全面推行，尚未形成良性运行体系，社会认知和接受程度亟待提高。水生态治理主体的投入严重不足，没有在全流域形成完善的水生态保护制度。尚未构建水生态治理相关标准和规范，水生态保护和修复工作缺少指导依据和标准制约。

我国流域生态补偿以政府补偿模式为主，市场化流域生态补偿模式仍处于探索阶段。政府补偿模式存在补偿主体单一、责权利不明晰、流域生态服务成本和利益分配不均等问题，导致流域生态补偿缺乏长期稳定性。采取“一刀切”的流域生态补偿模式，更容易造成补偿额度不足与过多并存的现象。流域生态补偿制度不完善，补偿资金投入的方式是以政府财政转移支付为主。生态补偿融资渠道单一，补偿手段匮乏，补偿实施范围有限。许多地区生态补偿投资较少，只有很少地区的部分补偿资金来源于其他方面，如亚洲开发银行贷款、联合国开发计划署项目等。

（四）流域水生态预警体系薄弱

我国水生态监测评价体系不完善，对多数已实施工程中的水生态影响缺少持续监测和效果评估。未突出以流域为单元进行水生态综合治理，缺乏流域尺度上的整体布局。当前的治理措施中，重视对河道水体的治理，对水生物生境、生态系统功能等水生态系统的保护和修复的重视不够，未能将生态保护修复措施和水环境质量目标管理相结合，缺乏有效的保护和修复措施。流域水污染事故预警和应急机制不完善，流域非重点区域往往是水污染事故的高发区域，以目前的流域管理能力很难覆盖到这部分区域，尚未具有全流域突发性水污染事故的响应能力。

目前，重点流域水生态应急预警体系不完备，缺乏先进实用的风险评估预警平台。流域水生态监测手段和预警、应急处置能力较低，不能满足流域水生态治理的要求，企业超标排污未能得到有效遏制。沿江工业园区密集，危险化学用品吞吐量较大，中上游承接产业转移加快，重化工企业增加，潜在水污染风险源众多，应对重大突发水污染事件的能力仍较低。

（五）水生态治理监管力度不足

流域水生态治理的职责不明确，涉及地区各自为政。流域规划实施的监管力度不够，缺乏有效的监督管理手段，监测体系不完善，监管不到位。现有监管和执法机制不能适应新形势水生态治理的需要，一定范围内仍存在违法成本过低、执法成本过高的问题。水生态安全信息公开有限，公众监督受到限制。社会公众参与制度不健全，公众对水生态治理的参与积极性不高。

流域水生态治理的投入远远大于针对损害生态环境的处罚金额，不能发挥生态补偿应有的激励作用，难以引导流域上游地区积极投入生态环境建设。流域生态补偿实施的保障制度设计与流域生态补偿标准制定脱节，流域生态补偿实践的可操作性较弱，一些地区在流域生态补偿实施中缺少全程监管和成效评价。

三　推进水生态治理的对策

以政府、社区及农户等利益相关者为主体，实行水生态的综合治理，推行全社会多元化投入，充分发挥政府主导、市场机制调控、社区和农户参与的作用，将水资源禀赋、市场条件和生态安全等方面统筹考虑，运用行政、技术、经济手段，提高用水效率，减少水资源浪费，强化水环境污染防治。

（一）完善水生态治理体制机制

改革现有的水生态治理体制，明确主管部门分工，协调各自职责与义务。以维护河流健康、促进人水和谐为基本目标，统筹防洪、发电等与生态保护的关系，协调上下游、河流与湖泊等水体生态需水量的关系，协调区域间利益平衡、个体与集体的利益平衡。

严格执行主要污染物总量控制，确保重要江河湖泊生态用水。改善水生态系统功能和环境质量，有效缓解过度开发建设对水生态系统造成的负面影响。制定流域污染物产生量、排放量与入河量控制规划，根据核定的水域纳污能力和入河污染物限排控制要求，实行流域重点控制单元污染减排和差异化环境控制。明确流域与区域权限划分和管理范围，制定流域和区域相结合的水污染防治综合控制规划，促进对流域环境的有效控制。实行产业优化布局，采用无污染或少污染工艺，严禁新建、扩建污染严重的产业，取缔在饮用水源地附近的生产活动。调整土地利用方式，合理利用水资源。针对流域发展项目，必须制定节能减排规划。严格控制新污染的产生，严防对流域生态系统新的破坏。

第一产业应以环境污染较小、土地和水资源利用率较高作为产业选择的基本标准，从源头上对流域农业面源污染加以控制。第二产业的发展对资源和环境的消耗较大，其比例不宜过高，应依托流域自然资源优势，选择技术含量高、附加值高、自然资源消耗低和环境污染小的项目。第三产业污染较小、资源消耗少，其产业选择可适当放宽范围，可根据流域经济发展水平和自然要素禀赋进行选择。

（二）改进水生态治理制度

严格保护流域内水源、森林、草原、湿地等各类生态用地，明确流域生态空间的功能定位。提高流域生态供给，满足经济社会需求；降低生态需求，减少生态资源浪费。将流域经济社会的发展限制在生态承载力阈值内，使生产生活产生的污染物排放量不超过环境自净能力。

构建基于流域生态红线的产业环境准入制度，严禁落后产能向中上游地区转移，遏制盲目重复建设。实现流域开发与生态修复并行，倒逼产业转型升级。协调上中下游、左右岸省区关系，加强省界缓冲区水质纠纷处理。执行水污染物排放标准，对于不符合产业政策要求、未取得主要污染物总量指标、达不到污染物排放标准的建设项目，一律不予审批环评文件。对于未实现总量控制目标、水质达不到功能区目标要求、发生重大污染事故的地区实施区域限批。规范工业园区建设，依法关停达不到污染物排放标准又拒不进入定点园区生产的重污染企业。

全面划定沿江生态红线，将饮用水源保护区、重要湿地保护区等纳入流

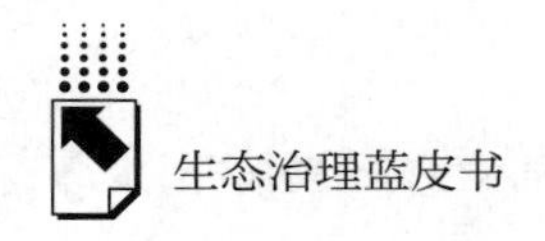

域生态红线区。落实生态红线区管理制度，强化水源地保护，严禁向具有饮用水功能的主干流设置直接排水口，各产业区的排水在进入区域公共河流之前，必须达到规定的地表水标准，切实保障饮水安全。

（三）构建流域生态共同体

政府、企业和公众等利益相关者共同参与流域生态保护和环境治理，流域上中下游各级政府、各部门之间应加强协调配合，共同分摊生态环境建设的直接成本，控制相关行政区出入水口排污量，确保水质达标。加大水污染防治投入，推进城乡污水处理厂和污水管网建设，加快实现城镇建成区污水主管网全覆盖。强化流域水生态系统保护与修复，提高水资源利用效率，降低水环境负荷，在最大程度上降低水污染对生态环境的破坏。

对采取流域生态保护措施并取得明显成效的地方政府和企业可以减免税费、给予补贴和奖励、提供优惠贷款，对破坏流域生态环境的行为进行处罚。可以运用政府调控与市场化运作的方式，使流域资源开发者、利用者和破坏者支付相应的生态补偿费。应树立资源使用者对影响流域水环境的成本补偿理念，使排污成本不低于治污成本。加大市场引入力度，培育企业和个人之间的生态服务交易市场，开展政府采购环境保护服务、政府与社会资本合作、第三方治理等流域管理制度创新实践。

（四）实行流域生态补偿

根据流域不同河段水质和水量要求，确定流域上游和下游地区生态补偿的责任、权利和义务。如果上游地区的水资源保护和水环境建设符合既定要求，并且为下游地区提供符合标准的水质和水量，那么下游地区必须对上游地区补偿。但是，如果上游不能按照要求提供标准的水质和水量，就需要上游地区承担相关责任并对下游地区进行补偿。实行以政府管控为主、市场调节为辅的流域生态补偿模式。加大流域生态补偿的财政转移支付力度，倡导市场化流域生态补偿，实现流域下游受益地区对上游保护地区的补偿和流域内地区间的横向生态补偿。当流域生态补偿范围较小、流域受益群体明确、生态服务供给者数量有限时，适宜选择直接对接的交易方式，实行“以奖代补”。当流域跨多省（市、区）、生态补偿范围较大时，需要采取公共支付的方式，增加区域财政税收中的生态补偿额度的权重。

在征收流域水资源费时，应附加征收水源地生态保护费，作为对流域上游水源地的生态补偿。深入推进流域水价综合改革，推动流域生态补偿市场发展。在流域上下游地区政府财政转移支付与专项资金补助的基础上，构建流域生态补偿服务平台，完善区域协商制度，通过各相关者签订协议，明确其在流域生态保护和环境治理中的具体任务。合理择定流域生态补偿地区范围，提高生态补偿资金使用效率。流域上游政府应该按照生态损失程度和贡献份额，将获得的补偿资金分配给受损者和保护者。同时，也可以通过政策优惠、税收减免、项目支持等方式，对流域上游地区实施间接补偿。

由上中下游地区水利、环保和财政等部门协商成立生态补偿运行机构，承担生态补偿主客体确认、补偿标准核定、生态补偿资金使用和管理等任务。地区主管部门对流域生态补偿资金的使用情况、流域生态补偿资金投入后的项目实施情况以及流域生态环境治理成效进行评价。流域生态补偿绩效应与流域水质改善和水量保证进行挂钩，按照流域生态保护与环境治理标准进行考核，分析流域上下游地区生态补偿政策实施前后的损益变化，审核流域生态补偿政策是否合理高效。

（五）强化水生态功能区绩效考核与责任追究

全面开展水生态功能区和省界缓冲区水质达标评价，从严核定流域纳污容量，严格控制入河排污总量，并实行目标绩效考核。严格实行入河排污口设置审批，出台沿江开发产业项目负面清单。减少内源存量污染，控制流域所有新增的污染负荷量，恢复流域生态功能。实施河湖截污、农业面源污染治理、河道清淤整治、水土流失防治、产业节水、外流域调水等工程，将生态功能保护与污染物入河控制及减排措施进行以流域为单元的各省分解落实，实施流域跨界水质考核与监督。

充分发挥政府的主导作用，明确流域与各区域水利主管部门的管理权力和责任，对水生态治理实行离任审计制度和终身责任追究制度。探索编制水生态资产负债表，将水资源耗减、水环境破坏、水生态退化等负效益纳入评价体系，建立体现生态环境价值的水生态资产核算体系。推行“河长制”“湖长制”和“断面长制”，依据纳污评估结果，落实污染物减排的责任。针对水生态治理进展，进行定期考核和监管，包括信息公开、行政监察、公众参与、绩效评估等方面。

（六）注重水生态治理监测

建立以重要生态功能区、省（国）界、入河排污口、饮用水源地、地下水监测为主体的水环境监测体系，统一设置水环境监测断面，整合分散在不同部门的水污染防治职能，对所有水污染物、水污染源和水环境介质实施统一监管。确保实现重要江河湖泊生态功能区、主要江河干流及一级支流省界断面水质监测全覆盖，提高流域省界和重要生态功能区监测覆盖率。

加强流域生态功能区和省界缓冲区水质的自动监测，实现重要河流控制断面水质动态监控。同时，注重入河排污口监测，实现重点入河排污口监测信息共享。构建完整的流域水质与污染物入河排污量统一监测体系，实现流域机构对重点区域水质、水生态环境和主要入河排污口的常规监测与自动监测相结合、定点监测与机动巡测相结合、定时监测与实时监测相结合的总体监控目标。强化监控、预警及应急处置方面的能力建设，加快提升流域管理手段现代化和信息化水平，逐步形成流域与区域、行业之间互补联动的监控网络。

参考文献

［1］陆志华、钱旭、马农乐、单玉书：《生态文明理念下的水生态空间管控要求》，《水利经济》2018 年第 4 期。

［2］向婧怡、张红举、陈力、车越：《基于内容分析法的水生态文明概念及评价指标探讨》，《中国人口·资源与环境》2018 年第 7 期。

[3] 刘陶：《新时代长江流域水生态保护与修复研究》，《长江大学学报（社会科学版）》2018 年第 5 期。
[4] 陈龙、王超亚：《生态文明视域下我国水资源管理的路径选择》，《水利发展研究》2018 年第 8 期。
[5] 王建华、胡鹏：《我国水生态文明建设内涵、评价标准与经验模式》，《中国水利水电科学研究院学报》2018 年第 5 期。
[6] 张远、高欣、林佳宁等：《流域水生态安全评估方法》，《环境科学研究》2016 年第 10 期。
[7] 尚文绣、王忠静、赵钟楠等：《水生态红线框架体系和划定方法研究》，《水利学报》2016 年第 7 期。
[8] 徐真剑、丁建强、倪骏等：《水生态工程建设与河长制的发展探究：以湖州市为例》，《华北水利水电大学学报（自然科学版）》2018 年第 4 期。
[9] 陈虎：《分析生态管理视角下流域水环境功能规划》，《水利科学与寒区工程》2018 年第 7 期。
[10] 徐德毅：《长江流域水生态保护与修复状况及建议》，《长江技术经济》2018 年第 2 期。
[11] 周海炜、李蓝汐：《水生态文明城市建设的标杆管理方法研究》，《河海大学学报（哲学社会科学版）》2018 年第 3 期。
[12] 孙才志、张智雄：《中国水生态足迹广度、深度评价及空间格局》，《生态学报》2017 年第 11 期。

B.6 中国河道生态治理的问题与对策研究

操建华*

摘　要： 河道治理是为了满足防洪排涝及人类生产生活用水等的需求。河道生态治理强调利用生态环境的自我修复能力，是未来河道治理的主流趋势。治理方法可以分为传统工程和生态治理工程两种模式。水环境治理中，生物方式相对物理化学方式更有利于河道生态平衡。从思路上，河道生态治理强调系统性和生态友好。治理效果可以用水利功能、河道水质、河内生物多样性、生态系统状况和管理状况等指标来衡量。存在的问题主要包括缺乏综合治理意识、水土流失及河道淤塞、忽视工程的生态影响、水体污染和中小河道治理技术差等。建议树立综合整治意识、重视规划设计、加强体制机制建设、创新治理手段和控制外来污染源。

关键词： 河道　生态治理

一　河道与河道生态治理的意义

河道生态治理是顺应生态环境保护理念发展而来的，强调在修复受损河道时尊重自然发展规律，尊重生态环境的自我修复能力，这是未来河道治理的发展方向。

---

* 操建华，中国社会科学院农村发展研究所副研究员，主要研究领域为生态经济、资源与环境经济。

（一）河道与河道生态治理的概念

河道即水路，主要是指河流流经的路线，依据影响范围可以划分为一至五级河道。其中一、二级河道为跨两省或多省的大江大河，会对地域经济乃至整个国家的发展产生影响。三级河道是省与省之间连通、交互的主要载体。四、五级河道主要流经省、市内部。[1]河道是一个完整的生态系统，拥有丰富的生物多样性。植物、动物和微生物等通过复杂的生物链实现物质和能量的传递与交换，与外来的雨雪等新鲜水源一道，维持着河道生态系统的动态平衡。河道水源一方面是人类生存和生产的必要条件，同时也会因为旱涝等自然因素或污染等人为因素给人类带来灾难，或破坏河道生态系统。

河道治理是保证河道安全、流畅且满足人类生产、生活用水的必要措施。20 世纪 80 年代，各国逐渐认识到河流治理也应该遵循生态学的基本原理，提出了诸如“近自然河道”等理念和“河流生态学”等概念。河道生态治理就是在保障河流安全的基础上，通过建设生态河床及生态护岸等工程，建设一个稳定、开放、健康的生态河流系统，以实现河道内部的生态平衡和物种多样性，最终实现人类与河道的和谐相处。[2]

（二）河道生态治理的意义

提高河道的防洪、排涝和抗旱能力，满足人类生产生活需要，是河道治理的基本目标。当前河道水利配套设施还存在不完善和河道淤堵等问题，会影响河道的畅通性、安全性及人们正常的生产生活，还可能带来水资源浪费现象。一些地区采用填充河道的方法解决建设与发展用地，也破坏了当地的自然环境。我国河道还面临污染问题。随着工业化和城镇化进程的快速推进，工农业废水、生活污水和城乡生活垃圾大大增加。由于管网系统和污水处理设施建设的滞后，排入河道中的污物大大增加，造成水质下降、水体富营养化和黑臭水体等问题。我国 526 条河流中约有 436 条受到了污染，7 条主干河流中 5 条均污染严重，有的河流中的水已经不能饮用。[2]河道污染严重制约了生态环境的可持续发展。治理河道污染、恢复河流的生态功能已经

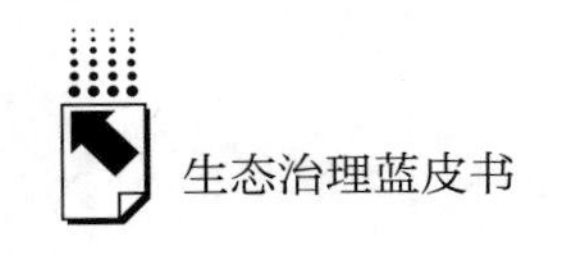

成为环境治理的关键。

河道生态建设，既强调传统水利建设的工程性优点，又兼顾生态环境保护和社会经济发展要求，与绿色发展理念相符，是未来河道建设及保护的主流趋势。《中华人民共和国河道管理条例》（2018 年修订版）的发布，为依法加强河道管理、保障防洪安全、发挥江河湖泊的综合效益提供了最新依据。加强河道生态治理，优化水资源环境与生态环境，重新恢复河道应有的功能，既能满足人民群众生存发展的当前需要，也为实现和谐社会和未来可持续发展奠定了基础。

二　河道生态治理的方法与评价依据

我国河道治理，正在从传统的“防洪、排涝”向“安全、生态、资源”的方向演进，从理念上可以分为传统工程治理和生态治理两种模式。从水处理技术看，可以分为物理、化学和生物三种模式。从治理重点上，分源头治理和河段治理。管理方式上强调系统性和生态性。

（一）河道生态治理方法

1. 从追求目标和理念上可以分为传统工程模式和生态治理模式

（1）传统工程治理模式。传统工程治理模式目标比较单一，主要包括：一是河道堤岸工程。堤防在河道治理中具有非常重要的作用。一般可以分为钢筋混凝土堤、重力式浆砌石堤等。钢筋混凝土堤最明显的优势就是能够保证高度、占地面积较小，缺点是投入资金大。二是闸坝建设工程。通过在上游建立闸坝，可在雨季将水资源存储起来或进行分流，旱季时可开闸放水，起到防洪调蓄作用，可以有效保护河道安全。同时也可保证农业灌溉用水的需求。三是河道清淤。长期疏于管理的河流底部一般有大量的淤泥，不仅会加重水体污染，还会阻塞河道，降低河流的行洪能力。河道清淤就是通过工程疏浚措施，将含有污染物的底泥从水体中永久性地清除，以实现对河道内源氮磷负荷的有效控制和水生态系统的修复。四是河道改造。是指基于某些目标，对河道进行扩宽、取直或改道等的工程。五是雨污分流工程。即将居民区排放的污水与雨水分开，雨水直排入河，污水则汇入污水处理厂进行处理的方法。其目的是截断污水进入河流的渠道，防治未经处理的生活污水被排放到河流中，同时还能确保污水厂的有效运行。

（2）生态修复技术和治理工程。河道生态治理具有结构稳定、生态健康、工程建设破坏小、景观美化等特点。主要包括：一是生态岸坡修建。水生态修复技术的主要目标是对受到污染或破坏的水生生物环境进行修复，是以相关自然规律为基础，对流域内食物链进行的有效修复。现有的河道岸坡设计施工很多也是因循生态理念。如：在近岸种植一些根系比较发达的植物以防治水土流失进而维护岸坡的稳固性，并为生物提供栖息地及活动场所；在选择植物物种时，结合当地气候条件选用一些根系发达的植物等；在选择护坡材料时，尽量选用一些多孔或者天然的材质。二是生物修复。生物修复技术主要是通过水体中的植物、动物和微生物的吸收和降解能力，对水体中的污染物进行处理，以实现水环境净化和水生态恢复的技术。其中，植物修复技术是借助植物的呼吸和挥发作用来去除水中污染物，或者借助水生植物根系的吸收吸附作用吸附水中污染物，然后通过收割这些植物将污染物带离河道的方法。动物修复技术就是通过水生动物种群的直接吸收、转化、分解作用以及水体理化性质的改善作用，修复河流污染的方法。通常情况下，是在受到污染的水体中投入一些对该类型污染有着良好耐性的鱼、虫类和虾类等，吸收与分解河道中的有机污染物。通过种植水生植物、放养水生动物的模式可以修复和维持河流水生态的健康和生物多样性，还可以美化绿化水域景观。

2. 从河道水环境治理技术看，有物理、化学和生物三种方法

水环境治理技术，就是通过物理、化学和生物方式将河道内的污染物稀释或去除，以提高水质的做法。其中，物理方法主要包括人工增氧和清淤两种方式，引水或调水稀释也是提高水质的物理方法。化学方法就是借助一定的化学试剂来去除水中的悬浮物和有机物，达到净化水资源的目的，在河道污染治理过程中被广泛应用。但是其中的化学试剂可能会对水资源造成一定

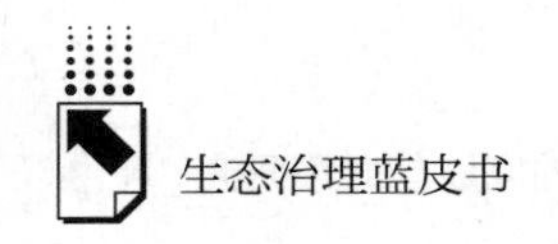

的污染，运用时需要研究分析化学试剂的成分，确保负面作用可控。生物方法主要包含投放微生物、水生动物和种植水生植物等。生物措施是更具有环境友好特征的方式。水环境处理技术不仅包括对污水的处理技术，也包括对污水中藻类的处理技术。如机械除藻、气浮法除藻、磁法除藻和超声波除藻等。

3. 从治理重点看，分源头治理和河段治理两种模式

（1）源头治理。源头治理的主要目标是涵养水源和防止水土流失。河流是在山涧中汇集而成，暴雨或连续的阴雨会将河流两边松散和颗粒大的固体物质冲入河道，长期下来就可能挤占河道，抬高河床，使河流改道泛滥。河流源头治理主要就是保持现有良好植被及其覆盖率，禁止乱砍滥伐，做好水源涵养和水土保持工作。

（2）河段治理。河段治理通常因地制宜，根据河道的不同情况来采取不同的治理方法。对断面较窄的河段，拓宽处理；对曲折较大的河段，取直处理；对堵塞河段，做有效的疏通。护岸方面，在冲撞严重的河段，可采用砌块石、立砌方式，甚至需将砂石用铁线网罩住等传统工程方式，也可以采用生态护岸方式。

4. 强调系统和生态的管理模式

从管理角度看，生态河道治理强调系统和生态的管理模式。强调社会需求、生态需求与经济需求的融合。主要内容包括：①前瞻性规划。如在制定城镇发展规划时，提前制定雨污分流、相应的污水处理厂及河道治理方案。②专业化管理。建立从上至下的河道生态工程管理机构和工作机制，形成专业科学和长效坚持的管理体系。如通过“河长制”保证环境、航运和防洪安全。③健全的水体环境监测网络和监管平台。以政府监管机构为主、公众参与为辅的河道监管平台，是对河道管理机构实施绩效考核的依据。④有资金保障。

（二）河道生态治理效果的评价依据

河道是一个复杂的系统。既摄取外界的物质和能量，内部结构也在不断演变。河道生态治理应该体现尊重自然、可持续发展和系统整体性的特点，

因此，河道生态治理的效果可以通过水利功能、河道水质、河内物种、生态系统状况、管理水平等指标来衡量。具体地，以下特征可以用于评判河道的质量或河道治理的效果。

一是水利功能。主要包括防洪排涝、抗旱及引水功能的评价。比如堤防、闸坝、水库、沟渠等的状况。

二是河道连通性。河道连通性是衡量河道连通和水流畅通性的重要依据。其断头数量、淤积体或堆积物含量都影响着河道的畅通性。

三是河岸带状况。河岸带是指岸坡处于水体与岸带交界线以上的区域，是河流生态系统与陆地生态系统进行物质、能量、信息交换的重要过渡带。岸坡的稳定性、植被结构和覆盖度、河道护岸类型和河岸弯曲度反映着河岸带的综合状况。河流生态系统建设和景观建设可以衡量河道生态环境状况。

四是水质状况。根据《水污染防治行动计划》《城市污水再生利用景观环境用水水质》（GB/T 18921－2002）、国务院发布的《最严格水资源管理制度考核办法》以及住房和城乡建设部、环境保护部发布的《城市黑臭水体整治工作指南》，一般选取化学需氧量（或高锰酸盐指数）、氨氮等指标对水质状况进行评估考核。

五是水生生物。水生生物是河流生态系统中最富有生命特征的群落，是河流生态系统的重要组成部分。其中鱼类生物和挺水植物覆盖度最能反映河道水生生物状况和水质状况。

六是河道景观。河流具有显著的景观功能。河道整洁是河道景观的基本要求，亲水、休闲设施的修建可给人们提供亲近自然、感受自然的休闲空间，实现人与自然的和谐相处。

七是管理状况。管护制度、考核制度、管理标识、管护经费等可以作为评估指标，用于评价河道的管理状况。

三　我国河道生态治理的现状与问题

经过多年的河道治理，河道排涝、灌溉、引排水、取水等多方面的水利功能得到很大程度的提高，但是依然存在综合治理意识差、水土流失和淤堵、防洪标准低、水污染、农村中小河流河道治理技术低等问题。

（一）河道治理现状

1. 水库数量和规模稳定增加

水库具有供给饮用水源、灌溉水源和调蓄洪水的重要功能，在河道治理中占有重要地位。由于小型水库的减少，2000 年总水库数量比 1979 年有所减少，但是总库容是增加的。2000 年以后，各种规模的水库建设及其库容一直呈稳步增长趋势（见表 1）。这说明相应的功能也是逐渐加强的。

表 1　历年已建成水库数量、库容和耕地灌溉面积

单位：座，亿立方米

年份	已建成水库		大型水库		中型水库		小型水库	
	座数	总库容	座数	总库容	座数	总库容	座数	总库容
1979	86132	4081	319	2945	2252	593	83561	543
2000	83260	5183	420	3843	2704	746	80136	593
2010	87873	7162	552	5594	3269	930	84052	638
2015	97988	8581	707	6812	3844	1068	93437	701
2017	98795	9035	732	7210	3934	1117	94129	709

资料来源：《中国水利年鉴（2018）》。

2. 堤岸建设及其保护功能加强

从堤防建设看，2017 年总长度达到 30.62 万公里，保护耕地 4094.6 万公顷，人口 60557 万，分别是 1978 年的 1.86 倍和 1.28 倍，是 2000 年的 1.13 倍、1.03 倍和 1.3 倍。其中达标堤防长度 21.03 万公里，占总长度的 68.6%，比 2010 年提高了 27.3 个百分点。1、2 级堤防长度比 2010 年增加了 5516 公里。说明堤防建设无论是数量还是质量都有了很大的提高。保护耕地的数量有明显增长，从 1978 年的 3192 万公顷上升到 2017 年的 4094.6 万公顷。保护的人口数量从 2000 年的 46586 万人上升到 60557 万人（见表 2）。

表 2　历年堤防长度、保护耕地、保护人口和达标长度

单位：公里，千公顷，万人

年份	长度	保护耕地	保护人口	累计达标堤防长度	#1 级、2 级堤防
1978	164585	31924			
2000	270364	39595	46586		
2010	294104	46831	59853	121440	27865
2015	291417	40844	58608	196536	31164
2017	306200	40946	60557	210286	33381

资料来源：《中国水利年鉴（2018）》。

3. 闸坝规模扩大

从水闸建设看，2017 年建设数量达到 10.39 万座，其中大、中、小型水闸数量分别是 892 座、6504 座和 96482 座，分别是 1978 年的 4 倍、3.35 倍、3.76 倍和 4 倍，是 2010 年的 2.4 倍、1.57 倍、1.39 倍和 2.54 倍，有了很大的增长，尤其是小型水闸（2017 年比 2015 年略微减少）。从作用来看，2017 年分洪闸、节制闸、排水闸、引水闸和挡潮闸数量分别是 8363 座、57670 座、18280 座、14435 座和 5130 座，以节制闸、排水闸和引水闸为主，分别是 2010 年的 2.99 倍、4.45 倍、1.24 倍、1.76 倍和 1.09 倍。分洪闸、节制闸和排水闸的数量有了更显著的增长（相对于 2015 年，2017 年的分洪闸、排水闸和挡潮闸有微量减少）。说明闸坝调蓄洪水的功能得到了重视和加强（见表 3）。

表 3　历年水闸数量

单位：座

年份	合计	按过闸流量大小分			按作用分				
		大型	中型	小型	分洪闸	节制闸	排水闸	引水闸	挡潮闸
1978	25909	266	1732	23911					
2000	33702	402	3115	30185					
2010	43300	567	4692	38041	2797	12951	14676	8182	4694
2015	103964	888	6401	96675	10817	54687	18800	14296	5364
2017	103878	892	6504	96482	8363	57670	18280	14435	5130

资料来源：《中国水利年鉴（2018）》。

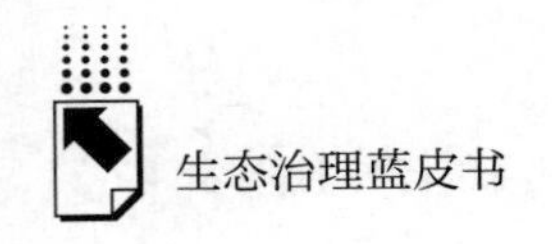

4. 资金投入增长

从主要流域的资金投入看，建设投入增长是很快的，总额从1980年的27.07亿元增长到2017年的7132.37亿元。其中，长江区所占比例最大，从1980年的26.3%增长到2017年的36.3%。东南、西南、西北诸河区增长较快，其中东南诸河区增长最快，从2010年占比7.3%增长到2017年的12.7%。其他河区总额增长，所占比例略降（见表4）。

表4　历年各水资源分区水利建设投资完成额

单位：亿元，%

年份	完成投资	各区所占比例									
		松花江区	辽河区	海河区	黄河区	淮河区	长江区	珠江区	东南诸河区	西南诸河区	西北诸河区
1980	27.07	4.2	2.0	10.1	16.5	10.3	26.3	5.2			
2000	612.93	1.5	4.0	7.7	15.6	6.2	35.6	10.2			
2010	2319.93	3.2	2.3	10.6	14.7	7.4	34.9	11.3	7.3	2.8	5.4
2015	5452.22	7.9	3.3	9.8	9.4	9.3	31.1	10.4	8.4	4.8	5.6
2017	7132.37	3.8	1.2	6.9	10.1	8.0	36.3	10.5	12.7	3.5	7.1

资料来源：《中国水利年鉴（2018）》。

5. 防洪、生产和生态功能更受重视

从用途看，防洪用水利投资占比最大，占31.4%，其次依次是灌溉、供水、水保及生态、除涝等，分别占19.2%、18.7%、9.6%、2.8%。从表5中可以看出，防止水害、生产性用途和生态性用途是水利建设的重点。从规模看，小型水利设施建设投资所占比例趋于上升，从2001年的39.4%上升到2017年的79%，大中型水利设施投资占比则从60.4%下降到20.1%。说明与河道相关的水利设施建设有由大中型转向小型的趋势。

表 5　分用途水利建设投资

单位：亿元，%

年份	完成投资合计	不同用途投资所占比例									
		水库	防洪	灌溉	除涝	供水	水电	水保及生态	机构能力建设	前期工作	其他
1979	37.0	26.9	10.0	26.1	12.1	0.0	0.0	0.0	0.0	0.0	25.1
2000	612.9	15.7	49.8	8.8	1.8	6.7	9.2	3.0	0.0	0.0	5.1
2010	2319.9		28.6	14.4	0.9	31.7	4.5	3.7	0.8	1.1	14.2
2015	5452.2		34.5	25.5	0.9	24.1	2.8	3.5	0.5	1.9	6.2
2017	7132.4		31.4	19.2	2.8	18.7	2.0	9.6	0.4	2.5	13.3

注：1998 年前未细分出水保及生态，均放于“其他”中；2001 年以后，水库投资已按用途分摊到有关工程类型中。

资料来源：《中国水利年鉴（2018）》。

6. 监测点增多，水质有所改善

与 2010 年相比，大江大河监测断面数量由 33 个增加到 510 个，有了显著提高，也因此对大江大河的水质判断更为可靠。生态环境部 2018 年 5 月发布的《2017 中国生态环境状况公报》显示，地表水中，1940 个水质断面（点位）中，优良（Ⅰ～Ⅲ类）水质占比 67.9%，与 2016 年相比上升了 0.1 个百分点。劣Ⅴ类水质占比 8.3%，与 2016 年相比下降了 0.3 个百分点。大江大河干流水质稳步改善。长江、黄河、珠江、松花江、淮河、海河、辽河七大流域和浙闽片河流、西北诸河、西南诸河Ⅰ～Ⅲ类水质断面占比 71.8%，与 2016 年相比上升 0.6 个百分点，劣Ⅴ类水质占比 8.4%，与 2016 年相比下降 0.7 个百分点。

7. 灾害发生率不稳定

洪灾发生面积、成灾率、受灾人口、死亡人口都有明显下降。这肯定了我国河道治理工程的成绩。但是，旱灾受灾面积、成灾面积、成灾率和经济损失相对不稳定（见表 6）。

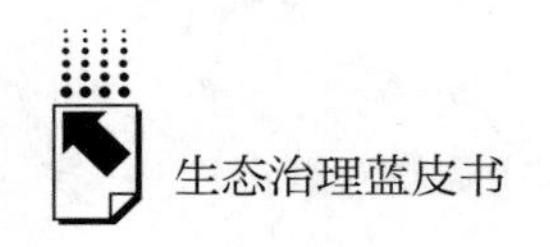

表6　洪灾、旱灾发生

年份	洪灾							旱灾		
	受灾面积（千公顷）	成灾面积（千公顷）	成灾率（%）	受灾人口（万人）	死亡人口（人）	直接经济损失（亿元）	水利设施经济损失（亿元）	受灾面积（千公顷）	成灾面积（千公顷）	成灾率（%）
1950	6559	4710	71.8		1982			2398	589	24.6
1978	2820	924	32.8		1796			40169	17969	44.7
1990	11804	5605	47.5		3589	239		18175	7805	42.9
2000	9045	5396	59.7	12936	1942	712	103	40541	26777	66.0
2010	17867	8728	48.9	21085	3222	3745	692	13259	8987	67.8
2015	6132	3054	49.8	7641	319	1661	254	10067	5577	55.4
2017	5196	2781	53.5	5515	316	2143	345	9946	4490	45.1

资料来源：《中国水利年鉴（2018）》。

（二）河道生态治理中面临的问题

河道治理重心更多放在提高其防洪排涝能力及水安全保障上，河道水环境污染、生境破坏、生态失衡等问题未得到足够重视。

1. 缺乏综合治理意识

河道综合治理意识是引导人们做好相关工作的前提，但是目前这种意识较弱。表现在：一是河道治理力量较分散，缺乏综合治理规划和职权分明的联动机制。大流域存在河道“分段治理有余，综合治理不佳”的问题，上中下游治理的统一规划和合作深度还不够。小流域河道工程也存在“零敲碎打”“各自为战”的问题。河道是流动的，管理区域的划分存在一定的模糊性，难以确定各部门的管理范围，且缺乏综合性的治理规划和联动机制，导致出现问题的时候找不到负责人，相互推卸责任，不利于开展河道治理工作。二是综合性思维欠缺，尤其是生态意识。工程目标单一、生态环保意识不足是导致河道治理工作不理想的重要原因之一。治理时不能着眼于河道的长远发展，忽略基于河道的周边环境的系统性规划，造成部分河道水体交换污染。缺乏生态意识的人们会为了方便而将生活垃圾和污水排放到河道之中。还有一部分人会为了自己的便利，私自抽取地下水、私自开挖水井等，影响河道的生态安全。

2. 一些河岸防洪能力差，水土流失和淤泥堆积严重

我国很多河流两侧没有堤防设施，或者是防护工程过于简易单薄，防洪抗旱设施不完善，不符合我国河流防洪能力标准。正常情况下，河道的防洪标准为 20 年，主要城市的河道防洪标准则为 50 年，但很多城市河道难以达标。[3] 再者，很多河流河岸附近植被缺乏，水土流失严重。流失的水土随雨水进入河流，抬高河床。一些河道沿岸城市采取野蛮式的开发模式，使河道宽度严重变窄，加之城市污水、垃圾等随意进入河中，使河床被抬得越来越高。同时，农村地区大量的河道治理工程较城市落后，河道疏浚工作成效相对较差，进一步影响河道的泄洪能力，加大河流治理难度。

3. 忽视水利工程对生态环境的影响

河道治理中的传统水利工程过于看重工程目标，忽视生态影响。表现在：一是护岸工程硬化过度。传统治理工程为保证河道水利功能，施工中会使用大量的浆砌、块石和混凝土进行硬化。这种难度较高的水下施工作业采用的膨胀剂等化学物质不仅会造成严重水体污染，还会阻碍地表径流与护岸土壤间物质和能量的良性交换，扰乱原有河道生态系统平衡，降低水土自净能力。二是忽视河道“截弯取直”工程对水生态的影响。河道的弯曲流态有利于保障河道生物多样性，还能缓解突发性的洪水危害。但是现阶段的一些河道治理工程过于强调“岸线顺直”，改变河道的弯曲形态以满足行洪排涝的要求，打破了河道原有的生态平衡。三是改造河道断面单一，对生物多样性造成负面影响。在自然河流断面上，浅滩与深潭相间，一直都是生物群落长期的栖息生长之地。但是改造后的河床通常会采用输水性能比较好、利于施工的梯形等断面形式，会对原有河道自身的多样性特征造成破坏。四是河道底部防渗处理对水环境的负面影响。一些人工湖或者是河道景观为了保证正常水位、控制补水费用支出，在底部均会做一些相应的防渗工作，直接截断了地下水补给的天然交换关系，对水环境造成严重负面影响。

4. 小型河道生态治理技术差

小型河道治理的规模通常较小，如农村的很多河道治理工程。这些工程的人力、财力、物力投入十分有限，施工能力不足，治理工艺技术较为落后。有的河道疏浚治理工程的清渣任务甚至完全依靠人工打捞完成，治理工期较长，成效不明显。另外，还存在随意排放和处置施工产生的废弃物的现象。河道虽然得到了治理疏浚和净化，周边环境却遭到破坏，甚至还需要市政部门投入更多成本进行环境专项治理。

5. 外部污染源控制难

随着我国经济的迅速发展，很多工业原料、工业废水、城乡生活污水等均在未处理或者处理不达标的情况下直接排放到河中，严重污染了河流水源。普遍出现河道断流、水体黑臭、富营养化等现象，甚至出现“有河皆干、有水皆污”的窘境。如深圳共计 310 条河道受到了污染并变成了黑臭河道。[4]原因主要在于：一是河道沿线污染源缺乏有效控制和管理，污染物直接入河。二是河道后期运行维护缺乏严格管理。治理河道高投入、低回报，往往后期运维中投入较少，缺少必要管护。河道管理范围不够明晰，存在无人管理的真空地带。三是小型河道因其宽度和深度有限，自净能力不强。在受到外来污染因素的影响后，小型河道更易产生较为严重的后果，导致河道堵塞、河水污染、产生恶臭，影响河道周边环境和景观，甚至对周边流域水质造成较大影响。另外，还存在环保技术利用不到位的问题。

四　我国河道生态治理的对策

在治理城市河道的过程中，应该始终坚持生态平衡的观念，保护河道内生物多样性，增加河道的自我调节和修复能力，维护河道整体生态平衡。具体地，河道生态治理应该遵循以下几点原则：一是要尊重自然规律，维护生物多样性，充分发挥河流的自我清洁和自我净化能力。二是要保证河道安全畅通，保证河流拥有充足的水源和水容量，保证河道能够正常流通。三是注重综合效益。通过水利工程学、经济学、生态学、水文学、工程力学等各个学科领域的综合运用，实现多个功能的整合，取得经济、生态和社会发展的综合效益。

（一）树立综合治理意识

首先，树立全流域治理意识。树立“流域上下游、干支流、左右岸统筹规划、协同推进大治理”的意识，保障全流域高质量发展。其次，树立生态治理意识。要充分认识到河水利用和生态保护并重，治理中不仅要强调加强防洪或灌溉等功能，还要考虑提高生态和美观等综合效益。最后，树立全民参与河道综合治理意识。引导民众理解河道治理与自身的关系，形成“河道治理，人人有责”的观念，并认识到“综合治理”的践行价值。从方法上看，要加大宣传力度。可以通过各大媒体宣传河道管理相关法规，可以在广告牌、公交车移动电视、地方电视台等投放河道综合治理广告，还可以深入社区或者街道进行群众性的集体宣传活动。充分发挥新闻媒体的舆论监督作用，凝聚河道综合治理的社会各界力量。

（二）整体性的科学规划

对河道实施科学合理的设计与规划是保护水环境的前提和基础。河道规划设计以“保护水安全、重视水生态、融入水环境”为治理原则，体现综合性和环保性。首先，规划设计应站在全流域及河道整个生态系统的高度，综合力学、生态学和美学思想，突出河道的多功能性。其次，先进的生态水利技术的选择和工程的运用。建设中，还要对河道的实际流淌情况进行全面分析，结合以往治理中存在的问题，找出需要重点关注和改善的地方，制定出科学有效的治理方案，以提高生态水利的质量和生态河道治理的整体水平。最后，城市河道治理还应满足城市规划设计的要求。以河道水质净化工程为例，净化工程需要加装的设备、设施或构筑物的选址需要考虑城市的远期规划，以避免在使用过程中与城市规划建设项目相冲突，导致产生不必要的转移、拆建费用，甚至影响净化工程的实施效果。

（三）加强河道生态治理机制和制度建设

我国河道多、分布广、覆盖面大，经济发展快，带来的问题杂，涉及的地区和部门多，治理难度大。第一，应建立地区间分工协调机制。对大流域治理而言，应在流域沿线地区间建立全流域河道治理协调机制。依据河道治理目标，各地区分工合作，施行具有目标一致又各有侧重的规范系统治理。第二，应建立部门间分工协调机制。对河道属地而言，由于河道治理涉及水利、环保、城建等多个部门，也需要加强部门间分工合作。这就要求各部门分工明确、权责清晰，同时以协调机制促进相互间合作配合。第三，制定操作性强的制度。目前保障河道的生态治理主要有《中华人民共和国环境保护法》和《中华人民共和国河道管理条例》等。地方上应该出台实施细则，具体化管理制度。第四，标准化、规范化河道治理流程，增强其技术上的可靠性和各种效益的可测性。建立具体河道的治理台账制度，便于查询追踪。第五，完善和创新河道治理责任制和考核办法。利用“河长制”，责任到人。通过奖惩制度，确保各项生态举措落到实处。第六，建立河道治理技术人才的专业培训制度，保证河道生态治理在技术层面的可靠性和先进性。

（四）创新河道生态治理手段

第一，创新河道治理技术。在成本和施工条件约束下，尽可能选择国内外、行业内较为先进的施工工艺，尤其要加强生态护岸技术的应用。通过总结经验教训，学习借鉴其他国家和地区优秀的生态护岸技术，确定我国河道生态护岸的具体规划方案，打造生态河道或景观河道。还要探索创新河道清淤方法。如导流围堰法、河道分段清淤方法及对环境影响较小的挖泥船清淤方法。第二，利用湿地，创建海绵型新城镇。海绵城市建设，既可简化城市河道管理工作的流程和工作量，还有利于黑臭河道治理。第三，鼓励企业在周边建设集中型景区，并承担保护、治理既定分段河道的任务，引导企业参与河道生态治理。第四，运用数字化网络智能技术，创新河道治理设计、管理和监督方式。第五，通过修建水利工程强化水资源调配能力。在满足当地用水前提下，提升水体调配能力，解决缺水地区用水问题。

（五）控制外来污染源

首先，在生活污水的排放上，要加强雨污分流管网建设和污水处理设施建设，实现污水达标排放。同时惩处生活废水随意倾倒行为，严抓污染河道的不良行为。建设垃圾处理厂，推广垃圾分类，减少生活垃圾向河道排放的可能性。其次，在工业废水排放上，一方面强制企业采纳环保技术和设备，减少污水排放或实现达标排放。另一方面，加大工业废水违规排放惩处力度。通过联合职能部门治理和执法，确保工业废水达标排放。再次，在河道治理工程实施过程中，严格管护施工设备，保护其完好率，防止机器跑冒滴漏带来的环境污染。严格施工环境管理，严格执行建筑工程外侧搭建围护结构。建设耗材不可堆放在围护结构外侧，更不可随意倾倒在河道内。施工场地附近若有生活水源，应设置堤坝或者沟壕使其与生活水源分隔开，避免渗透造成生活水源污染。最后，规范施工中各类废弃物的处置。在项目设计阶段，对治理工程可能产生的各类废弃物进行预测、预估，根据废弃物的性质及项目现场实际情况，制定有效的处置措施。施工现场应设置专门的固体废弃物临时堆放地，落实污染防范措施和环保处置要求。建筑废料和废水及时依规处理，完工之后还应对弃渣场进行复耕或绿化。

参考文献

［1］王鹤：《河道综合治理措施分析》，《资源环境》2019 年第 3 期。

［2］熊坤杨：《生态河道治理模式及其评价方法研究》，《中国高新科技》2019 年第 39 期。

［3］王清波：《河道整治中常见的问题分析及应对措施》，《陕西水利》2018 年第 3 期。

［4］孙洁：《城市黑臭河道治理协同海绵城市建设管理探讨》，《经营与管理》2019 年第 3 期。

评 价 篇

Evaluation Section

B.7 中国生态治理评价模型及生态治理指数研究

郭春娜*

摘 要： 本文基于包括水环境、空气环境、污染处理、绿化环境、居民生活5个维度共20个指标的中国生态治理评价指数，对2010~2017年中国各省生态治理水平进行评价。研究表明：①中国生态治理水平及各维度都稳步提高，空气环境和水环境维度发展最好，居民生活和污染处理增幅最大。②生态治理水平及各维度发展水平在不同区域间、不同省市间都存在一定差距，但差距在缩小。③不同维度发展水平存在失衡但趋于缓解。

* 郭春娜，中山大学岭南学院博士后，主要研究领域为计量经济分析方法及应用、经济增长等。

关键词： 生态治理　指标体系　综合评价

一　引言

生态治理是国家治理的重要内容，党的十八大把生态文明建设放在突出地位，纳入中国特色社会主义事业“五位一体”总体布局之中，首次把美丽中国作为生态文明建设的宏伟目标，提出到2035年美丽中国目标基本实现。大力推进生态文明建设的总体要求是：树立尊重自然、顺应自然、保护自然的生态文明理念，把生态文明建设放在突出地位，融入经济建设、政治建设、文化建设、社会建设各方面和全过程，努力建设美丽中国，实现中华民族永续发展。以生态文明建设的总体要求为标准，对生态治理进程及面临的问题做系统、客观评估，是实现美丽中国的必然要求，具有重要的现实意义。

二　指标、数据与方法

（一）指标选择

生态文明建设的目标是：资源节约型、环境友好型社会建设取得重大进展，主体功能区布局基本形成，资源循环利用体系初步建立，单位国内生产总值能源消耗和二氧化碳排放大幅度下降，主要污染物排放总量显著减少，森林覆盖率提高，生态系统稳定性增强，人居环境明显改善。根据生态文明建设的总体要求，本报告构建的生态治理指数指标体系由水环境、空气环境、污染处理、绿化环境、居民生活共5个维度构成，包括20个二级指标，其中水环境包括6个指标、空气环境包括3个指标、污染处理包括3个指标、绿化环境包括5个指标、居民生活包括3个指标。

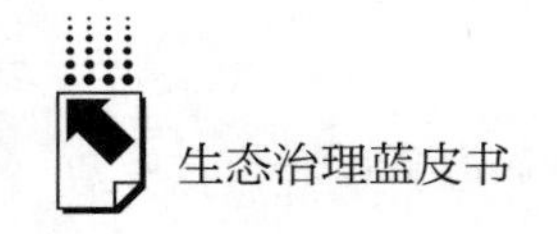

（二）数据与方法

各指标所用数据均来源于历年《中国统计年鉴》，根据数据发布情况和指标可获得性，在时间跨度上，指数覆盖2010～2017年；在地域范围上，指数覆盖31个省（市、区），不包括中国的台湾、香港和澳门。有些指标缺失个别年份或个别地区的数据，本文主要基于这些指标在其他年份或相应地区其他年份已有数据的年均复合增长率来推算插值。

由于数据的可得性，对于空气环境维度的各个分指标采用总量形式而非百分比形式，因此，在对指标标准化的时候不能将全国层面的指标和省级指标一起处理，本文只采用省级层面的数据测算各维度的值，然后将各省的平均值作为全国的值。对于省级层面的数据，为了使各省市生态治理指数跨年度可比以及跨省市可比，参照樊纲等（2003）和刘长全（2016）的研究，对各年度指标做标准化时统一使用基准年（2010年）的最大值和最小值。对于全国层面的数据，对各年度指标做标准化时统一使用所有年份的最大值和最小值。正向指标和反向指标的标准化方法为

$$\text{正向指标}: \widehat{x}_{i,t} = (x_{i,t} - \min x_{i,0})/(\max x_{i,0} - \min x_{i,0})$$
$$\text{反向指标}: \widehat{x}_{i,t} = (\max x_{i,0} - x_{i,t})/(\max x_{i,0} - \min x_{i,0})$$

其中，$x_{i,t}$表示t年第i指标的值，$\min x_{i,0}$和$\max x_{i,0}$分别表示基准年第i指标的最小值和最大值。标准化后，基期年份各指标的最高得分为1，最低得分为0，其他年份各指标的得分可能高于1或低于0。标准化后的指标得分经加权求和后得到总指数，基期年份的总指数在0～1分布，其他年份总指数可能高于1或低于0。

对于5个维度，采用均权法，5个维度各占20%的权重，每个维度下属的二级指标根据其给居民带来的重要性赋权。

对于水环境的各个指标，参考污水排放标准最高限值给每一个指标分别赋权，污水排放标准最高限值越低，说明与其他指标相比降低相同的幅度给人们增加的效用越大，因此赋权也就越大。废水中的三类主要污染物是无机

有毒污染物（主要是各种金属污染物）、有机无毒污染物（主要是需氧物）、有机油类污染物质（主要是石油类），以上三类污染物对人们的危害不同，排放最高限值也不同，因此，赋权也不同。

同样地，对于空气环境的各个指标，参考锅炉空气污染物排放标准GB23271－2014中空气污染物排放浓度限值，分别赋予权重，限值越低赋权越大。

对于污染处理、绿化环境、居民生活3个维度下的各个指标，都大致采用均权法处理，中国生态治理指数指标体系的构成及各指标的权重见表1。

表1　中国农村发展生态治理指数指标体系构成及权重

一级指标及权重		二级指标及权重		
一级指标	权重	二级指标	权重	单位
水环境	0.2	废水中镉排放量占比	0.25	%
		废水中六价铬排放量占比	0.2	
		废水中铅排放量占比	0.15	
		废水中砷排放量占比	0.2	
		废水中化学需氧量占比	0.1	
		废水中石油类排放量占比	0.1	
空气环境	0.2	空气环境中二氧化硫浓度	0.4	吨/亿立方米
		空气环境中氮氧化物浓度	0.35	
		废气中排放烟(粉)尘浓度	0.25	
污染处理	0.2	工业固体废物综合利用率	0.3	%
		城市污水处理率	0.4	
		生活垃圾无害化处理率	0.3	
绿化环境	0.2	自然保护区面积占辖区面积比重	0.2	%
		可利用草原面积	0.2	公顷
		地质公园面积	0.2	
		湿地总面积占国土面积比重	0.2	%
		森林覆盖率	0.2	
居民生活	0.2	燃气普及率	0.35	%
		农村卫生厕所普及率	0.3	
		农村沼气池产气总量	0.35	万立方米

全部20个二级指标的指标得分与指标权重之积的和（$\sum w_i \widehat{x}_{i,t}$）即为总指数。总指数也是5个维度得分之和，特定维度的得分是该维度上所有二级指标的指标得分与指标权重之积的和（$\sum w_i^j \widehat{x}_{i,t}^j$），其中，$w_i^j$是$j$维度第$i$个二级指标的权重，$\widehat{x}_{i,t}^j$是$t$年$j$维度第$i$个二级指标的得分。维度得分的变化与总指数变化的比值反映了该维度在农村发展水平变化中的贡献，由于各维度权重相同，不同维度发展水平的差异可以直接通过维度的得分进行比较。

三　主要发现

（一）全国层面生态治理水平发展变化及比较

1. 空气环境和水环境维度发展最好

各维度中，空气环境和水环境维度发展最好，2010～2017年的平均值分别是0.89和0.85，其次是污染处理和居民生活，平均值分别是0.79和0.52，最低的是绿化环境，平均值只有0.28，说明国家在生态治理过程中，对于环境污染的整治取得了良好的效果。

2. 全国生态治理水平稳步提高，居民生活和污染处理增幅最大

2010～2017年，全国生态治理总指数及各分维度指数均有所提高，生态治理总指数从2010年的0.64上升到2017年的0.69，上升了0.05。各分维度指数中，上升幅度最大的是居民生活和污染处理，分别从2010年的0.45和0.75上升到2017年的0.57和0.83，平均每年都上升0.01。其次是空气环境和绿化环境，分别从2010年的0.86和0.26上升到2017年的0.90和0.28。水环境在2011年和2012年达到最低值0.81后，稳步上升，其指数从2010年的0.86上升到2017年的0.87，尽管上升幅度不大，但仍然有所提高。总的来说，2010～2017年，全国生态治理总指数及各分维度指数均有所提高（见表2）。

从各分维度指数生态治理总指数增长的贡献看，居民生活和污染处理贡献最大，对生态治理总指数增长的贡献率分别达到48%和32%，其次是空气环境和绿化环境，对生态治理总指数的贡献率分别达到16%和8%，贡献最小的是水环境，对生态治理总指数的贡献率只有4%（见表2）。

3. 2016年以来，污染处理的贡献有所增加，绿化环境的贡献有所下降

2010～2015年，生态治理总指数和各维度分指数都有所上升，生态治理总指数从2010年的0.64上升到2015年的0.68，上升了0.04。各维度分指数中，上升幅度最大的是居民生活和污染处理，分别增加了0.11和0.05，其次是空气环境、绿化环境和水环境，分别增加了0.04、0.03和0.01。

2010～2015年，从各维度分指数对生态治理总指数的贡献看，居民生活和污染处理对生态治理总指数的贡献率最大，分别达到45.83%和20.83%，其次是空气环境和绿化环境，对生态治理总指数的贡献率分别达到16.67%和12.50%，贡献最小的是水环境，对生态治理总指数的贡献率只有4.17%（见表2）。

上述分析表明，与2010～2015年的增幅相比，2016～2017年污染处理的贡献有所增加，绿化环境的贡献有所下降，其他维度的生态治理总指数增长的贡献基本不变。

表2　全国各年生态治理指数及各维度指数

项目	水环境	空气环境	污染处理	绿化环境	居民生活	生态治理总指数
2010年	0.86	0.86	0.75	0.26	0.45	0.64
2011年	0.81	0.88	0.76	0.25	0.48	0.64
2012年	0.81	0.89	0.78	0.25	0.48	0.64
2013年	0.82	0.90	0.79	0.29	0.51	0.66
2014年	0.86	0.89	0.80	0.29	0.53	0.67
2015年	0.87	0.90	0.80	0.29	0.56	0.68
2016年	0.87	0.90	0.82	0.29	0.56	0.69
2017年	0.87	0.90	0.83	0.28	0.57	0.69

续表

项目	水环境	空气环境	污染处理	绿化环境	居民生活	生态治理总指数
2010～2017 年平均值	0.85	0.89	0.79	0.28	0.52	0.66
2010～2017 年增加值	0.01	0.04	0.08	0.02	0.12	0.05
2010～2017 年贡献率(%)	4.00	16.00	32.00	8.00	48.00	100.00
2010～2015 年平均值	0.84	0.89	0.78	0.27	0.50	0.66
2010～2015 年增加值	0.01	0.04	0.05	0.03	0.11	0.04
2010～2015 年贡献率(%)	4.17	16.67	20.83	12.50	45.83	100.00

（二）区域层面生态治理水平发展变化及比较

1. 四大区域的生态治理总指数都有所增加，东部地区依然领先，西部地区依然落后

计算出各区域各维度的得分（见表3），从中得到，从四大区域的生态治理总指数的比较情况来看，无论是2010年、2017年，还是2010～2017年的平均值，生态治理总指数最高的都是东部地区，其平均指数达到0.72，其次是中部和东北，其平均指数分别是0.67和0.65，西部地区最低，平均指数是0.62。

2010～2017年，四大区域的生态治理总指数都有所增加，但增加幅度与其基数呈反向关系：东部地区的生态治理总指数基数最大，但其上升幅度最小，西部地区的生态治理总指数基数最小，但其上升幅度最大，东部、中部、东北和西部指数的增加幅度依次递增，分别增加0.03、0.06、0.05和0.07，尽管东部增加得最少，西部增加得最多，但仍然一直保持东部地区生态治理水平领先，西部地区最后，中部和东北居中的状态，只是区域之间的差距在缩小，2010年东部地区生态治理指数比西部地区高0.12，到2017年这一差距缩小为0.08。

2. 四大区域的居民生活指数都有所增加，东部地区依然领先，西部地区依然落后

从四大区域的居民生活指数的比较情况来看，无论是2010年、2017

年，还是2010~2017年的平均值，居民生活水平最高的是东部地区，其平均指数达到0.64，其次是中部和东北，其平均指数分别是0.56和0.43，西部地区最落后，平均指数是0.41。

2010~2017年，四大区域的居民指数都有所增加，中部指数上升最大，增加了0.16，东部增加最少，增加了0.06，西部和东北分别增加了0.14和0.09。但仍然一直保持东部地区居民生活水平领先，西部地区最后，中部和东北居中的状态，只是区域之间的差距在缩小，2010年东部地区居民生活指数比西部地区高0.26，到2017年这一差距缩小为0.18。

3. 四大区域的绿化环境指数都有所增加，东北依然领先，西部地区依然最后

从四大区域的绿化环境指数的比较情况来看，无论是2010年、2017年，还是2010~2017年的平均值，绿化环境水平最高的是东北地区，平均指数达到0.38，其次是西部和中部，指数分别是0.35和0.22，东部地区最落后，平均指数是0.18。

2010~2017年，四大区域的绿化环境指数都有所增加，西部指数上升最大，增加了0.04，东部和东北增加最少，分别增加了0.02和0.01，但仍然一直保持东北地区绿化环境水平领先，东部地区最后，中部和西部居中的状态，只是区域之间的差距有所缩小，2010年东北地区绿化环境指数比东部地区0.19，到2017年这一差距缩小为0.18。

4. 四大区域的污染处理指数都有所增加，东部依然领先，西部地区上升幅度较快，排名有所提升

从四大区域的污染处理指数的比较情况来看，无论是2010年还是2010~2017年的平均值，污染处理水平最高的是东部地区，平均指数达到0.90，其次是中部和东北，平均指数分别是0.83和0.72，西部地区最落后，平均指数是0.70。

2010~2017年，四大区域的污染处理指数都有所增加，西部指数上升最大，增加了0.13，东北增加最少，增加了0.04。到2017年，尽管仍然保持东部地区最高的局面，但是，西部已经不再是最低。2010年的东部、中部、东北、西部依次递减变化为2017年的东部、中部、西部、东北依次递

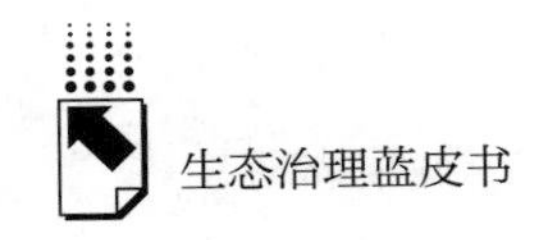

减，2017 年西部超过了东北，排名第三。

5. 四大区域的空气环境指数都有所增加，东部依然领先，西部地区上升幅度较快，排名有所提升

从四大区域的空气环境指数的比较情况来看，2010 年东部、中部、东北、西部依次递减，分别是 0.94、0.89、0.81、0.78。2010～2017 年的增加量看，西部最大，增加了 0.07，其他地区增加量大致相等，处于 0.02～0.03，到了 2017 年，尽管仍然是东部和中部最大，但西部地区超过东北，排名第三。

6. 水环境指数中，东北上升幅度最大，西部依然最低且略有下降

从四大区域水环境指数的比较情况来看，无论是 2010 年还是 2010～2017 年的平均值，水环境指数最高的是东部地区，平均指数达到 0.91，其次是东北和中部，指数分别是 0.91 和 0.80，西部地区最落后，指数是 0.79。

2010～2017 年，除西部的水环境有所下降外，其余区域均上升，2010 年，水环境指数从高到低排序依次是东部、中部、东北和西部。从上升幅度看，东北最大，上升了两位，由此，2017 年东北的水环境指数排名第一，然后依次是东部、中部和西部。

7. 东部地区多数指数最高，西部地区多数指数增幅最大

分维度来看，2017 年水环境、空气环境、污染处理、绿化环境、居民生活 5 个维度分指数及生态治理总指数中，空气环境、污染处理、居民生活和生态治理总指数最高的都是东部地区，绿化环境分指数排名前两位的是东北和西部地区，空气环境、污染处理和居民生活最低的都是东北地区，水环境维度的分指数最低的是西部地区。说明生态环境较好的地区是东部地区，东北以及西部地区仍然有待提高。

从增加值看，西部地区在空气环境、污染处理、绿化环境和生态治理总指标的增加值都是最大的，表明西部地区各项生态治理水平普遍得到较大提高，国家促进地区均衡发展、采取的环境保护与整治的措施在提升西部地区各项生态指标的作用是显著的。

表 3　分区域生态治理发展指数及维度分指数与变化

地区	指数类别	得分			排序		
		2010 年	2017 年	2010～2017 年平均值	2010 年	2017 年	2010～2017 年排序上升
东部	水环境	0. 92	0. 93	0. 91	1	2	-1
	空气环境	0. 94	0. 97	0. 96	1	1	0
	污染处理	0. 88	0. 93	0. 90	1	1	0
	绿化环境	0. 17	0. 19	0. 18	4	4	0
	居民生活	0. 60	0. 66	0. 64	1	1	0
	生态治理总指数	0. 70	0. 73	0. 72	1	1	0
中部	水环境	0. 84	0. 87	0. 80	2	3	-1
	空气环境	0. 89	0. 91	0. 91	2	2	0
	污染处理	0. 81	0. 86	0. 83	2	2	0
	绿化环境	0. 20	0. 22	0. 22	3	3	0
	居民生活	0. 47	0. 63	0. 56	2	2	0
	生态治理总指数	0. 64	0. 70	0. 67	2	2	0
东北	水环境	0. 84	0. 94	0. 91	3	1	2
	空气环境	0. 81	0. 83	0. 82	3	4	-1
	污染处理	0. 69	0. 73	0. 72	3	4	-1
	绿化环境	0. 36	0. 37	0. 38	1	2	-1
	居民生活	0. 38	0. 47	0. 43	3	4	-1
	生态治理总指数	0. 62	0. 67	0. 65	3	3	0
西部	水环境	0. 82	0. 80	0. 79	4	4	0
	空气环境	0. 78	0. 85	0. 84	4	3	1
	污染处理	0. 63	0. 76	0. 70	4	3	1
	绿化环境	0. 33	0. 37	0. 35	2	1	1
	居民生活	0. 34	0. 48	0. 41	4	3	1
	生态治理总指数	0. 58	0. 65	0. 62	4	4	0

8. 居民生活对总指数增长的贡献最大

图 1 给出了不同维度对总指数增长的贡献率，可以发现：东部、中部、西部三大区域中总指数的增长都主要来自居民生活维度的提升，这种特征在中部和西部呈现得更为突出，中部地区居民生活维度对总指数增长的贡献达到 60. 96%，在四个地区中是最高的，西部地区其次，居民

生活维度对总指数增长的贡献是40.90%。东北地区水环境对生态治理总指标贡献最大，达到41.53%，居民生活维度对总指数增长的贡献位居第二，是39.06%。

东部、中部、西部三大区域中，仅次于居民生活的都是污染处理，对生态治理总指数的贡献度分别是33.16%、18.25%、36.09%。

东部、中部、西部和东北，对生态治理总指数贡献度最小的分别是水环境、空气环境、水环境、绿化率，对生态治理总指数的贡献度分别是7.33%、7.08%、-4.77%和4.22%。

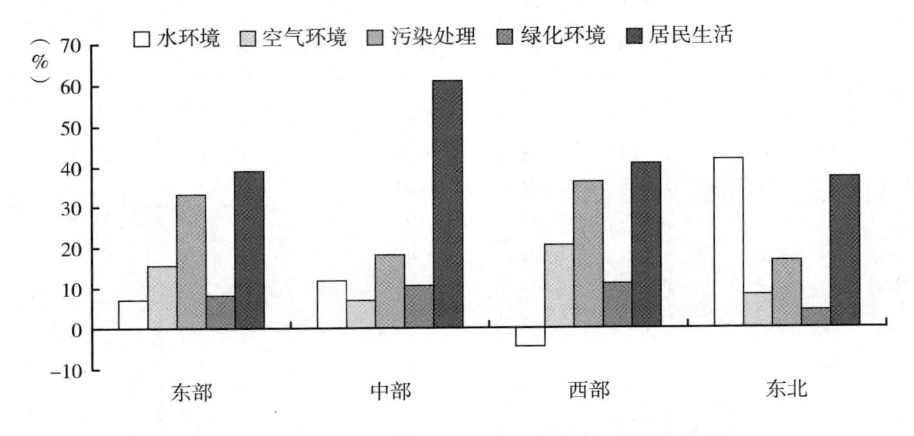

图1　2016年四大区域不同维度对总指数增长的贡献率

9. 东部地区和中部地区的维度间失衡最严重，西部地区的维度间协调性增加最快

用5个维度分指数的最高值与最低值的比值表示不平衡度，图2给出了各地区各维度的不平衡度，可以发现维度间发展水平失衡最严重的地区主要分布在东部地区和中部地区，最协调的地区是东北地区。东部、中部、西部和东北，不平衡度的平均值分别是7.08、4.73、3.51和3。

从2010年不平衡度的值看，维度间发展水平失衡最严重的地区主要分布在东部地区和中部地区，最协调的地区是东北地区，东部、中部、西部和东北不平衡度分别是7.43、5.2、4.65和2.97。

从2017年不平衡度的值看，维度间发展水平失衡最严重的地区主要分布在东部地区和中部地区，最协调的地区是西部地区，东部、中部、东北和西部不平衡度分别是6.85、4.58、3.21和2.48。

从2010年到2017年，最平衡的地区从东北转为西部，原因主要是西部地区的协调性增加，从2010年的4.65降低到2017年的2.48。

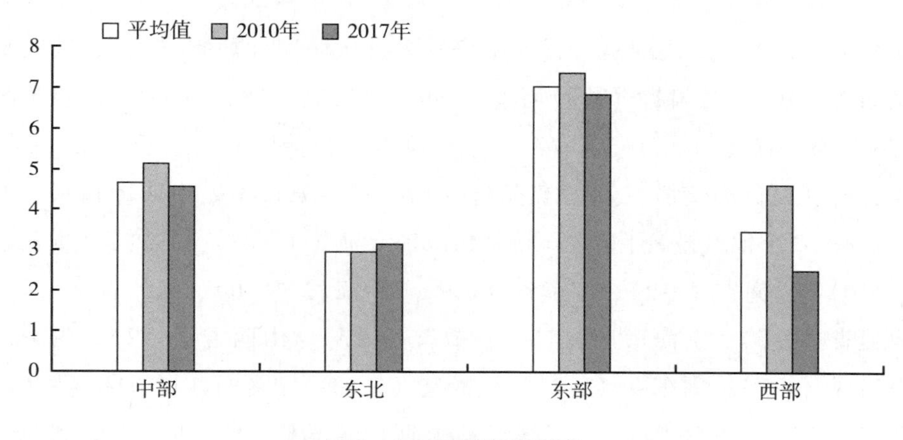

图2　各地区的不平衡度

（三）省级层面生态治理水平发展变化及比较

1. 各省市生态治理水平都有所上升

从各省市生态治理总指数的值看，从2010年到2017年，除河北省和云南省生态指数略有下降外，其他地区的指数均有提高，指数上升最多的地区是西藏自治区、甘肃省、贵州省，分别上升了0.13、0.13和0.11。

2. 东部省市生态治理水平依然领先，中西部省市生态治理水平依然落后

从2010~2017年的平均值来看，生态治理指数最高的10个地区是（括号中表示生态治理指数）山东省（0.76）、广西壮族自治区（0.75）、浙江省（0.74）、江苏省（0.74）、广东省（0.74）、四川省（0.73）、福建省（0.73）、天津市（0.72）、北京市（0.71）、上海市（0.71），这10个地区中除了广西壮族自治区和四川省外都是东部地区。生态治理指数最低的10

个地区是西藏自治区（0.35），其次是甘肃省（0.57）、贵州省（0.59）、宁夏回族自治区（0.60）、陕西省（0.61）、山西省（0.61）、新疆维吾尔自治（0.62）、青海省（0.63）、辽宁省（0.65）、江西省（0.65），这10个地区除了山西省和辽宁省外都是西部地区。因此，从2010～2017年的平均值来看，东部省市生态治理水平较高，西部省市生态治理水平较低。

从各省市生态治理指数的排序看，从2010年到2017年，有13个地区排名上升，上升最快的是（括号中表示上升次序）江西省（11），其次是湖南省（10）、甘肃省（9）、河南省（9）、湖北省（8）、广西壮族自治区（7）、四川省（6）、辽宁省（4）、新疆维吾尔自治区（3）、重庆市（2）、吉林省（1）、海南省（1）、贵州省（1）。这些省市多是中西部和东部地区。有16个地区排名下降，下降最快的是天津市（－11），其次是黑龙江省（－10）、云南省（－9）、广东省（－9）、浙江省（－6）、河北省（－5）、福建省（－5）、上海市（－3）、安徽省（－3）、山西省（－2）、内蒙古自治区（－2）、山东省（－2）、陕西省（－2）、宁夏回族自治区（－1）、北京（－1）、青海省（－1）。有2个地区排名不变，分别是江苏省和西藏自治区。

2010年，生态指数排序前10名是（括号中表示生态治理指数）山东省（0.75）、浙江省（0.72）、广东省（0.72）、天津市（0.71）、江苏省（0.70）、上海市（0.70）、四川省（0.70）、福建省（0.69）、广西壮族自治区（0.69）、北京市（0.69）。2017年，生态指数排序前10名是广东省（0.76）、山东省（0.76）、浙江省（0.76）、广西壮族自治区（0.75）、江苏省（0.75）、四川省（0.74）、福建省（0.74）、北京市（0.74）、天津市（0.72）、湖北省（0.72）。对比可以发现，2017年河北省取代上海市进入了前10名，上海市排名第12位。

2010年，生态指数排序后10名是（括号中表示生态治理指数）西藏自治区（0.32）、甘肃省（0.48）、贵州省（0.54）、陕西省（0.57）、新疆维吾尔自治区（0.57）、宁夏回族自治区（0.58）、青海省（0.60）、吉林省（0.60）、山西省（0.61）、辽宁省（0.61）。2017年生态指数排序后10名是西藏自治区（0.46）、甘肃省（0.61）、山西省（0.62）、陕西省（0.62）、宁夏回族自治区（0.62）、贵州省（0.64）、辽宁省（0.66）、吉林省（0.66）、新疆维吾尔自治区（0.66）、云南省（0.67）。对比可以发现，2017 年云南取代青海成了后 10 名。

上述分析说明，2010～2017 年，尽管中西部省市排名有所上升，但仍然一直保持东部省市生态治理水平较高、西部省市较低的局面（见图 3）。

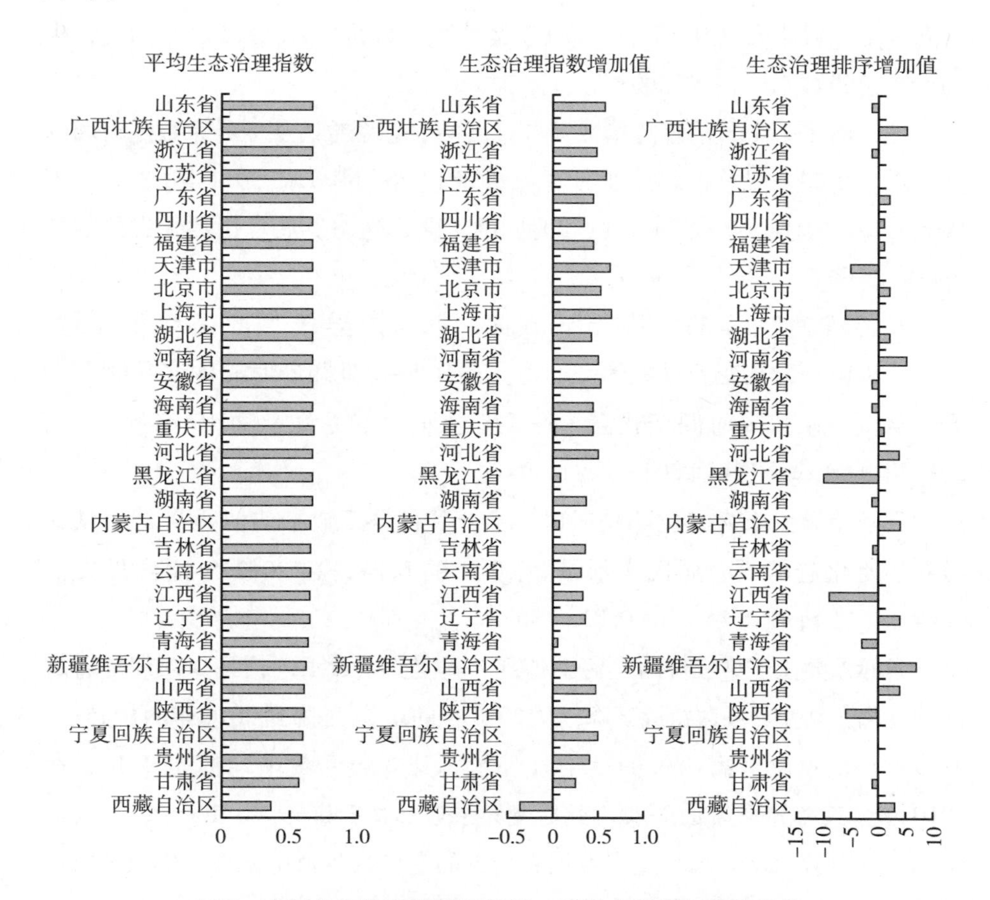

图 3　中国生态治理指数及 2010～2017 年指数与排序变化

注：图中排序变化为负表示排名下降，排序变化为正表示排名上升。

3. 绿化环境和居民生活在省际差异最大，生态治理总指数的省际差距最低且随时间略有下降

在省级层面，生态治理总指数的差距并不太大，且随着时间的变化略有下降。从2010年到2017年生态治理总指数平均值来看，生态治理发展水平最高的10个省市的总指数非常接近，位于0.71～0.76，生态治理总指数处于中间的11个省市的总指数也非常接近，位于0.65～0.70。生态治理总指数最低的10个省市有9个省市的总指数也非常接近，位于0.57～0.65。但西藏较低，其指数是0.35，明显低于倒数第二名的甘肃（0.57）。因此，生态治理总指数水平在省际的差距并不太大。

图4给出了生态治理总指数及各维度的变异系数，从变异系数随时间的变化看，生态发展总指数的变异系数从2010年的0.13，2011年的0.12下降到2016年的0.09，因此，随着时间的变化，生态发展总指数在省际的差异略有下降。

在各维度发展的省际差异方面，省际差异最大的是绿化环境，2010～2016年，其变异系数的平均值达到0.58，且随着时间的变化略有上升。从变异系数随时间变化看，绿化环境的变异系数从2010年的0.58、2011年的0.56上升到2016年的0.60。

省际差异位于第二位的是居民生活，其变异系数平均值是0.36，从随时间的变化趋势看，居民生活从2010年的0.37，在2012年达到最大值0.49后，下降到2015年的0.33。

省际差异位于第三位的是污染处理，其变异系数平均值是0.21，随着时间的变化，其变异系数持续下降，从2010年的0.25下降到2016年的0.15。

省际差异位于第四位的是空气环境，其变异系数平均值是0.14，在2010年，其变异系数是0.20，此后变异系数都处于0.11～0.13。

空气环境、水环境、生态发展总指数的变异系数都比较小，生态发展总指数最小，三者分别是0.14、0.13和0.12，这3个指数不仅平均值低，各年的值都很低。

从各指数随时间的变化看，2010～2016年，除了绿化环境的变异系数

从0.58上升到0.60外，其余指数的变异系数都有所减低，水环境、空气环境、污染处理、居民生活、总指数分别从2010年的0.13、0.20、0.21、0.37、0.13下降到2016年的0.11、0.11、0.15、0.36、0.09。

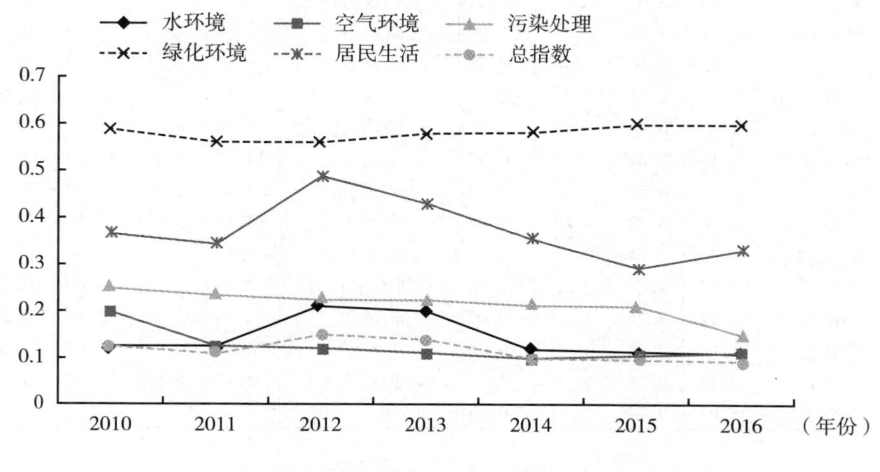

图4　2010~2016年各维度的变异系数

4. 上海、天津的维度间失衡最为明显，内蒙古自治区和江苏省协调性增加最快

用5个维度分指数的最高值与最低值的比值表示各维度发展的不平衡度，图5和表4给出了各地区的不平衡度。平均来看，上海市和天津市的不平衡度最大，不平衡指数分别是16.87和14.35，明显高于第三名宁夏回族自治区的9.81，四川省和新疆维吾尔自治区不平衡度最低，不平衡指数分别是2.40和2.38。2017年仍然是上海市和天津市的不平衡度最大，不平衡指数分别是15.73和14.26，青海省和内蒙古自治区不平衡度最低，不平衡指数分别是1.93和1.76。

与2010年相比，2017年大多数省市在5个维度的发展水平上变得更加协调，22个省市5个维度分指数的最高值与最低值的比值出现下降，降幅最大的省市是内蒙古自治区和江苏省，分别下降了4.97和3.29，另外8个省市比值出现上升，其中河北省比值上升幅度最大，上升了1.76。

表 4　各省市 5 个维度发展的不平衡度

省市	平均值	2010 年	2017 年	增加值	省市	平均值	2010 年	2017 年	增加值
安徽省	6.41	7.16	6.38	-0.78	辽宁省	3.34	3.42	3.63	0.21
北京市	5.62	5.96	5.42	-0.54	内蒙古自治区	3.22	6.73	1.76	-4.97
福建省	3.43	3.69	3.27	-0.42	宁夏回族自治区	9.81	10.23	10.43	0.20
甘肃省	3.21	3.51	2.42	-1.09	青海省	2.42	2.54	1.93	-0.61
广东省	3.35	3.54	3.06	-0.48	山东省	5.47	5.31	5.69	0.38
广西壮族自治区	3.08	3.65	3.34	-0.31	山西省	7.19	7.67	6.79	-0.88
贵州省	5.25	6.44	4.91	-1.53	陕西省	4.36	4.71	4.10	-0.61
海南省	4.14	3.86	4.35	0.49	上海市	16.87	18.47	15.73	-2.74
河北省	6.2	4.85	6.61	1.76	四川省	2.40	2.54	2.17	-0.37
河南省	4.96	5.82	4.87	-0.95	天津市	14.35	15.03	14.26	-0.77
黑龙江省	2.46	2.64	2.37	-0.27	西藏自治区	-3.16	—	-11.30	—
湖北省	3.59	4.54	3.26	-1.28	新疆维吾尔自治区	2.38	2.91	2.06	-0.85
湖南省	3.22	3.26	3.29	0.03	云南省	2.99	2.40	3.19	0.79
吉林省	3.20	2.85	3.30	0.45	浙江省	4.08	4.23	4.03	-0.20
江苏省	7.33	9.39	6.10	-3.29	重庆市	4.45	5.53	4.72	-0.81
江西省	3.03	2.74	2.89	0.15					

四　总结与思考

基于中国生态治理指数，本文对 2010～2017 年期间全国、区域（四大区域）和省级层面的生态治理水平进行了测算，并比较了地区间的差异及随时间的变化趋势。研究发现：①生态治理水平在全国、区域和省级三个层面继续稳步提高，除西藏外所有省区市的生态治理总指数及各维度分指数都有所增加，增幅最大的是居民生活，对生态治理总指数的贡献率最高。②不同区域之间生态治理水平及各维度都存在一定差距，空气环境和水环境维度发展最好，东部多数指标最高，西部多数指标增加最大，西部与东部地区的差距缩小。③绿化环境和居民生活在省际差异最大，生态治理总指数的省际差距最小。④从区域层面看，东部地区和中部地区的维度间失衡最严重，西部地区的维度间协调性增加最快。从省级层面看，上海、天津的维度间失衡最为严重，内蒙古自治区和江苏省协调性增加最快。从时间看，各区域及各省市维度间发展失衡问题趋于缓解。

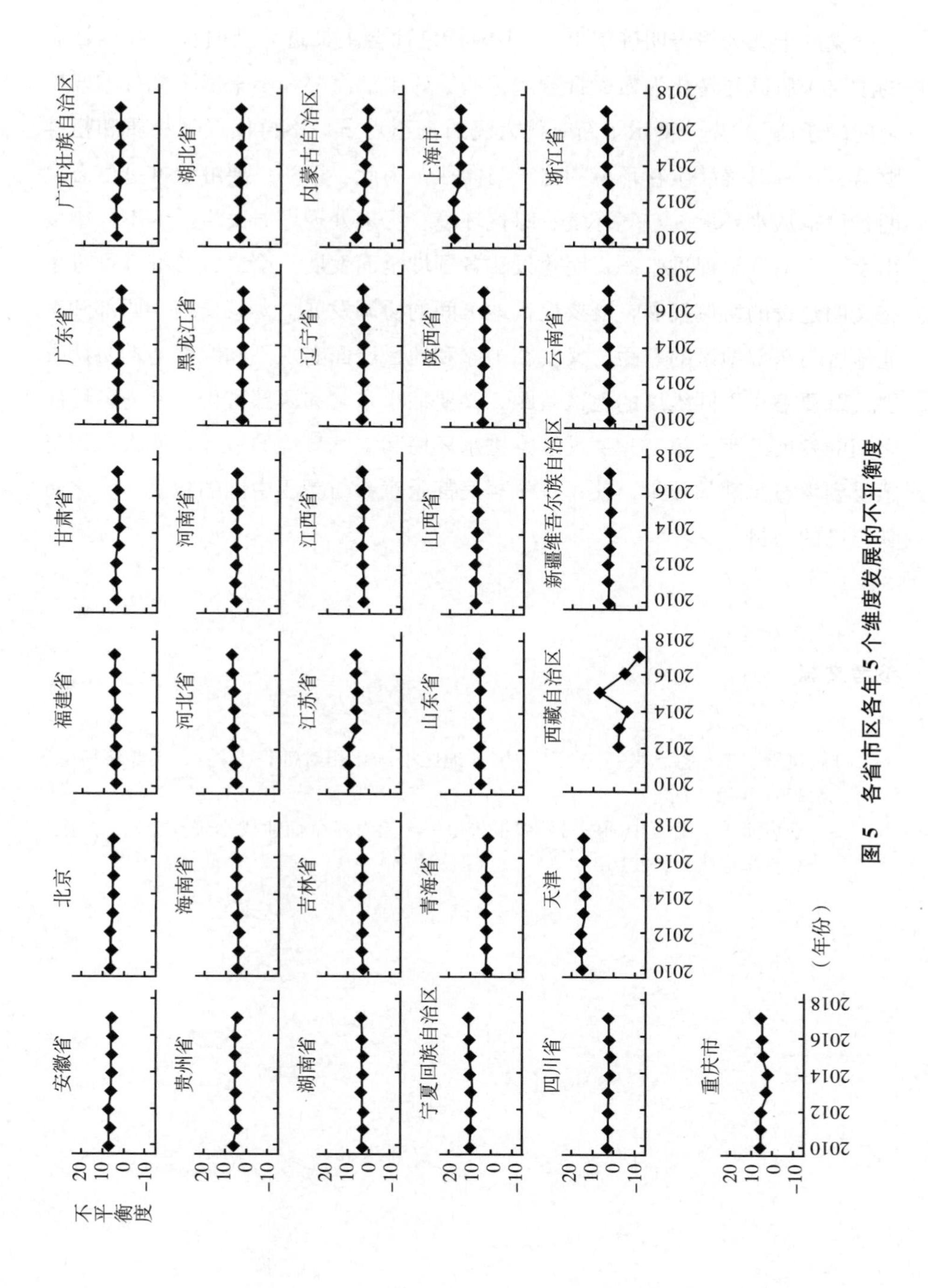

图5 各省市区各年5个维度发展的不平衡度

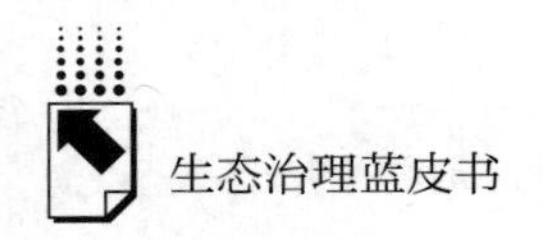

党的十九大报告明确指出，“中国特色社会主义进入新时代，我国社会的主要矛盾已经转化为人民日益增长的美好生活需要和不平衡不充分的发展之间的矛盾”，充分揭示了新时代人民的真正需求，不再仅仅是物质和精神财富，还有对美好生存环境的追求与向往。为此，第一，要继续推进生态文明建设，从水环境、空气环境、绿化环境、污染处理、居民生活等不同维度出发，多措并举促进生态文明建设，各领域全面发展。第二，要继续推进生态文明建设的协调发展，既要促进地区间的协调发展，尤其要缩小西部和东北地区与东部地区的差距，又要在国家和地区层面实现不同维度间的协调发展，既要缩小不同维度的地区差距，又要缩小东北和西部省份面临的各维度之间的发展差距。第三，要继续推进水环境和空气环境的治理，使人们切身感受到生态治理的效果，使每一位居民都乐意参与美丽中国的建设，为之贡献自己的力量。

参考文献

[1] 樊纲、王小鲁、张立文：《中国各地区市场化相对进程报告》，《经济研究》2003 年第 3 期。

[2] 魏后凯等主编《中国农村发展报告——聚焦农村全面建成小康社会》，中国社会科学出版社，2016。

制度与技术篇

System and Technology

B.8 中国生态治理现代化体系分析报告

谢慧明　强朦朦　胡子韬*

摘　要： 生态治理是一种旨在节约资源和保护环境，鼓励政府、企业和公众多方参与且有着自然和人类良性互动关系的新型治理方式。它不仅是生态文明建设的重要组成部分，也是实现绿色发展的重要途径。在大力推动生态文明建设进程中，构建现代化生态治理体系势在必行。本报告总结了生态治理现代化的理论内涵，梳理了生态治理现代化体系的发展沿革，从央地关系、制度改革、企业和公众四个方面着重分析了生态治理现代化的具体做法，从经济、生态和社会三个方面总结了生态治理现代化取得的成效。最后，从完善立法体制、改

* 谢慧明，宁波大学商学院教授，主要从事资源与环境经济学、旅游经济学等研究。强朦朦，浙江大学经济学院博士研究生，主要从事资源与环境经济学研究。胡子韬，宁波大学商学院硕士研究生，主要从事生态经济学研究。

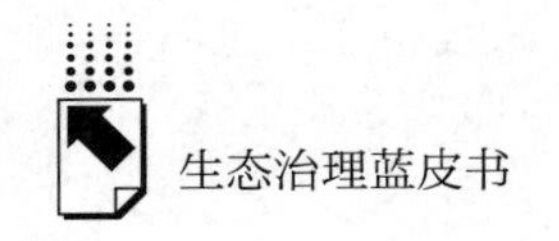

进评价机制、明确权责关系、建立多元参与机制和提高生态治理透明度等方面提出了进一步推进生态治理现代化体系的对策建议。

关键词： 生态治理　现代化　大数据

生态文明建设是中国特色社会主义事业的重要内容，是转变经济发展方式、提高发展质量和效益的内在要求，是突破人口、资源、环境与发展之间矛盾瓶颈制约的有效途径。中国生态环境问题十分突出、生态环境形势非常严峻、生态环境治理亟待加强，鉴于传统的治理模式已不能解决日益复杂的生态环境问题，生态治理现代化势在必行。只有构建起现代化的生态治理体系，才有可能应对未来更加繁杂的生态问题。本报告以中国生态环境部发布的年度工作报告为基础，梳理中国不同地区生态治理现代化实践情况，分析不同地区生态治理现代化实践的具体做法和创新模式，探讨中国生态治理现代化体系中可能存在的问题并提出相应对策建议。

一　生态治理现代化的内涵沿革

（一）生态治理现代化的理论内涵

生态治理能力不仅是中央政府和地方政府生态建设能力和生态管理能力等的集中体现，而且彰显了社会整体的素质和能力，包括企业、社团和公民，更多地刻画了社会公民的生态意识。在很长一段时间内，生态治理被认为是政府的责任，整个生态治理的重任由政府承担，而其他治理主体并不能很好地发挥协调作用。这一生态治理模式已难以为继，故生态治理现代化刻不容缓。国内大量学者对生态治理现代化展开了激烈讨论。概括来看，生态治理现代化的内涵包括以下几个方面。

第一，生态治理兼具前瞻性和包容性。生态问题往往被简单地认为是纯粹的生态环境问题，事实上它还包括与生态环境所联系的所有事物的关系，如经济增长、社会发展和民生关切等。要在社会经济发展的同时，坚持生态治理，解决生态问题，否则会重新走上欧美社会“先发展、后治理”的传统生态治理老路（俞可平，2016）。同时，生态治理不只是某个单一政府部门承担的工作，而是一项涉及全社会各方面的系统工程。在治理理念上，既要继承中国传统文化的智慧，又要融入现代科学的探索精神；不但要合理借鉴国外的成功经验，还要讲好中国故事。

第二，生态治理主体多元化。生态治理主体多元化，是指各个治理主体之间合作的多元化。十八届三中全会首次提出了“国家治理”的概念，从“国家管理”到“国家治理”的转变意味着生态治理主体也由一元转向了多元（朱芳芳，2011）。中央政府、地方政府、国有企业、民营企业、各类社团组织、人民群众都是治理主体。这就意味着治理权力不再集中在政府，更多的是政府与社会的合作、政府与市场的协调、政府内部更细致化的分工。

第三，生态治理体系制度化且更具综合性。一个成熟的生态治理现代化体系必然有着相应的法律制度做保障，以实现生态治理的现代化（田章琪等，2018）。现代化的生态治理体系包括制度体系规范化、制度体系高效化和制度体系法治化。

（二）中国生态治理体系发展沿革

在改革开放以前，人们普遍缺乏生态保护意识，发展才是第一要义，各项工作和活动均围绕发展展开。中国生态治理体系随着改革开放的进程逐步发展至今。整个发展历程大体可分为以下四个阶段。

第一阶段是传统生态治理体系的建设阶段（1978～1991年）。随着全党和全国工作重心转移到“以经济建设为中心”，环境保护法规和政策制度也随着环境形势的变化经历了一个从无到有的过程。资源环境法的相继颁布和一系列政策文件的相继出台，形成了传统生态治理的法律法规体系，奠定了生态治理的法律基础。1980 年《环境教育发展规划》纳入国家教育计划。1982 年，环境保护被纳入国民经济和社会发展计划之中。1983 年，环境保护被写入政府工作报告。同年，在第二次全国环境保护会议上，环境保护成为中国的基本国策之一。1989 年，全国环境保护会议提出了“三同时、三统一”的环保目标和“努力开拓有中国特色的环境保护道路”的决定（孙大发等，2018）。1991 年，国家教委把环境科学列为一级学科。这些工作都标志着中国传统生态治理体系从无到有且往制度化和正规化的方向发展。

第二阶段是传统生态治理体系加速发展阶段（1992～2002 年）。这一阶段的特点在于环境保护战略发生转变，各类环境保护细则出台。自 1992 年以来，关于环境污染控制和自然资源保护的法律及法规细则开始密集出台。1996 年，国家环保局环境管理体系审核中心成立，实施了 ISO4000 系列标准。1997 年，《国务院关于环境保护若干问题的决定》等法律法规明确了要大力发展环境保护产业，并予以环境保护产业减免税收等系列优惠政策。2002 年，《国家产业技术政策》要求对传统产业进行技术改造并推进高新技术产业发展。除了生态治理体系更加完善以外，这一阶段更有里程碑意义的事件是排污许可制度试点。1992 年，全国除西藏等少数地区外，开展排放水污染物许可证制度试点，并选择太原和柳州等 6 个城市开展大气排污交易试点（周宏春、季曦，2009）。市场机制的引入标志着生态治理现代化体系萌芽。

第三阶段是生态治理现代化体系建设阶段（2003～2011 年）。这一阶段的生态治理有三个特点：一是执法力度加大。从 2003 年开始，国家出台正式的企业环保法，对企业偷排等违法违纪行为进行严控。二是产业政策配合生态治理。2004 年，财政部和国家税务总局发布关于停止焦炭和炼焦煤出口退税的紧急通知。2005 年，发改委等七部门联合发文，控制部分高耗能、高污染和资源性产品出口，停止部分高耗能产品的出口退税。三是环境保护政策与科学发展观。雾霾是这一阶段最醒目的污染事件，也引起了全社会对生态问题的重视。

第四，加速建设生态治理现代化体系阶段（2012～2019年）。2012年，党的十八大首次提出“大力推进生态文明建设”。《中共中央国务院关于加快推进生态文明建设的意见》于2015年正式出台；同年10月，生态文明建设首度被写入国家五年计划。2018年3月，第十三届全国人民代表大会通过宪法修正案，将生态文明建设加至国务院行使职权之中（罗金泉等，2003）。从具体生态治理实践看，中国在2013年进行了空气质量监测数据的实时公开，环境信息公开快速在全国范围推进，辅以空气质量排名等政策创新，保障了社会公众的知情权和监督权。2015年1～2月，全国实施“按日计罚”的罚款总额高达1238.96万元，实施查封、扣押案件高达527件。2015年7月1日，实施环保督察制度并在河北正式试点。到第二批生态环保督察完成“回头看”问责2177人。这标志着生态环境保护工作方式由“督企”向“督政”转变。2016年9月，省级以下监测和监察机构垂直管理改革指导意见发布，中央办公厅、国务院办公厅印发流域环境监管和行政执法机构设置试点方案。一系列改革举措致力于解决体制机制问题，让生态环境保护效率更高且动力更强（张云飞，2018）。同年11月，《控制污染物排放许可制实施方案》正式印发，这对于将区域性总量控制转型到服务于环境质量改善有着至关重要的作用。

二　生态治理现代化的具体做法

（一）以央地两级法治体系为保障

现代治理体系的核心是法治，通过建立相应的法律和制度，在生态领域实行法治。生态治理关系到每个人的切身利益，影响到社会经济生活的方方面面（李晓西等，2015）。因此，在保障各利益主体和行为主体的权利时，要建立起不同的社会约束和行为准则。中国与环境相关的法律数量并不少，大约占所有法律总量的1/10。完善生态立法是生态治理最基本、最主要和最有效的手段。这就要求从宪法保障到普通法保障，从综合法保障到专门法保障，从公法保障到私法保障，并形成有机联系、相互协调的统一整体。

不同的生态问题需要不同的法治体系保障。以草原生态治理的法律体系建设为例，国家和内蒙古等地方政府就草原生态治理的法制体系建设提供了重要经验。20 世纪 70 年代，内蒙古草原由于过度开发、生态治理投入不足、生态观念意识薄弱等因素，草原的生态环境遭到了严重破坏（刘利珍等，2017）。针对这一问题，首先，《中华人民共和国宪法》第 9 条第 2 款、第 10 条第 5 款和第 26 条提出了国家对生态环境保护的目标和要求，规定了环境保护的任务和内容（刘国利，2015）。其次，1985 年正式通过并于 2013 年修订的《中华人民共和国草原法》针对草原资源保护进行了规定。再次，《国务院关于加强草原保护和建设的若干意见》《草原防火条例》《野生植物保护条例》等由国务院、环境保护部、农业部等有关部门制定，主要针对草原生态保护和治理。这些法律法规直接对地方政府具有约束力，还能为地方政府进行生态治理立法和执法提供指导。最后，内蒙古自治区根据《中华人民共和国草原法》等相关法律法规，结合内蒙古草原的实际情况，制定了一系列草原保护的地方性法规和规章，例如《内蒙古自治区草原管理条例》《内蒙古自治区基本草原保护条例》《内蒙古自治区草原管理条例实施细则》等（郭晓岚，2016）。已有 30 多部地方性法规和规章相继出台，共同组成了内蒙古草原生态治理的法律依据。

（二）以创新生态治理方式为核心

生态问题往往呈现出来源复杂、范围广、危害大等特点，需要各政府部门之间、各地方政府之间相互协调合作。实践证明，一些生态治理方式已不能承担现阶段加快推进生态文明建设的历史重任。因此，必须要在生态治理方式上发挥想象力，根据不同生态问题的自身特点，设计并创新相应的生态治理方式，满足解决现实生态问题的需要。

跨区域生态补偿机制就是根据流域生态问题的特点所设计的多元生态治

理主体共同协调治理的生态治理方式。中国流域生态补偿案例有很多，有由中央政府提供专项基金的补偿项目，例如“南水北调”工程、“三北”与长江上游防护林工程等，也有以地方政府为主导的，例如汤浦水库库区补偿、福建省流域下游补助上游等（郑海霞，2006）。近年来，最具典型意义的案例是新安江流域生态补偿实践。新安江流域生态补偿具体措施可分为三个部分：一是加强新安江流域跨界断面水质监测，收集更为可靠翔实的统计数据。二是设立新安江流域水环境补偿资金，以跨界断面水污染综合指数作为上下游补偿依据。三是明确分工，协调试点工作。财政部负责新安江流域水环境补偿资金监管，环境保护部负责组织两省开展水质监测工作，安徽和浙江两省负责各自补偿资金的落实（王金南等，2016）。首长负责制是又一类重要的生态治理方式创新，主要针对“九龙治水”问题。在河流管理中，存在着各式各样的部门与部门、区域与区域和区域与部门之间的矛盾。以至于出现生态问题时，权责划分混乱，无法找到有关部门开展有效的生态治理，究其根本是生态管理体制的失灵，河长制便是在这样的背景下产生的。“河长”们的主要任务是水资源保护、河湖水域岸线管理保护、水污染防治和水环境治理等。

（三）以企业生态治理为抓手

企业是生态治理的主体之一，政府应鼓励和支持企业承担社会责任并形成相关的制度。企业参与生态治理的方式多种多样，政府应引导高能耗、高污染企业根据现有绿色技术实现企业的绿色转型。中国的钢铁行业作为典型的高能耗、高污染行业，在大力推荐生态文明建设阶段取得了显著成效（廖中举等，2016）。

河钢和宝钢等企业采用了焦化全流程环境友好技术、余热回收技术等绿色制造创新技术，实现了绿色发展，完成了生态转型（江志刚等，2005）。例如，河钢的绿色发展战略在节能减排方面产生了明显的效果；宝钢则通过技术创新降低二氧化硫、煤气的污染气体排放（王新东等，2018）。

除了引导企业自身完成生态治理，企业还能直接参与生态治理。企业可以成为生态治理的投资主体，利用自身优势整合治理资源。这不仅能够降低生态治理的成本，还能实现生态治理和企业利益的耦合。以宁夏美利纸业集团推出的“林纸一体化战略”为例，美利纸业集团出资，在中卫、中宁种植了100万亩速生林，将企业的产业链条延伸到了林木种植业。速生林的种植不仅让美利纸业减少了对麦草浆的原材料依赖，还有效地保障了原材料来源（谢丽霜，2002）。同时，以树木浆为原料的纸张品质更优。宁夏美利纸业集团的延长产业链策略不仅为企业谋求了长期收入和长效发展，还参与了宁夏地区荒漠化的生态治理。鄂尔多斯的伊泰集团也积极响应国家大力建设生态文明的号召，投资10亿元建设300万亩碳汇林基地，积极承担企业的社会责任。

（四）以公民参与治理为导向

推进中国生态治理现代化不仅要求政府创新立法、完善执法、加强企业参与，更要求全社会都参与生态文明建设的进程。随着城镇化进程的加快，公民个人的非生态化生活方式和日常行为对生态环境破坏和影响日益明显。对于生态问题，人们往往只有当周围的环境遭受威胁时才会展开行动，被迫改变自身的行为方式。公民参与可以说是生态文明建设的最后一环，也是关键一步。在治理生态问题的过程中，将公民参与作为生态治理现代化的导向，可以起到事半功倍的效果。基层管理改革源于两种力量，一种是自上而下的行政力量，另一种则是自下而上的社会力量（柯伟等，2016）。因此，公民参与的实践措施主要有两个。

一是建设生态社区。推进社区治理，是更深层次的发动群众，要求完善公民参与机制，建设以人与自然和谐共处为核心的新型生态社区（徐君，2012）。广州市在推进社区生态治理现代化中进行了不少探索和实践（黄安心，2014）。比如，通过绿地等大型工程项目的生态规划，引导公民低碳环保出行；支持建设社区家庭服务中心等社区服务基本队伍和设施建设，构建多元化社区服务体系。2009年9月，广州市委、市政府出台《关于学习借鉴香港先进经验推进社会管理改革先行先试的意见》，明确了多元化社区服务方向。2011 年 7 月，《关于加快街道家庭综合服务中心建设的实施办法》在广州市实施。该办法要求到 2011 年底，广州市所有条件成熟的街道都要开展家庭综合服务中心建设。

二是培养生态公民。生态公民是指人与自然的和谐作为其核心理念与基本目标，依法享有生态环境权利和承担生态环境义务的人（周慧，2008）。通过公民自觉的生态化行为，减少对生态环境的破坏，实现人与自然和谐共处，是生态公民养成的本质目标。生态问题严重会影响公民的日常生活，进而唤醒公民的生态意识。如广州市番禺区垃圾处理场事件和厦门 PX 项目环境维权事件等。垃圾分类是中国较早且全民参与的生态治理，其中在上海市取得了较好效果，并引起了广泛的社会关注。上海市先后出台了《上海市区生活垃圾分类收集、处置实施方案》《上海市单位生活垃圾处理费征收管理暂行办法》《上海市生活垃圾计划管理办法》《上海市容环境管理条例》以及"绿色账户"的激励制度。"上海绿色账户"是一项以促进垃圾分类、回收再生资源、倡导低碳生活为主题的生活垃圾分类减量激励措施，其实施原则是"分类可积分、积分可兑换、兑换可获益"，以期吸引居民主动、正确地参与垃圾分类（吴健忠等，2016）。

三　生态治理现代化的成效分析

（一）经济效应

生态治理的现代化缓和了生态问题所带来的资源环境约束，解放了生产力，产生了较为明显的经济效益。以现代化生态治理体系解决生态问题所获得的经济效益远远大于走"先污染，后治理"的传统治理模式（黄瑾如，1993）。

根据图 1 可知，在生态治理的不同阶段，人均 GDP 增长的速度都有所不同。生态治理的现代化带来了更快的经济增长。这一点中国的县域地区取得的成就尤为瞩目。以浙江省丽水市下辖的龙泉为例，这是一个地处浙闽边境、典型的“九山半水半分田”的山区城市。在20世纪80年代，尽管其地处深山，工业化程度不高，但环境污染的问题依然十分严重。龙泉市矿山多，有砷矿、铅锌矿、金矿等，污染也是以矿山废水和有机污染为主。2003年以来，龙泉市按照浙江省委、省政府的“八八战略”部署，从“千万工程”到美丽乡村建设，再到美丽乡村建设升级版，美丽建设成效显著（陈潇奕，2019）。除了推动美丽乡村建设外，更在于坚守传统技艺——龙泉青瓷和龙泉宝剑，高规格举办“世界青瓷大会”，大力推广龙泉青瓷文化产业。坚持绿色发展，推动农业生态化，构建龙泉特色的生态高效精品农业体系。

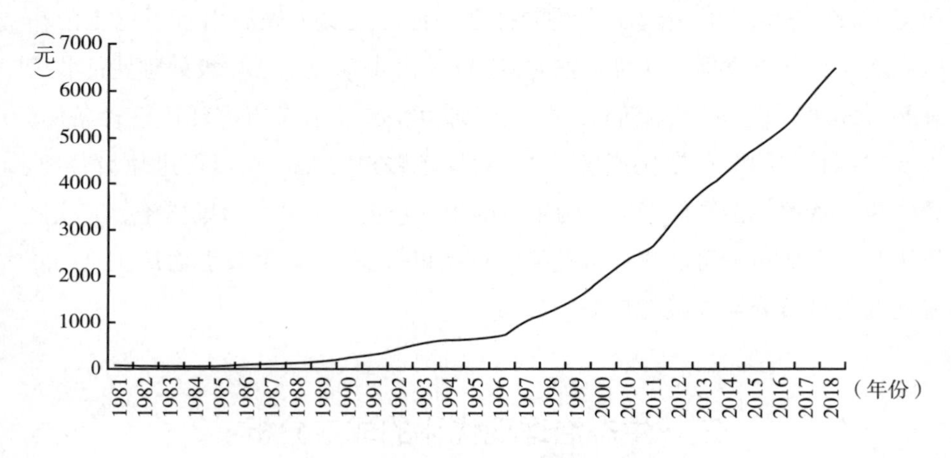

图1　1981～2018年全国人均国内生产总值

（二）生态效应

从生态治理的结果来看，取得的成果是喜人的。一方面，生态治理现代化体系开始取得初步成果。根据图2可知，2018年，全国121个地级及以上城市空气质量达标，占全部338个样本城市的35.8%，比2017年提高6.5%；值得指出的是，217个城市空气质量超标，占比略高。338个城市平均优良天数比例为79.3%，比2017年上升1.3个百分点。发生重度污染1899天次，比2017年减少412天。

除了空气质量的适当改善外，水质也得到了改善。2018 年，全国 1935 个水质断面中，Ⅰ~Ⅲ类水体占比为71.0%，比 2017 年提高 3.1%；劣Ⅴ类占比为6.7%，比 2017 年下降 1.6%。海洋环境方面，除了黄海劣Ⅴ类水质海域面积相比 2017 年增加，渤海、东海和南海劣Ⅴ类水质面积均减少。根据图 3 可知，2013～2017 年，全国入海排污口达标排放率总体呈现上升趋势。

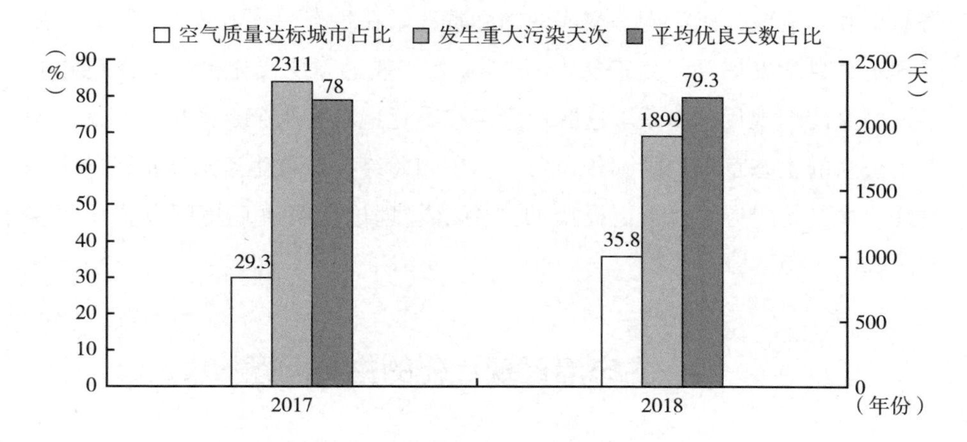

图 2　2017 年和 2018 年全国城市空气质量

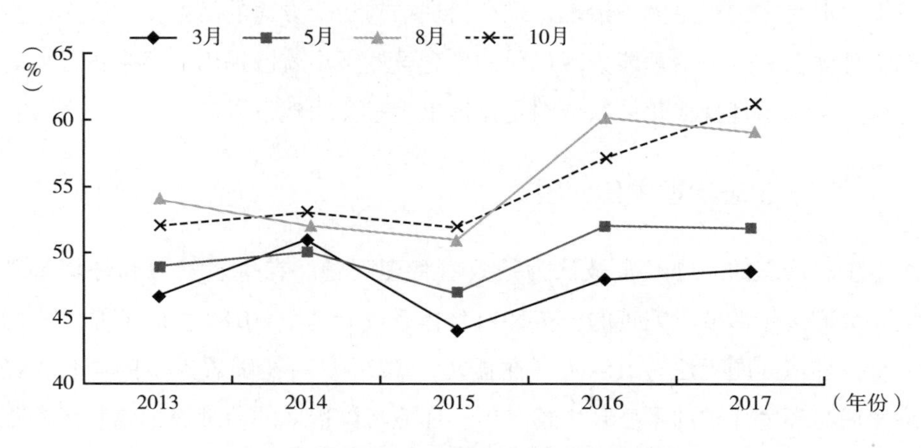

图 3　2013～2017 年全国入海排污口达标排放率

全国固体废物进口总量2263万吨，比2017年下降46.5%。国家级自然保护区增加474处。整体推进大规模国土绿化行动，完成造林绿化1.06亿亩，恢复退化湿地107万亩。

（三）社会效应

生态治理现代化体系的社会效益集中表现在完善顶层设计、提高全民生态意识和切实履行建设生态文明的国际责任。在生态治理实践中，可持续发展理论、科学发展观、生态文明及“两山”理论等现代化治理观念已逐步融入国家治理现代化体系。这些理念潜移默化地转变为公众的生态观念，激发了公众的生态意识。国际化视角下，中国始终在践行生态文明治理的大国责任。尤其是习近平总书记提出的“两山”理论为解决环境问题提供了坚实的理论支撑。

四 生态治理现代化的主要问题

中国生态治理现代化体系虽然在经济、生态和社会三个方面取得了不错成绩，但是在治理主体、治理方式和治理结构三个方面的问题依然突出。生态治理体系和生态治理能力现代化的概念虽然很早就已提出，但真正开始着力构建生态治理现代化体系依旧是在提出生态文明建设以后。

（一）生态治理主体问题

生态治理的问题经常被认为是政府管理问题。在生态资源和环境管理上，政府逐步形成了完善的分工和监督体系（徐春，2018）。但单靠政府的力量，环境问题无法有效解决（沈佳文，2016）。一是随着人口的增长，经济发展与环境保护的矛盾越来越突出。环境污染造成的治理成本随着污染程度的加剧呈现出指数增长态势。二是政府之手并不是万能的，在某些领域是低效的甚至是失灵的。公民、企业、政府等多元生态治理主体机制还没有形成。政府的主导作用过强不利于企业的对话协商，无形中也打击了企业参与环境治理的积极性，滋生出很多无形的对抗（吴兴智，2010）。

（二）生态治理方式问题

生态治理法规与生态治理实践的不匹配是生态治理方式的突出问题（余敏江，2011）。首先，两者在生态治理对象上是不匹配的。生态治理的法律法规多是针对水、大气、固体废弃物等不同的污染物进行单独立法，但现实中的环境问题却是各种污染的复杂组合。这既不利于生态问题治理的统一，也可能导致法规之间的冲突。其次，上级法律法规与下级条例的分离。中国的法律体系一般是由中央或省级政府进行顶层设计，而市级或县级政府制定实施细则。由于下级政府权力较小且可能存在掣肘现象，很多细则并不完善。最后，地方政府立法与自身环境问题的不匹配。地方政府在生态治理时多是参考统一的法律法规，但这可能与自身实际不匹配。

（三）生态治理结构问题

首先，需要协调好中央政府和地方政府的分工。在生态治理法律法规的制定上，中央政府更多的是给出宏观意见，颁发指导性、原则性的法律法规（陆昱，2018）。地方政府是依照中央政府的指导制定具体措施。然而，大量的生态治理措施并没有具体化。其次，各个部门之间和各个地方政府之间的协调问题。现阶段生态环境管理体制是国务院统一领导、环保部门统一监管、各部门分工负责。与环保相关的投资、国际条约谈判、可持续发展规划、气象公布、森林防护和污水处理、海洋污染和面源污染治理、土壤保护等分别由财政部、外交部、发改委、气象局、林业局、海洋局、农业部、建设部、水利部、国土资源部等协作完成，机构改革适当地改变了这一“错综复杂”的格局。如何明确各部门权责，协调各部门完成生态治理目标，防止管理机构重复设置都是需要重新审视的。除此以外，协调工作还需要在各个地方政府之间展开。中国东中西部各省区之间生态治理协调问题十分重要，譬如东部污染产业能否向中西部转移等都是需要深思熟虑的。最后，县域治理和社区治理作为生态治理结构中的最后一环，也是需要被重视的。在县域治理和社区治理中，各个部门可在协商基础上按新的投入机制模式对社区进行支持，不再按照过去行政分块加补贴的方式来执行项目（史云贵等，2018）。

五 生态治理现代化的主要对策

基于生态治理现代化体系中治理主体、治理方式和治理结构的问题，推进生态治理体系现代化的对策主要从构建多元协商机制、完善法律法规和提高信息透明度这三个维度出发，重点策略包括完善立法、强化执法、多元参与、透明监督等。

（一）完善立法体制，夯实生态治理的法律基础

生态法律制度是生态治理体系的重要组成部分，是生态治理实践的重要前提和依据。生态治理的制度体系是否系统和完整，是否具有先进性和创新性，在一定程度上代表和决定了生态文明建设水平和生态治理能力的高低（杨美勤等，2016）。

第一，要做好生态治理制度的顶层设计。生态治理是全局性问题，涉及不同的治理对象、不同的治理环境、不同的治理主体。因此，生态治理制度的顶层设计需要兼具整体性、协调性、系统性，同时对于不同的地区和环境问题要设计出具有针对性的法律法规。

第二，增强生态治理的立法思维。在立法中，要坚持创新、协调、绿色、开放、共享“五个发展”理念，要深刻认识到生态文明建设与经济建设、政治建设、文化建设、社会建设是“五位一体”的，要注重生态立法与其他立法的紧密关联。

第三，要强化市场制度的内在驱动和激励作用。要加快环境税费改革，增加环境污染成本，倒逼企业绿色转型。要不断健全可能反映环境资源稀缺性和

价值的生态补偿和排污权交易制度，激励企业对绿色技术的投资。

第四，提升生态处罚力度需要增强企业和居民的环保意识，提高违规企业的处罚金额。需要让企业和居民意识到污染环境并不仅仅是道德问题，而是法律问题。

（二）改进评价机制，激发生态治理的积极性

一方面，改变以往唯 GDP 论，构建绿色生态的政绩考评体系，把资源和环境保护绩效纳入干部考核清单中，通过改变政绩考核的方式，激发官员生态治理的积极性。要定期实施环保督察机制，做到环保“回头看”，约谈和追究不作为的政府干部，努力克服政绩考核方式过于单一、主体过于集中等弊端，把政绩评估的权力交给人民，使发展的绩效最终体现在人民的满意程度上（保建云，2000）。

另一方面，生态治理评价工作也需要改进。一是要实现生态治理过程的良性循环，必须建立开放的生态治理评价机制。要完善环境信息公开制度，有关部门需要定期反馈环境治理进展，公示环境违规事件的处理，接受民众和其他社会公益组织的监督。二是需要设立专门的生态治理会计项目，定期向社会各界公开财务使用状况。自觉接受监督，确保生态治理资金“取之环境，用之环境”，保证资金来源的公开透明，预防可能的贪腐行为，增强政府公信力。三是引入第三方机构，定期对政府生态治理绩效进行评估。对于环境治理问题，政府不能既当运动员又做裁判员。对于复杂的生态治理项目，需要第三方机构进行评估，以确保过程的独立性、客观性和公正性。依据评估结果，进行适当奖惩。

（三）明确权责关系，规范不同主体的生态治理行为

生态治理中的治理主体越位、缺位和错位以及治理对象的不完整，都源于治理主体权责关系的混乱。只有明确权责关系才能运用法律有效规范地方政府的生态治理行为，并明确其他相关主体的参与治理行为（林建成等，2015）。

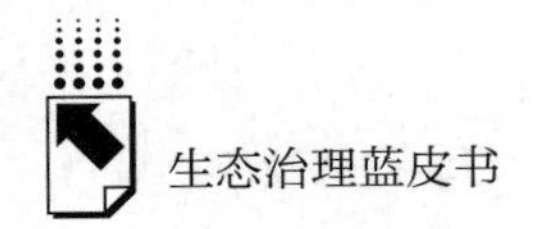

第一，理顺和界定清楚政府部门的权力关系。明确政府各部门的权力关系，一是方便各个部门各司其职，增强治理效率；二是防止出现“九龙治水”局面，避免生态治理中的互相推诿；三是有利于截断生态治理的利益链条，防止出现不同部门之间的合谋行为，以杜绝“寻租”的可能。第二，明确规定地方党委政府、环保部门、相关部门的治理职权范围。改革地方政府的政绩考核观，提高生态治理绩效的评估比重，激励地方官员的积极性。第三，明确企业和社会组织参与生态治理的职责权限范围。这既需要明确“哪些不应该做”，又要明确“哪些可以做”。在加强对企业排污行为监督的同时，适当向市场和社会主体放权，以达到生态治理的共享共治。

（四）建立多元参与机制，努力实现生态治理的共享共治

生态治理失灵既可能是“政府失灵”，也可能是“市场失灵”，“政府失灵”问题更为突出。政府失灵是指其所提供的公共服务无法满足生态治理现实的需要。面临越来越复杂的生态问题，政府需要注重市场和社会主体在生态治理的角色定位。环境污染主体的多元化及环境污染对不同主体的复杂影响决定了环境治理需要协商合作和协同增效。

首先，需要打通参与渠道，使不同的主体有平等交流的平台。政府、企业、民众、公益组织等不同主体在生态治理上有着不同的优势，生态治理的现代化需要取长补短，需要多元化生态治理方式，需要将政府的常态治理扩展到危机治理进而提高治理效率。

其次，积极运用市场手段。生态问题的根源在于外部性。需要不断完善生态补偿、环境补贴、环境税收、排污权交易等制度，需要厘清企业、民众与生态环境的利益关系，需要通过市场化手段消除环境的“外部性”。

最后，需要建立企业和社会组织的生态治理培育孵化机制。限于企业和社会组织参与生态治理的能力与水平，政府部门要适度放权，不断强化对企业和社会组织生态治理机构的孵化与培育工作，以逐步提升其生态治理能力（董珍，2018）。

（五）提高生态治理透明度，积极引导公众参与，加强社会监督

生态治理的出发点和落脚点都是为了满足人民群众对美好生活的需要。环境与民生的关系决定着生态治理需要建立良好的公众参与制度。一方面，加强生态环境信息公开平台建设。要建立环境问题的“信访”平台，鼓励公民对环境污染事件的舆论监督和社会监督。尤其在互联网时代，需要结合智能技术，让公民对于环保问题“有处可说”（陈小燕、李敏纳，2017）。另一方面，要提高生态治理的透明度。政府需要通过专家论证会、社会圆桌会议、信息公开等不同途径向公众传递环境治理情况，增强政府公信力和民众参与环保决策的积极性（赵芬等，2017）。

参考文献

［1］俞可平：《如何推进生态治理现代化?》，《中国生态文明》2016 年第 3 期。

［2］朱芳芳：《中国生态现代化能力建设与生态治理转型》，《马克思主义与现实》2011 年第 3 期。

［3］田章琪、杨斌、椋埏淪：《论生态环境治理体系与治理能力现代化之建构》，《环境保护》2018 年第 12 期。

［4］孙大发、樊孝萍、袁彭春等：《浅谈中国改革开放四十年环境保护理论与实践的探索》，《湖北林业科技》2018 年第 5 期。

［5］周宏春、季曦：《改革开放三十年中国环境保护政策演变》，《南京大学学报（哲学社会科学）》2009 年第 1 期。

［6］罗金泉、白华英、杨亚妮：《改革开放以来中国环境政策的变革及启示》，《中国科技论坛》2003 年第 2 期。

［7］张云飞：《改革开放以来我国生态文明建设的成就和经验》，《国家治理》2018 年第 48 期。

［8］李晓西、赵峥、李卫锋：《完善国家生态治理体系和治理能力现代化的四大关系——基于实地调研及微观数据的分析》，《管理世界》2015 年第 5 期。

［9］刘利珍、霍建平：《内蒙古草原生态环境法治保障研究》，《内蒙古电大学刊》2017 年第 6 期。

［10］刘国利：《论内蒙古草原生态法律保护机制的完善》，《赤峰学院学报（汉文哲学社会科学版）》2015 年第 10 期。

[11] 郭晓岚：《浅析内蒙古草原法律法规体系的完善》，《法制博览》2016 年第 18 期。
[12] 郑海霞：《中国流域生态服务补偿机制与政策研究》，中国经济出版社，2006。
[13] 王金南、王玉秋、刘桂怀等：《国内首个跨省界水环境生态补偿：新安江模式》，《环境保护》2016 年第 14 期。
[14] 廖中举、李喆、黄超：《钢铁企业绿色转型的影响因素及其路径》，《钢铁》2016 年第 4 期。
[15] 江志刚、张华、但斌斌：《钢铁企业实施绿色制造技术的策略研究》，《冶金设备》2005 年第 2 期。
[16] 王新东、田京雷、宋程远：《大型钢铁企业绿色制造创新实践与展望》，《钢铁》2018 年第 2 期。
[17] 谢丽霜：《论西部荒漠化治理中的企业参与——以宁夏为例的分析》，《中央民族大学学报（哲学社会科学版）》2002 年第 6 期。
[18] 柯伟、张劲松、吕海涛：《原子化：公民参与生态治理的障碍及破解》，《福州大学学报（哲学社会科学版）》2016 年第 5 期。
[19] 徐君：《街政治理创新的公民参与机制——以北京市为例》，《北京行政学院学报》2012 年第 4 期。
[20] 黄安心：《生态社区与新型社区治理生态化——兼论推进广州市新型社区治理模式生态化变革的策略》，《城市观察》2014 年第 4 期。
[21] 周慧：《生态文明视野下生态公民养成机制研究》，《云南民族大学学报（哲学社会科学版）》2008 年第 1 期。
[22] 吴健忠、周旭捷、严小芳等：《上海城市垃圾分类减量绿色账户制度的成效与优化建议》，《上海大学学报（自然科学版）》2016 年第 2 期。
[23] 黄瑾如：《山区城市的环境污染及其保护措施——以浙江省龙泉市为例》，《环境污染与防治》1993 年第 3 期。
[24] 陈潇奕：《浙江龙泉：打造美丽乡村样板》，《民族大家庭》2019 年第 2 期。
[25] 徐春：《环境治理体系的主体间性问题》，《理论视野》2018 年第 2 期。
[26] 沈佳文：《推进国家生态治理体系和治理能力现代化的现实路径》，《领导科学》2016 年第 6 期。
[27] 吴兴智：《生态现代化：反思与重构——兼论我国生态治理的模式选择》，《理论与改革》2010 年第 5 期。
[28] 余敏江：《论生态治理中的中央与地方政府间利益协调》，《社会科学》2011 年第 9 期。
[29] 陆昱：《生态治理现代化：理念、能力与体系的重构》，《中共成都市委党校学报》2018 年第 1 期。
[30] 史云贵、孟群：《县域生态治理能力：概念、要素与体系构建》，《四川大学

学报（哲学社会科学版）》2018 年第 2 期。
[31] 杨美勤、唐鸣：《治理行动体系：生态治理现代化的困境及应对》，《学术论坛》2016 年第 10 期。
[32] 保建云：《生态环境保护的经济动因与制度安排——渤海污染治理典型案例分析》，《生态经济（中文版）》2000 年第 3 期。
[33] 林建成、安娜：《国家治理体系现代化视域下构建生态治理长效机制探析》，《理论学刊》2015 年第 3 期。
[34] 董珍：《生态治理中的多元协同：湖北省长江流域治理个案》，《湖北社会科学》2018 年第 3 期。
[35] 陈小燕、李敏纳：《从生态管制到生态共治："互联网 +"时代的生态治理现代化转型》，《环境保护与循环经济》2017 年第 5 期。
[36] 赵芬、张丽云、赵苗苗等：《生态环境大数据平台架构和技术初探》，《生态学杂志》2017 年第 3 期。

B.9

沙漠生态治理技术及治理效果评价

高广磊*

摘　要： 荒漠化是当前全球面临的一个重要且亟待解决的生态环境和社会经济问题，严重地威胁着人类的生存和发展。本报告详细介绍了沙漠生态治理领域封沙育林育草、飞播造林种草、人工造林种草和机械沙障等主要的生物和工程治沙技术措施，基于全国荒漠化和沙化土地监测结果，评价了我国荒漠化和沙化土地治理的主要成就，提出了沙漠生态治理领域存在的主要问题，展望了沙漠生态治理领域的发展趋势。报告有助于增进对我国沙漠生态治理的理解。

关键词： 沙化土地　生态治理技术　效果评价

一　引言

荒漠化是指包括气候变异和人类活动在内的种种因素造成的干旱、半干旱和亚湿润干旱地区的土地退化。全球干旱地区土地面积超过60亿公顷，广泛分布于63°N至55°S之间的亚洲、欧洲、非洲、南美洲、北美洲和大洋洲地区，约占地球陆地总面积的41.3%；全球约有21亿人口生活在干旱地区，约占全球人口总量的35.5%（Hassan et al.，2005）。在广袤的干旱半干旱地区，超过70%的区域发生着不同程度的土地荒漠化。荒漠化导致干

---

* 高广磊，北京林业大学水土保持学院副教授，主要研究领域为荒漠生态学、荒漠化防治技术。

旱、半干旱和亚湿润干旱地区农地、草原、牧场和林地的生物或经济生产力的复杂性下降或丧失，不仅造成沙漠扩张、沙尘暴频发和区域生物多样性丧失，而且造成土地质量下降，可利用土地面积减少，农牧业生产减产、绝收，加剧农牧民的贫困程度，同时危害公路、铁路、水库等基础设施安全。荒漠化严重破坏生态环境，威胁人居安全，是制约自然和人类社会经济可持续发展的重要生态环境问题之一（D' Odorico et al.，2013）。《Agenda 21》（21 世纪议程）将荒漠化与气候变化、生物多样性并列为全球三大优先行动领域。

中国是世界上荒漠化问题最严重的国家之一，在 35°～50°N，75°～125°E 之间，降水量小于 400～450 毫米的地区分布着大面积的荒漠化土地（Wang et al.，2008），涵盖新疆、内蒙古、宁夏、青海、甘肃、云南、海南、四川、河南、西藏、陕西、吉林、山东、北京、天津、河北、山西、辽宁等 18 个省（自治区、直辖市）的 508 个县（旗、区）（国家林业局，2015）。目前，我国有超过 4 亿人生活在荒漠化地区，每年因荒漠化造成的直接经济损失高达 1200 亿元（国家林业局，2015）。因此，荒漠化仍然是我国当前面临的最为严重而又亟待解决的生态环境问题。

二　沙漠生态治理技术

（一）生物治沙技术

1. 封沙育林育草恢复天然植被

封沙育林育草恢复天然植被是指在干旱半干旱地区原有植被遭到破坏或有条件生长植被的地段，实行一定的保护措施（设置围栏），建立必要的保护组织（护林站），把一定面积的地段封禁起来，严禁人畜破坏，给植物以繁衍生息的时间，逐步恢复天然植被的治沙方法，主要包括全封、半封和轮封三种类型。在封沙育林育草过程中，需要考虑的主要技术环节包括制定封育规划、进行封育设计（外业调查、内业设计）、封育实施、封育成效调查、建立固定标准地和建立技术管理档案。封育恢复植被是非常有效且成本最低的措施。据计算，封育成本仅为人工造林的1/40（旱植）到1/20（灌溉），为飞播造林的1/3，可在干旱、半干旱、亚湿润地区推广。封育同时可以人工补种、补植、移植和加强管理，加速生态逆转。植被恢复到一定程度可进行适当利用。

封沙育林育草面积大小与位置需要考虑实际需求和条件，封育时间长短要看植被恢复的情况。封育要重视时效性，封育区必须存在植物生长的条件，有种子传播、残存植株、幼苗、萌芽、根蘖植物的存在。如果不具备植物生长条件，则植物难以恢复。在以往植被遭到大面积破坏，或存在植物生长条件，附近有种子传播的广大地区，都可以考虑采取封育恢复植被的措施来改善生态环境。封育不仅可以固定部分流沙地，还可以恢复大面积因植被破坏而衰退的林草地，尤其是因过牧而沙化退化区。因此，这一技术在恢复建设植被方面有重要意义。

2. 飞播造林种草固沙

飞播是指使用飞机播种造林种草、恢复植被的技术，是治理风蚀荒漠化土地的重要措施，也是绿化荒山荒坡的有效手段，具有速度快、用工少、成本低、效果好的特点，尤其对地广人稀，交通不便，偏远荒沙、荒山地区恢复植被意义更大。

（1）飞播必须解决的技术问题。飞播植物种选择。流动沙丘迎风坡有剧烈风蚀，背风坡有严重沙埋。因此，飞播植物种子须易发芽、生长快、根系扎得深。地上部分有一定的生长高度及冠幅，在一定的密度条件下，能形成有抗风蚀能力的群体。同时，还要求植物种子、幼苗适应流沙环境，能忍耐沙表高温。

飞播种子发芽条件及种子处理。飞播在沙表的种子能否顺利发芽与地表性质、粗糙度、小气候及种子大小、形状等许多因素有关。种子发芽需要有一定的温度、水分条件和氧气。一般来说，飞播期温度较为适宜，氧气也仅需注意部分种子处理时的透气性。因此，种子发芽的关键是水分条件，这一点在飞播期中讨论。同时，在流动沙丘上，为防止某些体积大而轻的种子

（如花棒）被风吹跑发生位移，可进行种子丸化，即在种子外面包上一层黏土，使种子重量增加5~6倍。这种处理不影响种子发芽，但能大大提高种子抗风能力，防止位移，提高飞播成效。但是增加重量和体积对飞播来说也有其不利的一面。

飞播期选择。适宜的飞播期要保证种子发芽所必需的水分、温度条件和苗木生长足够的生长期，使种子能迅速发芽从而减少鼠害虫害，还能使苗木充分木质化以提高越冬率，并能保证苗木生长至一定的高度和冠幅，满足防蚀的需要。适宜播期还要考虑种子发芽后能避开害虫活动盛期，减少幼苗损失。为保证播后降雨，必须研究该区气候，搞清播期降雨保证率。利用气象站长期资料进行统计，以保证播后有雨和阴天使种子发芽。

飞播量的确定。播量大小影响造林密度、郁闭时期、林分质量、防护效益，在一定程度上决定着飞播成败。对流沙飞播来说，第一年幼苗密度影响到能否削弱风力，减轻风蚀，最终影响飞播成败。每种飞播植物当年生长季末都要达到一定高度和冠幅。要使沙丘由风蚀转变为沙埋，还要求苗木有一定密度。根据这一密度并参考其他因素合理确定播量是沙地飞播成功的关键因素之一。单位面积播种量，除必需的幼苗密度外，还要考虑种子纯度、千粒重、发芽率、苗木保存率和鼠虫害损失率等。

飞播区立地条件选择。飞播区立地条件是影响飞播成效的重要因素。一般来说，流动沙地可分为两大类型。一种是沙丘高大密集，沙丘间低地较窄，地下水较深；另一种是沙丘比较稀疏，丘间地较宽阔，地下水较浅。后者水分条件较好，飞播出苗率、保存率高，植株生长量大，易形成大面积幼苗群体，因而飞播成效高；前者则相反。

兔鼠虫病害的防治。飞播后，种子和幼苗常常受到兔鼠虫病害的威胁。如花棒等豆科植物种子受鼠虫害较严重，小面积播种受害率可能在90%以上，大面积播种种子受害率达13%~64%。花棒、杨柴发芽后受大皱鳃金龟子危害严重，该虫活动高峰正值种子发芽期。其幼虫在地下危害根系。兔害在播种当年结冻前及次年解冻后，可成片咬断受风蚀的幼株，受害率可达17%~31%。因此，对兔鼠虫害必须防治。

飞播区的封禁管护。飞播后，播区要严加封禁保护，防止人畜破坏。只有把播区封禁起来，幼苗才能顺利成长，并促进自然植被的恢复，加上飞播植物以后的更新，最终恢复播区植被。管护工作除保护播区防止人畜破坏，还可移密补稀。但需强调的是，飞播区也不能一封了之。一般来说，沙柳、杨柴、柠条、沙木蓼等常见沙生植物每3～5年需平茬复壮，若不平茬复壮则面临衰退死亡风险，可结合实际需求和条件适度利用。

（2）飞播作业。播前要做好各项准备工作，设计人员要绘制详细的飞播作业图和播区位置图提供给机组人员。飞播作业图应附作业计划表，标明按航带编号顺序的每架次植物种、播种面积、播量，各航带用种量，每架次装种量，作业方式。图上绘出播区位置桩号平面图。机组人员播前到现场踏察，熟悉情况，试航，然后可正式飞播。

航向是指播带方向，考虑到风对飞播的影响，航向应与主风向一致。作业方式为单程式、复程式、交叉式三种。根据播带长短、每架次播种的带数来确定飞行方式。

单程式：每架次所载种子仅单程播完一带。适用播量大、播带长的播区。复程式：每架次所载种子可往返播两带或多带，适用播量小、种子小的播区。交叉式：交叉播时，播种地覆盖两次种子，每次用种子一半，第二次和第一次成直角飞行，可保证种子分布更均匀。

影响播幅的因素很多，如果其他因子相同，航高提高可加大播幅。但是播小粒种子易受风速影响，故播幅要小，航高要低。籽蒿、沙打旺小粒种子，航高50～60米，大粒种子花棒航高70～80米。飞播撒种不均匀，中间密、两边稀，为提高均匀度，播带两边要增加20%～30%重叠系数。

3. 人工造林种草固沙技术

在荒漠化地区通过植物播种、扦插、植苗造林种草固定流沙是最基本的措施。流沙治理的重点在沙丘迎风坡，这个部位风蚀严重，条件最差，占地多，最难固定，解决了迎风坡的固定，整个沙丘就基本固定。经过研究与实践，在草原地区的流动沙丘迎风坡可通过不设沙障的直接植物固沙方法来解决。

（1）直播固沙。直播是用种子作材料，直接播于沙地建立植被的方法。直播在干旱风沙区有更多的困难，因而成功的概率相对更低。这主要是因为种子萌发需要足够的水分，但在干沙地通过播种深度调节土壤水分的作用却很小，覆土过深难以出苗；适于出苗的播种深度沙土极易干燥；播种覆土浅，风蚀沙埋对种子和幼苗的危害比植苗更严重，且播下的种子也易受鼠虫鸟的危害。直播也有许多优点，如直播施工远比栽植过程简单，有利于大面积植被建设。直播省去了烦琐的育苗环节，大大降低了成本；直播苗根系未受损伤，发芽生长开始就在沙地上，不存在缓苗期，适应性强。尤其在自然条件较优越的沙地，直播建设植被是一项成本低、收效大的技术。

在直播技术上，选择适宜的植物种、播期、播量、播种方式、覆土厚度，此外采取有效的配合措施就可以提高播种成效。就播期来看，春夏秋冬都可进行直播，生产的季节限制性比植苗、扦插小得多。但适宜的播期要求详见飞播期部分。我国西北 7 ~ 9 月降水集中，风蚀沙埋、鼠兔虫害均较轻，对直播出苗有利。但当年生长量较小，木质化程度低，次年早春抗风力弱，保苗力差。为延长生长季提至 5 月下旬至 6 月上旬，也有保证播种成功的降雨条件而获得好效果。

播种方式分为条播、穴播、撒播三种。条播按一定方向和距离开沟播种，然后覆土。穴播是按设计的播种点（或行距穴距）挖穴播种覆土。撒播是将种子均匀撒在沙地表面，不覆土（但须自然覆沙）。条播、穴播容易控制密度，因播后覆土，种子稳定，不会位移，种子应播在湿沙层中。条播播量大于穴播，以后苗木抗风蚀作用也比穴播强。如风蚀严重，可由条播组成带。撒播不覆土，播后至自然覆沙前在风力作用下，易发生位移，稳定性较差，成效更难控制，播大、圆、轻的种子需要大粒化处理。

播种深度即是覆土深度，这是一个非常重要的因素，常因覆土不当导致造林种草失败。一般根据种子大小而定，沙地上播小粒种子，覆土 1 ~ 2 厘米，如沙打旺、沙蒿、梭梭等。播大粒种子应覆土 3 ~ 5 厘米，如花棒、杨柴、柠条等，过深影响出苗。出苗慢的草树种实际上在沙地上播种

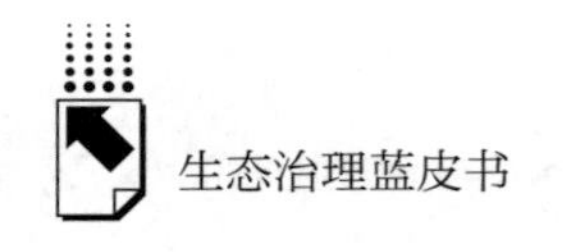

是不适宜的。

播量当然是一个重要因素，上述三种播种方式，撒播用种最多，浪费大。穴播用种最少，最节省种子。条播用种量居中。但这里讲直播固沙，需适当密些，播量要保证。

（2）植苗固沙。植苗（即栽植）是以苗木为材料进行植被建设的方法。由于苗木种类不同，植苗可分为一般苗木、容器苗、大苗深栽三种方法。此处只讨论一般苗木栽植固沙方法。一般苗木多是由苗圃培育的播种苗和营养繁殖苗，有时也用野生苗。由于苗木具完整的根系，有健壮的地上部分，因此，适应性和抗性较强，是沙地植被建设应用最广泛的方法。但从播种育苗、起苗、假植到运输、栽植，工序多，苗根易受损伤或劈裂，也易风吹日晒使苗木特别是根系失水，栽植后需较长缓苗期，各道工序质量也不易控制，大面积造林更为严重。常常影响成活率、保存率、生长量。因此，要十分重视植苗固沙造林的技术要求。

苗木质量。它是影响成活率的重要因素，必须选用健壮苗木，一般固沙多用一年苗。苗木必须达到标准规格，保证一定根长（灌木 30 ~ 50 厘米）、地径、地上高度。根系无损伤、劈裂，过长、损伤部分要修剪。不合格的小苗、病虫苗、残废苗坚决不能用来造林。

苗木保护。从起苗到定植前要做好苗木保护。起苗时要尽量减少根系损伤，因此起苗前 1 ~ 2 天要灌透水，使苗木吸足水分，软化根系土壤，以利起苗。起苗必须按操作规程保证苗根一定长度，机器起苗质量较有保证。沙地灌木根系不易切断，必须小心操作，防止根系劈裂。要边起苗边拣边分级，立即假植，去掉不合格苗木，妥善地包装运输，保持苗根湿润。

苗木定植。将健壮苗木根系舒展地植于湿润沙层内，使根系与沙土紧密结合，以利水分吸收，迅速恢复生活力。

一般多用穴植，要根据苗木大小确定栽植穴规格，能使根系舒展，并能伸进双脚周转踏实，穴的直径一般不小于 40 厘米。穴的深度直接影响水分状况，我国半荒漠及干草原沙区，40 厘米以下为稳定湿沙层，几乎不受蒸发影响。因此，穴深要大于 40 厘米。对于紧实沙地，加大整地规格对苗木成活和生长发育大有好处。

定植前苗木要假植好，栽植时最好将假植苗放入盛水容器内，随栽随取，以保持苗根湿润。取出苗木置于穴中心，理顺根系后填入湿沙，至坑深一半时，将苗木向上略提至要求深度（根茎应低于干沙表5厘米以下），用脚踏实，再填湿沙，至坑满，再踏实（如有灌水条件，此时应灌水，水渗完后）覆一层干沙，以减少水分蒸发。

（3）扦插造林固沙。很多植物具营养繁殖能力，可利用营养器官（根、茎、枝等）繁殖新个体。如插条、插干、埋干、分根、分蘖、地下茎等，在沙区植被建设中，群众采用上述多种培育方法。其中应用较广、效果较大的是插条、插干造林，简称扦插造林。扦插的优点是：方法简单，便于推广；生长迅速，固沙作用大；就地取条、干，不必培育苗木。适于扦插造林的植物是营养繁殖力强的植物，沙区主要是杨、柳、黄柳、沙柳、柽柳、花棒、杨柴等。尽管植物种不多，但在植被建设中作用很大，沙区大面积黄柳、沙柳、高干造林全是扦插发展起来的。

选插条（穗）。从生长健壮无病虫害的优良母树上，选1~3年生枝条，插条长40~80厘米，条件好用短插条，条件差用长插条；粗1~2厘米，于生长季结束到次年春树液流动前选割。用快刀一次割下，上端剪齐平，下端马蹄形，切口要光滑。

插条（穗）处理。立即扦插效果较好；插条采下后浸水数日再扦插有利于提高成活率。若插穗需较长时间存放，可用湿沙埋藏；用刺激素（ABT等）进行催根处理可加速生根，提高成活率，促进嫩枝生长。

造林季节和方法。一般在春、秋两季扦插，多用倒坑栽植，随挖穴随放入插条（勿倒放），后挖取第二坑湿沙填入前坑内，分层踏实。再将第三坑湿沙填入第二坑，如此效率较高。插深多与地面平，沙层水分较差及秋插低于地表3~5厘米。

（二）机械沙障治沙技术

机械沙障是采用柴、草、树枝、黏土、卵石、板条等材料，在沙面上设置各种形式的障碍物，以此控制风沙流动的方向、速度、结构，改变蚀积状况，达到防风阻沙、改变风的作用力及地貌状况等目的，统称机械沙障。机械沙障在治沙中的地位和作用是极其重要的，是植物措施无法替代的。在自然条件恶劣地区，机械沙障是治沙的主要措施，在自然条件较好的地区，机械沙障是植物治沙的前提和必要条件。通过多年来我国治沙生产实践的总结表明，机械沙障和植物治沙是相辅相成、缺一不可的，它们发挥着同等重要的作用。

1. 机械沙障的类型

机械沙障按防沙原理和设置方式方法的不同划分为两大类：平铺式沙障和直立式沙障。平铺式沙障按设置方法不同又分为带状铺设式和全面铺设式。直立式沙障按高矮不同又分为：高立式沙障，高出沙面 50～100 厘米；低立式沙障，高出沙面 20～50 厘米（此类也称半隐蔽式沙障）；隐蔽式沙障，几乎全部埋入与沙面平，或稍露障顶；直立式沙障按透风度不同分为透风式、紧密式、不透风式三种结构。

2. 沙障设计的技术指标

（1）沙障孔隙度。沙障孔隙度是指沙障孔隙面积与沙障总面积的比。孔隙度越小，沙障越紧密，积沙范围越窄，沙障很快被积沙所埋没，失去继续拦沙的作用。反之，孔隙度越大，积沙范围延伸得越远，积沙作用也大，防护时间也长。为了发挥沙障较大的防护效能，在障间距离和沙障高度一定的情况下，沙障孔隙度的大小，应根据各地风力及沙源情况来具体确定。一般多采用25%～50%的透风孔隙度。风力大的地区，沙源少的情况下孔隙度应小，沙源充足时孔隙度应大。

（2）沙障高度。一般在沙地部位和沙障孔隙度相同的情况下，积沙量与沙障高度的平方成正比。沙障高度一般设 30～40 厘米，最高有 1 米就够了。

（3）沙障的方向。沙障的设置应与主风方向垂直，通常在沙丘迎风坡设置。设置时先顺主风方向在沙丘中部划一道向轴线作为基准，由于沙丘中部的风较两侧强，因此沙障与轴线的夹角要稍大于90°而不超过100°，这样就可使沙丘中部的风稍向两侧顺出去。若沙障与主风方向的夹角小于90°，气流易趋中部而使沙障被掏蚀或沙埋。

（4）沙障的配置形式。沙障的一般配置形式有行列式、格状、人字形、雁翅形、鱼刺形等，主要是行列式和格状式两种。其中，行列式配置多用于单向起沙风为主的地区，格状式配置则多用于风向不稳定、除主风外尚有侧向风较强的沙区或地段。

（5）沙障的间距。沙障间距即相邻两条沙障之间的距离。该距离过大，沙障容易被风掏蚀损坏，距离过小则浪费材料，因此，在设置沙障前必须确定沙障的行间距离。

沙障间距与沙障高度和沙面坡度有关，同时还要考虑风力强弱。沙障高度大，障间距应大；反之亦然。沙面坡度大，障间距应小；反之，沙面坡度小，障间距应大。风力弱处间距可大，风力强处间距就要缩小。

（6）沙障类型及设障材料的选用。不同类型的沙障有不同的作用，选用沙障类型应根据防护目的因地制宜、灵活确定。如以防风蚀为主，则应选用半隐蔽式沙障；以载持风沙流为主的应选用透风结构的高立式沙障为宜。选用沙障材料时，主要考虑取材容易、价钱低廉、固沙效果良好、副作用小。一般多采用麦草、板条、砾石和黏土等较易取得的材料为主。

3. 沙障的设置方法

（1）高立式沙障。制作材料为用芨芨草、芦苇、板条和高秆作物等。设置方法如下：把材料做成70～130厘米的高度，在沙丘上画好线，沿线开沟20～30厘米深。将材料基部插入沟底，下部加一些比较短的梢头，两侧培沙，扶正踏实，培沙要高出沙面10厘米。最好在降雨后设置。

（2）活动的高立式沙障。制作材料为木板和铁钉。设置方法如下：用板做成不透风的沙障；以行列式的沙障为主；高度与高立式沙障近似；可以随风向的变化而随时移动位置。

（3）半隐蔽式草沙障。制作材料为麦秆、稻草、软秆杂草。设置方法如下：在沙丘上画线，将材料（麦秆、稻草）均匀横铺在线道上，用平头

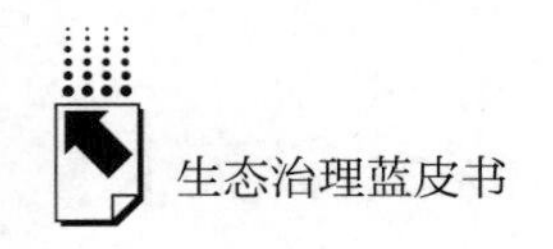

锹沿画线方向压在平铺草条的中段、用力下踩至沙层10～15厘米，然后从两侧培沙踩实。

（4）低立式黏土沙障。制作材料为黏土。设置方法如下：根据风沙流情况设计沙障规格，画线，然后沿线按程序设计堆放黏土，形成高15～20厘米的土埂，断面呈三角形。切忌出现缺口现象，以防掏蚀。

（5）平铺式沙障。制作材料为有黏结性或质地较坚硬的块状体。如黏土、砾石、砖头、瓦片、胶体物质、原油等。设置方法如下：将黏土或砾石块均匀地覆盖在沙丘表面，厚度可灵活掌握，一般5～10厘米，黏土不要打碎；砾石平铺沙障各块间要紧密地排匀，不可留较大的空洞，以免掏蚀。进行带状平铺时要按要求留出空带。

三　沙漠生态治理效果评价

新中国成立至20世纪末，我国的荒漠化和沙化土地面积始终呈增加趋势。特别是1994～1999年，荒漠化和沙化土地面积分别由262.21万平方公里和172.89万平方公里增加至267.41万平方公里和174.61万平方公里，达到历史峰值。进入21世纪以来，退耕还林还草工程、京津风沙源治理工程、天然林保护工程和“三北”防护林工程等重大林业生态工程相继开展并不断深入，各种生物和工程治沙技术措施被广泛应用于我国荒漠化和沙化土地治理实践，大量的荒漠化和沙化土地得到有效治理，土地荒漠化和沙化状况明显好转，呈现整体遏制、持续缩减、功能增强、成效明显的良好态势（国家林业局，2015）。截至2014年，我国荒漠化和沙化土地面积分别为261.16万平方公里和172.12万平方公里，与1999年相比，分别减少6.25万平方公里和2.49万平方公里，连续三个监测期出现荒漠化和沙化土地面积呈现“双缩减”趋势（见表1）。我国认真履行《联合国防治荒漠化公约》，采取切实措施积极治理荒漠化和沙化土地，在荒漠化和沙化土地防治领域取得的巨大成就得到了世界范围内的广泛认同和高度赞扬。

表1 我国荒漠化和沙化土地基本情况

项目		1994年	1999年	2004年	2009年	2014年
荒漠化土地	面积(万平方公里)	262.21	267.41	263.62	262.37	261.16
	占国土面积比重(%)	27.31	27.90	27.46	27.33	27.20
	变化量(万平方公里)		52000	-37924	-12500	-12120
	年均变化量(万公顷)		10400	-7585	-2500	-2424
沙化土地	面积(万平方公里)	172.89	174.61	173.97	173.11	172.12
	占国土面积比重(%)	18.01	18.19	18.12	18.03	17.93
	变化量(万平方公里)		17180	-6416	-8587	-9902
	年均变化量(万公顷)		3436	-1283	-1717	-1980

四 沙漠生态治理中存在的问题与展望

进入21世纪以来，尽管我国的土地荒漠化和沙化趋势整体得到初步遏制，荒漠化和沙化土地面积持续减少，但我国土地荒漠化和沙化的严峻形势仍未发生根本性改变，土地荒漠化和沙化防治工作依然面临着巨大的挑战（国家林业局，2015）。

（一）存在问题

（1）荒漠化和沙化土地面积广阔，治理任务艰巨。全国荒漠化土地261.16万平方公里，沙化土地172.12万平方公里。2000年以来，荒漠化土地仅缩减了2.34%，沙化土地仅缩减了1.43%，恢复速度缓慢。以现有技术评估，并考虑到全球变暖的影响，预计未来50年需要治理的荒漠化土地面积为$5.5 \times 10^5 \sim 10 \times 10^5$平方公里，若以每年$1.5 \times 10^4 \sim 2.2 \times 10^4$平方公里的治理速度计算，需要45~70年方可完成我国荒漠化土地的总体治理（Wang et al.，2012）。

（2）沙区生态系统脆弱，保护与巩固任务繁重。我国沙区自然条件差，自我调节和恢复能力差，植被破坏容易、恢复难。目前具有明显沙化趋势的土地30.03万平方公里，如果保护利用不当，极易成为新的沙化土地；已有效治理的沙化土地中，初步治理的面积占55%，沙区生态修复仍处于初级阶段，后续巩固与恢复任务繁重。

（3）沙区社会经济发展相对落后，人类活动造成局部土地荒漠化防治形势恶化。我国沙区社会经济发展基础相对薄弱，人地矛盾突出，生产方式相对落后，经营管理方式较为粗放，社会经济发展相对落后，贫困发生率显著高于国内其他地区。在社会经济发展过程中，开发建设活动极易破坏脆弱的生态系统，造成布局地区土地荒漠化防治形势的逆转和恶化。

（4）可利用水资源总量不足，水资源不合理利用、用水矛盾等问题突出。我国沙区地处西北内陆地区，气候干燥，降水稀少，可利用水资源总量严重不足。农业用水和生态用水、流域上中下游用水矛盾突出。同时，地表水资源过度开发造成沙漠化，超量开采地下水形成区域地下水位持续下降造成的原有植被退化和土地旱化等问题也亟待解决。

（二）展望

（1）进一步提升治沙科技研发水平，坚持实施精准治沙。科学技术是第一生产力，重视科学技术在防沙治沙工作中的重要作用，不断提升治沙科技研发和转化水平。同时，要树立精准治沙理念，精准施策、精准发力，切实把防沙治沙抓实抓细，对现有的沙化土地进行全面调查，摸清底数，真正搞清哪些是可以治理的，哪些是需要分域保护的，切实做到分类指导、分区施策，杜绝不讲科学、乱干盲干的现象。

（2）进一步落实主体责任，保护和巩固治沙成果。治沙成果全社会共享，但各级政府要切实落实治沙成果维护和巩固的主体责任，摒弃重营造、轻管理的错误思想，主动承担固沙植被的管理任务，加强固沙植被管理水平，杜绝人类活动的破坏。同时，要进一步落实固沙植被保护和管理的专项资金，切实推动治沙成果的保护和巩固。

（3）进一步促进沙产业发展，实现沙产业扶贫。贫困和沙化互为因果，土地沙化既是生态问题，也是贫困问题，防沙治沙必须服务国家战略，主动承担起生态惠民、促进精准扶贫的重要使命。一方面，要创造有利的条件，吸纳有劳动能力的贫困人口参与生态建设，为他们提供劳动岗位，增加劳动收入，实现脱贫致富。另一方面，要进一步利用沙区的资源，最少量消耗水资源，科学适度发展特色种植业、生态旅游业和新兴加工业等大产业，促进沙区经济发展、带动群众持续脱贫，实现防沙治沙和农民增收双赢。

（4）进一步优化水资源利用和调配，解决用水矛盾。严格贯彻落实国务院《关于实行最严格水资源管理制度的意见》，以水定田、以水定绿，实施退耕还水和关井压田，提高水资源利用效率，保障生态用水，切实解决水资源不合理利用造成的植被退化和土地沙化问题。统筹安排全流域生态平衡和经济发展的水资源，解决工、农、林、牧发展的用水矛盾，既要眼前的经济利益，也要长远的生态环境效益。

参考文献

[1] 国家林业局：《中国荒漠化和沙化状况公报》，2015。

[2] D' Odorico P., Bhattachan A., Davis K. F. et al., "Global desertification: Drivers and feedbacks," *Advances in Water Resources* 2013 (1).

[3] Hassan R., Scholes R., Ash N., "Ecosystems and human well-being: Current state and trends," *Island Press* 2005.

[4] Wang G. Q., Wang X. Q., Wu B. et at., "Desertification and its mitigation strategy in China," *Journal of Resources & Ecology* 2012 (2).

[5] Wang X. M., Chen F. H., Hasi E., "Desertification in China: An assessment," *Earth-Science Review* 2008 (3-4).

区域治理篇

Regional Governance

B.10
黄河流域生态保护和高质量发展的新使命、新挑战和新对策

李 群 缪子梅 沙 涛*

摘 要： 深刻理解黄河流域生态保护和高质量发展进入新的时代。积极迎接黄河流域生态保护和高质量发展面临新使命新挑战。要认真贯彻落实习近平总书记郑州“9·18”讲话精神，加强黄河治理保护，推动黄河流域高质量发展。要加强党对黄河流域生态保护和高质量发展的领导，建立沿黄九省区党委书记联席会议制度和相关协调机制。要从调整人的行为、纠正

* 李群，中国社会科学院数量经济与技术经济研究所研究员、博士生导师、博士后合作导师，中国林业生态发展促进会副会长，主要研究方向为经济预测与评价、当前经济社会发展热点问题。缪子梅，南京林业大学副校长、中国特色生态文明建设与林业发展研究院副院长、研究员，主要研究方向为高校教育管理、水资源规划和农业水土环境。沙涛，中国林业生态发展促进会秘书长，主要研究方向为生态治理。

人的错误行为出发，研究提出具体思路和措施，积极落实习总书记对黄河流域生态保护和高质量发展工作提出的五点要求。要进行顶层设计，抓紧编制国家中长期《黄河流域生态保护和高质量发展规划纲要》。要建立指标监测评价机制以及“源头严控”“过程严管”和“后果严惩”机制，促进黄河流域生态保护和高质量发展。

关键词： 黄河流域　生态保护　高质量发展

习近平总书记“3·14”重要讲话，系统精辟地论述了治水的战略意义，是新时代水利改革发展的治水总纲、指导思想和根本遵循。水，是生命之源、生产之要、生态之基。黄河是中华民族的母亲河，是中华文明的摇篮。2019年9月18日上午，习近平总书记在郑州主持召开黄河流域生态保护和高质量发展座谈会并发表重要讲话。他强调，要坚持绿水青山就是金山银山的理念，坚持生态优先、绿色发展，以水而定、量水而行，因地制宜、分类施策，上下游、干支流、左右岸统筹谋划，共同抓好大保护，协同推进大治理，着力加强生态保护治理、保障黄河长治久安、促进全流域高质量发展、改善人民群众生活、保护传承弘扬黄河文化，让黄河成为造福人民的幸福河。

黄河流域是我国重要的生态屏障和重要的经济地带，推动黄河流域生态保护和高质量发展，就必须深刻领会习近平总书记重要讲话精神，把党中央的决策部署落到实处。因此，面对黄河流域生态保护和高质量发展的新使命、新挑战，我们要有新担当新作为，为开创黄河流域生态保护和高质量发展新局面，撸起袖子加油干，努力研究提炼新对策新建议，用实际行动为母亲河献礼、向祖国母亲70华诞献礼。

一　黄河流域生态保护和高质量发展进入新的时代

自古以来，中华民族始终在同黄河水旱灾害做斗争。新中国成立后，党和国家对治理开发黄河极为重视。先是加修了黄河防洪大堤，解决了洪水灾害问题，之后到2000年小浪底水利枢纽一期工程竣工并发挥黄河水调蓄工作，解决了水荒问题。党的十八大以来，党中央着眼于生态文明建设全局，明确了“节水优先、空间均衡、系统治理、两手发力”的治水思路，特别是习近平总书记郑州“9·18”重要讲话，黄河流域生态保护和高质量发展进入了崭新的时代！[①]

（1）黄河流域生态保护和高质量发展是落实习近平总书记“3·14”重要讲话精神和推进我国经济社会发展和生态安全的需要。习近平总书记在2014年3月14日关于保障水安全讲话中明确提出最重要、最核心、最关键和最具有指导意义的一句话就是，治水要从改变自然、征服自然转向调整人的行为、纠正人的错误行为。“黄河宁，天下平。”推进黄河流域生态保护和高质量发展，转变治水主要矛盾，解决好流域人民群众特别是少数民族群众关心的防洪安全、饮水安全、生态安全等问题，不仅对经济社会发展和生态安全有保障，更重要的是对维护社会稳定、促进民族团结具有重要意义。

（2）黄河流域生态保护和高质量发展成为重大国家战略，黄河流域迎来“大治时代”。黄河流域生态保护和高质量发展，同京津冀协同发展、长江经济带发展、粤港澳大湾区建设、长三角一体化发展一样，是重大国家战略。黄河流域是中华文明的发祥地，是五千年华夏文明的根源所在，被誉为中华民族的“母亲河”。如今，黄河流域生态保护和高质量发展上升为国家战略，黄河流域由此也将迎来“大治时代”。全国涉林水高校科研院所也迎

① 《推动黄河流域生态保护和高质量发展》，《人民日报》2019年9月21日。

来黄河流域生态保护和高质量发展研究新高潮。①

（3）保护黄河是事关中华民族伟大复兴和永续发展的千秋大计。黄河是中华民族的母亲河。保护母亲河是事关中华民族伟大复兴和永续发展的千秋大计。上游是黄河流域重要的水源涵养区和补给区，要首先担负起黄河上游生态修复、水土保持和污染防治的重任，沿黄上游省区要在保持黄河水体健康方面先发力、带好头。中下游沿黄省区要推进黄河流域生态保护和高质量发展，下大力气“让黄河成为造福人民的幸福河”。保护黄河不仅是沿黄省区的事，它是事关中华民族伟大复兴和永续发展的千秋大计，意义非常重大。

二　黄河流域生态保护和高质量发展面临新使命新挑战

围绕总书记寄予的着力加强生态保护治理、保障黄河长治久安的重托，以敢于开拓创新的精神和甘于奉献追求科学的勇气，提高自主创新能力，应对“大治时代”黄河流域水土保持生态建设面临的新使命新挑战。

（1）习总书记对黄河流域生态保护和高质量发展工作提出了更高要求。习总书记在座谈会上就做好黄河流域生态保护和高质量发展工作提出五点要求，强调治理黄河，重在保护，要在治理；要坚持山水林田湖草综合治理、系统治理、源头治理，统筹推进各项工作；加强黄河生态保护；进行水沙调控保障黄河长治久安；推动水资源节约集约利用；推动黄河流域高质量发展，是亿万人民的共同愿望，是我们迈向高质量发展的必然要求。这五点要求成为“大治时代”黄河流域生态保护和高质量发展的“路线图”。

（2）黄河流域经济社会发展和百姓生活发生了很大的变化。黄河流域历史上是中华古文明发源地，历经数千年变迁尤其是北宋南渡之后，中国国家经济重心南移完成，自此以后中国北方以黄河流域为代表的广大地区在经

① 梁敏、于祥明、李苑等：《黄河流域生态保护和高质量发展上升为国家战略》，《上海证券报》2019年9月20日。

济社会发展方面长期弱于以长江流域为主体的南方地区。虽然黄河流域大部分位于我国中西部地区，经济社会发展相对滞后，但是，流域土地资源、矿产资源特别是能源资源十分丰富，在全国占有极其重要的地位，未来发展潜力巨大，经济社会持续发展对黄河治理开发与保护提出了新的更高要求。新中国成立后特别是十八大以来，党和国家高度重视黄河流域经济社会发展和百姓生活，经济社会发展及百姓生活得到显著改善。百姓对美好生活的向往在进一步增强，黄河流域高质量发展的动力在不断加强。

(3) 黄河流域仍存在一些突出困难和问题，治水主要矛盾还停留在改变自然、征服自然的阶段。黄河的治理和新时代的要求还有很大差距。目前黄河流域的生态环境主要存在五个方面的问题：水资源严重短缺，开发利用率高，生态环境用水难以保障；部分区域环境质量差，改善难度大；生态系统退化，服务功能下降；生态环境潜在风险高，且易转化为社会风险；经济社会发展水平偏低，不利于生态环境保护。黄河源头企业不按规划开采、弃渣乱堆乱放、废水乱排污染环境等问题较为严重，矿山整治修复工作进展迟缓，生态环境风险隐患突出。黄河流域经济发展滞后、局部环境污染、潜在风险突出三大问题重叠交织，缺乏黄河水资源管控指标体系和严格取用水总量控制机制。这些问题，表象在黄河，根子在流域。当前我国治水的主要矛盾已发生深刻变化，从改变自然、征服自然为主转向调整人的行为、纠正人的错误行为为主，变为补短板、强监管。流域生态环境脆弱，水资源保障形势严峻，发展质量有待提高。

三　推动黄河流域生态保护和高质量发展的新对策新建议

面对新时代黄河流域生态保护和高质量发展的新使命新挑战，落实以习近平同志为核心的党中央的战略部署，我们应该抓住“牛鼻子”做好新对策新建议。

(1) 要认真贯彻落实习近平总书记郑州“9·18”讲话精神，加强黄河治理保护、推动黄河流域高质量发展。习近平总书记郑州“9·18”讲话，开启了黄河流域生态保护和高质量发展的新篇章。黄河流域是我国重要的生态屏障和重要的经济地带，是打赢脱贫攻坚战的重要区域，在我国经济社会发展和生态安全方面具有十分重要的地位。中央相关部门和沿黄地方各级政府要认真贯彻落实习近平总书记郑州“9・18”讲话精神，要在“守初心、敢担当、找差距、抓落实”上下功夫，把黄河流域生态保护和高质量发展国家重大战略当作治水“一号工程”来抓，以实际行动加强黄河治理保护、推动黄河流域高质量发展。

（2）要加强党对黄河流域生态保护和高质量发展的领导，建立沿黄九省区党委书记联席会议制度和相关协调机制。抚今追昔，从新中国成立之初号召“要把黄河的事情办好”，到中国特色社会主义新时代实现“黄河治理从被动到主动的历史性转变”，这其中最关键的因素，就是在中国共产党的领导下，充分发挥了我国社会主义制度集中力量干大事的优越性。“坚持党对一切工作的领导”“党政军民学，东西南北中，党是领导一切的”，要准确把握习近平总书记这一重要思想，增强广大党员干部群众的理论自觉和政治认同，切实维护以习近平同志为核心的党中央权威和集中统一领导。在推动黄河流域生态保护和高质量发展工作中，要加强党对黄河流域生态保护和高质量发展的领导，建立沿黄九省区党委书记联席会议制度，定期召开党委书记联席会议，研究解决重大问题。要建立行政协调机制和专门机构，发挥流域机构、沿黄省区和市场作用，共同抓好大保护，协同推进大治理，实现流域高质量发展。

（3）要进行顶层设计，抓紧编制国家中长期《黄河流域生态保护和高质量发展规划纲要》。要注重黄河保护和治理的系统性、整体性、协同性，抓紧开展顶层设计，针对黄河上、中、下游的不同特点，制定新的治黄路线图。要研究提出推动黄河流域生态保护和高质量发展的具体思路和措施，积极配合有关部门做好统筹谋划。要继续推进沿黄九省区“三线一单”编制，完善生态环境分区管控体系，开展生态保护红线勘界定标，以行业规划环评优化产业布局，促进黄河流域产业结构调整优化，大力推进高质量发展。要进行顶层设计，组织精英力量，抓紧编制国家中长期《黄河流域生态保护和高质量发展规划纲要》。

（4）研究提出具体思路和措施，积极落实习总书记对黄河流域生态保护和高质量发展工作提出的五点要求。要从改变自然、征服自然为主转向调整人的行为、纠正人的错误行为为主，全面落实习总书记提出的五点要求。第一，加快推进一批重大工程项目。黄河环境治理着重在流域治理（水和土），以及生态修复。加快开展三江源生态保护和建设等一系列重大生态沿黄工程建设规划项目研制工作。第二，大力发展节水产业和技术。目前，防洪安全、饮水安全仍然是突出问题，必须着眼流域，开展系统治理、综合治理。因此，要大力推进农业节水，实施全社会节水行动，推动用水方式由粗放向节约集约转变，大力发展节水产业和技术。第三，发展高端制造业为黄河流域高质量发展提供保障。要大力发展与制造业紧密相关的生产性服务业，通过深化内涵，加强现代服务业和先进制造业深度相融，为流域高质量发展提供保障。第四，建设黄河经济带，实现区域一体化发展。沿黄河的省份应该协同起来，注重运用运输网络体系，在黄河流域建成一些大通道，努力建设黄河经济带，实现区域一体化发展，逐渐显现区域的综合比较优势。

（5）加大资金、人员等方面投入，加强涉林高校科研院所水土保持和水生态治理研究力度，推进黄河流域生态保护和高质量发展。涉林高校科研院所是研究水资源生态保护与治理的重要力量。要根据习近平总书记郑州“9·18”讲话精神，为推进黄河流域生态保护和高质量发展贡献力量。第一，要加快涉水学科建设，提升林业院校涉水研究能力。第二，要充分发挥南京林业大学等涉林院校在水土保持和水生态治理等方面的研究优势，组织力量深入参与黄河流域生态保护和高质量发展研究专题。第三，发挥像南京林业大学等涉林高校科研院所产学研、技术转移中心等平台的重要作用，大力推出有利于黄河流域生态保护与治理的技术产品。

（6）建立指标监测评价机制以及“源头严控”“过程严管”和“后果严惩”机制，促进黄河流域生态保护和高质量发展。积极推进沿黄九省区流域空间规划编制，上游建立“源头严控”机制，严格控制源头生态环境；中下游建立“过程严管”机制，确保黄河水资源安全；全程建立“后果严惩”机制，出现问题，决不姑息。建立黄河流域生态保护和高质量发展评价指标体系，定性定量结合，定期开展评价活动，综合排名，促进发展。

参考文献

[1] 习近平：《决胜全面建成小康社会　夺取新时代中国特色社会主义伟大胜利》，人民出版社，2017。

[2] 习近平：《推动我国生态文明建设迈上新台阶》，《求是》2019年第3期。

[3] 习近平：《在黄河流域生态保护和高质量发展座谈会上的讲话》，《求是》2019年第20期。

[4] 中共中央宣传部：《习近平新时代中国特色社会主义思想学习纲要》，学习出版社、人民出版社，2019。

[5] 中共中央宣传部：《习近平新时代中国特色社会主义思想三十讲》，学习出版社，2018。

B.11
京津冀地区生态环境协同治理

包晓斌*

摘　要： 京津冀地区协同发展过程中，生态环境起到根本的保障作用。京津冀地区生态环境问题突出，包括水资源短缺、水质较差、大气污染严重、水土流失威胁、生态系统脆弱等。在经济转型过程中，京津冀地区生态环境治理面临区域进程差异较大、区域合作平台缺失、生态补偿体系不完善、综合投入不足等困境。应该从完善联防联控治理模式、构建区域生态补偿机制、设立区域合作发展基金、强化机构建设、鼓励公众参与等方面，探索京津冀地区生态环境协同治理的路径。

关键词： 生态环境　协同治理　生态补偿　京津冀地区

京津冀一体化协同发展成为国家重大战略决策，对进一步优化生产力布局和区域发展空间结构、最大限度提升区域环境承载能力具有重大的现实意义，也为区域生态环境建设提供了重要机遇。在京津冀地区协同发展过程中，生态环境起到根本的保障作用。京津冀地区协同发展的利益博弈过程中，需要三省市顾全大局，密切配合，化解区域资源与环境的约束。加强京津冀地区生态环境协同治理，拓展生态空间，扩大环境容量，推动京津冀区域一体化的持续发展。

---

* 包晓斌，中国社会科学院农村发展研究所研究员、博士生导师，农村环境与生态经济研究室副主任，主要研究方向为农村环境与生态经济。

一　京津冀地区生态环境问题

作为一个完整的地域生态系统，京津冀地区用全国2%的土地养活了全国接近8%的人口，其生态环境长期处于超负荷承载状态。近年来，京津冀地区积极实施转型发展，但由于历史原因和产业结构、能源结构的制约，京津冀地区空气污染、水资源短缺、水环境污染等生态环境问题日益突出，对区域经济发展和居民生活产生了严重影响。

（一）水资源短缺，水质较差

京津冀属于严重“资源型”缺水地区，人均水资源远低于国际公认的严重缺水标准，水资源缺口主要依靠跨区域调水、超采地下水等弥补。2017年北京和天津水资源总量分别为29.8亿立方米和13.0亿立方米，人均水资源量仅为137.2立方米/人和83.4立方米/人，远低于全国平均水平2074.5立方米/人。河北绝大部分地市水资源也极为短缺，人均占有量远低于国际严重缺水标准。京津冀地区水资源长期短缺，用水也已超过了资源承载能力，水资源已成为制约京津冀地区协同发展的重要因素。

随着京津冀地区人口急剧增加和工业企业不断发展，地表水的稀释自净能力迅速降低。2017年，北京、天津、河北废水排放总量分别为13.32亿吨、9.08亿吨、25.37亿吨，分别占全国废水排放总量的1.90%、1.30%、3.63%。京津冀地区地表水环境恶化以及地下水超采引发的环境地质灾害等问题日益严峻，流域内水环境污染问题突出。河流被污染已达70%之多，绝大部分为严重污染，供应北京、天津等城市的大中型水库也日渐受到污染的威胁。海河主要支流Ⅳ~Ⅴ类和劣Ⅴ类水质断面比例分别为22%和44%，属于重度污染。

（二）大气污染严重

京津冀地区是目前我国空气污染非常严重的区域，多污染排放相互叠加，燃煤、机动车和工业等是主要污染因素。其中，北京机动车尾气排放影响明显，天津工业污染突出，河北燃煤影响严重。河北和天津的冶金、石化、建材及电力等重污染行业所占比重较大，而且单位工业增加值能耗达到1吨标准煤/万元以上。河北省废气中主要污染物排放量达到100万吨以上，其二氧化硫、氮氧化物和粉尘排放量在全国31个省（市、区）中均排前五位。

2017年河北省二氧化硫排放量达到60.24万吨，远高于北京和天津。三地二氧化硫排放量均呈显著下降态势，2017年北京和天津二氧化硫排放量为2.01万吨和5.56万吨，分别比2000年降低11.14倍和5.93倍，河北省二氧化硫排放量降低2.19倍，如图1所示。

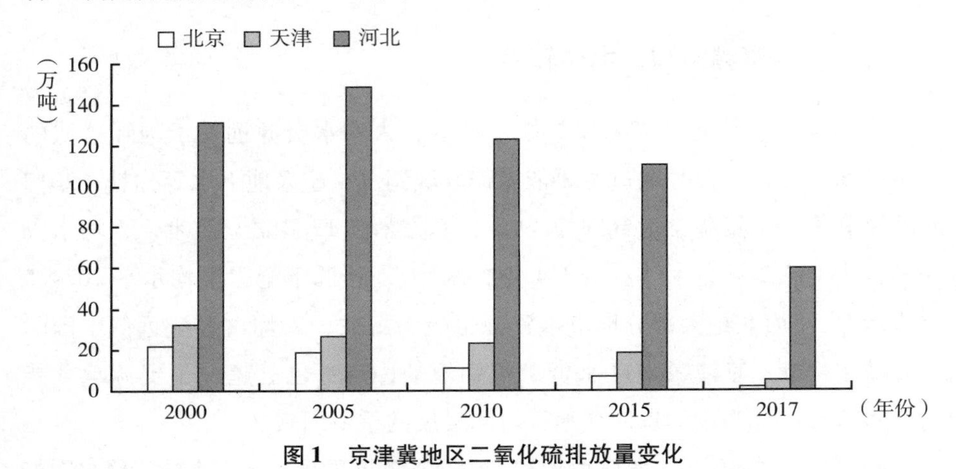

图1　京津冀地区二氧化硫排放量变化

资料来源：《中国环境统计年鉴》（2001～2018年）。

2017年京津冀地区氮氧化物排放量达到134.28万吨，比2011年下降42.82%；烟（粉）尘排放量达到88.93万吨，比2011年下降39.26%。河北省氮氧化物排放量和烟（粉）尘排放量均高于北京市和天津市，分别达到105.60万吨和80.37万吨，如表1所示。

从京津冀地区整体空气质量状况来看，与国家环境空气质量标准相比，差距较大，在全国处于较低水平。河北省保定市、邯郸市PM2.5年均浓度分别高达107微克/立方米和91微克/立方米，均超过国家标准1.2倍以上。京津冀地区环保重点城市雾霾天气较多，部分城市空气质量重度及以上污染天数占全年天数的40%。

表1　2017 年京津冀地区氮氧化物和烟（粉）尘排放量

单位：万吨

省市	氮氧化物排放量			烟(粉)尘排放量		
	2011 年	2015 年	2017 年	2011 年	2015 年	2017 年
北京	18. 83	13. 76	14. 45	6. 58	4. 94	2. 04
天津	35. 89	24. 68	14. 23	7. 59	10. 07	6. 52
河北	180. 11	135. 08	105. 60	132. 25	157. 54	80. 37
合　计	234. 83	173. 52	134. 28	146. 42	172. 55	88. 93

资料来源：《中国环境统计年鉴》（2012～2018）。

2017 年京津冀地区细颗粒物（PM2. 5）平均浓度比 2013 年分别下降 39. 6%，北京市 PM2. 5 平均浓度从 2013 年的 89. 5 微克/立方米降至 58 微克/立方米，《大气污染防治行动计划》空气质量改善目标和重点工作任务全面完成。基本完成地级及以上城市建成区燃煤小锅炉淘汰，累计淘汰城市建成区 10 蒸吨以下燃煤小锅炉 20 余万台，累计完成燃煤电厂超低排放改造 7 亿千瓦。

京津冀地区 13 个城市优良天数比例范围为 38. 9%～79. 7%，平均为 56. 0%，比 2016 年下降 0. 8 个百分点；平均超标天数比例为 44. 0%，其中轻度污染为 25. 9%、中度污染为 10. 0%、重度污染为 6. 1%、严重污染为 2. 0%。8 个城市优良天数比例为 50%～80%，5 个城市优良天数比例低于 50%。在超标天数中，以 PM2. 5、O_3、PM10 和 NO_2 为首要污染物的天数分别占污染总天数的 50. 3%、41. 0%、8. 9% 和 0. 3%。

（三）水土流失面积大

目前，尽管京津冀三省市水土流失面积均呈减少态势，但依然要面对水土流失的威胁，如图 2 所示。2017 年北京市水土流失面积达到 3202 平方公里，比 2000 年降低 21. 7%，占全市面积的 19. 5%，泥沙随着河流进入平原河道。天津市蓟县水土流失比较严重，20 米等高线以上山丘区属于水土流失易发区。河北省水土流失面积达到 4. 7 万平方公里，占土地总面积的

24.9%，不仅导致耕地生产力降低，而且对密云、官厅、潘家口水库和南水北调等水利设施造成威胁。河北省沙化土地面积2.4万平方公里，占全省总面积的12.7%。太行山东坡以及燕山山地的水土资源流失严重，土地沙化程度加剧，沙尘暴频发。地处坝上和京津周边的沙区、风口、沙滩和风沙通道，对京津地区的生态环境有较大影响。

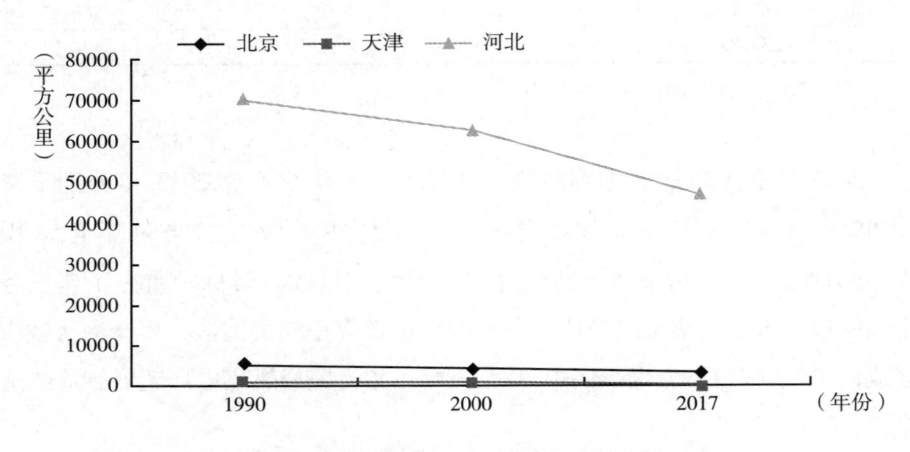

图2　京津冀地区水土流失面积变化

资料来源：《中国水利统计年鉴》（1991～2018年）。

（四）生态系统脆弱

京津冀地处我国北方农牧交错带前缘，为典型的生态过渡区。一些地区生态压力已临近或超过生态系统承受阈值，限制了区域产业发展。

从海洋生态系统来看，渤海湾水体处于严重富营养化状态，使海洋生物结构发生变化。过量的填海造陆工程破坏了海洋生态平衡，区域生物多样性遭受破坏。

从森林生态系统来看，京津冀三省市的森林覆盖率较低，北京的森林覆盖率最高，为35.84%，河北为23.41%，天津最小仅为9.87%，三省市森林覆盖率平均为24.65%，低于珠三角和长三角地区。

2017年京津冀地区林业重点生态工程造林面积达到154814公顷，其中，京津风沙源治理工程造林面积达到75267公顷，重点防护林体系工程造林面积达到65015公顷，太行山绿化工程造林面积达到14532公顷，河北省林业重点生态工程造林面积高达113041公顷，占整个地区工程造林总面积的73.02%，如表2所示。

表2　2017年京津冀地区林业重点生态工程造林面积

单位：公顷

省市	京津风沙源治理工程	重点防护林体系工程	太行山绿化工程	合计
北京	34665	1200	1000	36865
天津	3575	1333	—	4908
河北	37027	62482	13532	113041
合　计	75267	65015	14532	154814

资料来源：《2018中国林业年鉴》。

二　京津冀地区生态环境治理的困境

近年来，京津冀地区积极转型发展，区域生态环境有所改善，但由于历史原因和产业结构、能源结构的影响，部分地区环境承载力超限，尚未有效解决区域协调供水问题，雾霾天气仍然频发，区域生态环境治理面临严峻的局面。

（一）区域生态环境治理进程差异较大

京津冀地区产业发展不平衡，差异较大，京津冀资源禀赋与工业发展阶段决定了三地生态环境治理的阶段性差异。只有北京已经进入后工业化时期，天津、河北仍然属于重工业时期。北京市正面临着住房、交通、人口等各方面的压力，天津需破解从天津制造到天津创造的产业升级难题。河北的产业结构亟须调整，部分地区产业化在很大程度上沿用粗放型增长方式，给区域生态环境造成较大压力。

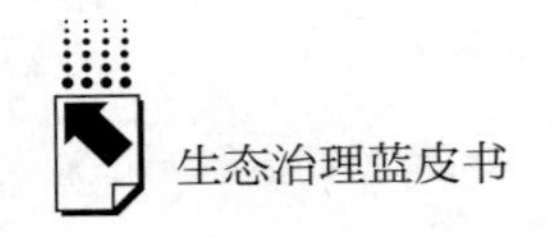

（二）区域合作平台缺失

京津冀三省市已采取大气污染治理措施，空气中主要污染物浓度下降，但大气污染物排放总量仍然超标。这种跨地区污染现象，单靠某一省市进行污染防治，已无法达到改善空气质量和治理生态环境污染的目的。

目前，京津冀地区生态环境治理缺乏一个可以增强地方政府互动、决策资源共享、三地密切合作的平台，导致地方间的信息交流不畅通。区域资源与环境综合治理存在各种体制、机制上的障碍，尚未形成区域生态环境建设空间格局。

（三）区域生态补偿体系不完善

在京津冀地区，针对生态环境破坏严重的区域整治力度不够，对保护生态环境做出牺牲的区域生态补偿体系尚不完善。河北为保障京津地区的平稳快速发展，在资源与环境上做出了较大的牺牲。在水资源方面，河北作为京津两地的水源地，在自身也面临缺水的情况下，尽其所能为京津两地供应水资源。在环境方面，河北在承接京津两地产业转移过程中也承担着环境污染转移风险。河北省没有提出明确的生态补偿要求，仅以政府合作补偿等形式获得环境治理资金，补偿标准没有按照市场化的运作方式进行科学计算，尚未建立京津冀区域生态补偿机制。

（四）区域生态环境治理投入不足

目前，京津冀地区在生态环境治理中主要采取政府主导的模式，由政府直接签署相关备忘录与合作协议，确定生态环境治理投入。主要采取政府项目形式进行生态环境治理，企业与社会参与有限，很大程度上造成生态环境治理资金不足。

京津冀三地在生态环境问题上面临着集体行动的困境和环境治理外部性的困扰，强制性的生态环境治理政策在现实中难以达到最优效果。政府难以监督所有个体的行为，在实际监管过程中总会存在漏洞。同时，由于缺乏环境污染责任保险，没有专门的保险机构与保险资金，直接导致京津冀企业在经营过程中风险加大，生态破坏和环境污染地区的合法权益得不到维护。

三 京津冀地区生态环境协同治理的路径

京津冀地区生态环境协同治理的实质是实现不同地区政府、市场与社会的有效协同。这就需要突破单一的地区治理模式，构建政府主导、多种资本共同参与的区域生态环境共建共享机制，实行京津冀地区生态环境治理一体化。

（一）完善京津冀跨地区联防联控治理模式

实施京津冀区域生态环境治理的联合立法和协同执法，建立陆海统筹的生态系统保护修复和污染防治区域联动模式。京津冀地方政府必须从京津冀区域生态环境治理的效益最大化出发，行使联防联控权力，履行联防联控义务，承担生态破坏和环境污染行为产生的各种连带责任。

逐步构建京津冀跨地区生态环境应急预警体系，全面治理沙尘暴、水体污染和大气污染。实行节约用水和节能减排，增强大气和水污染的专业化治理合力。打破地方利益格局，加强生态保护红线统筹，提高区域生态系统保护和环境污染治理成效。

完善跨界河流交接断面水质目标管理，制定跨界河流综合整治和生态修复规划，共享污染源监控信息，实现管网互联互通，联合开展河道综合整治。同时，建立统一的区域空气质量监测体系，按时将重点污染城市全部纳入区域大气监控网络。

（二）构建京津冀区域生态补偿机制

按照“谁受益、谁付费”的原则，正确界定补偿主体和受偿主体。制定合理的补偿标准，采取资金补偿、实物补偿、能力补偿、政策补偿等方

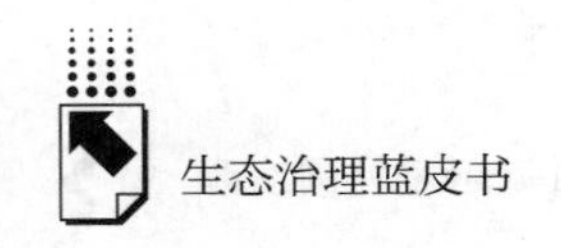

式，建立多维长效的区域生态补偿机制，实现京津冀区域生态环境治理的成本共担与收益共享。

充分考虑政策、制度和区位等因素，实施生态补偿创新模式，实行从纵向财政转移支付到横向转移支付和异地开发，引导京津冀地区生态环境受益城市、地区对生态环境保护和建设重点城市、地区在经济社会发展上给予必要的扶持，使生态服务受益区为生态服务产出区提供产业发展空间。

适时提高下游地区的水价和污水处理费的标准，用于补偿相关地区为保护水资源而限制的传统行业发展权益损失和高耗水农业发展权益损失。同时，通过资源产权界定，建立跨区域水权交易市场，探索排污权交易，实行市场化水资源配置，对生态资源输出地区进行补偿，全面实施京津冀区域生态补偿机制。

（三）设立区域生态环境合作发展基金

设立京津冀区域生态环境合作发展基金，制定基金使用与管理细则。在保持中央政府、京津冀三地地方政府投入的基础上，扩大资金来源，多渠道、多方法引入社会资本。

区域生态环境合作发展基金必须用于生态环境治理项目，包括生态服务提供区的饮用水源保护、天然林保护、生态脆弱地带的植被恢复、退耕还林（草）、防沙治沙、因保护环境而关闭或外迁企业的补偿等。对企业提供环保节能激励税收政策，对科研单位实行环保科技优先奖励制度，制定生态环保产业补助政策。

在区域生态环境合作发展基金中，京津冀三地政府财政资金拨付比例应在综合考虑三地人口规模、财政状况、GDP 总值、生态效益外溢程度等因素的基础上来确定。三地政府按拨付比例将财政资金存入区域生态环境合作发展基金，并保证及时补充。

（四）强化区域生态环境治理机构建设

成立跨区域生态环境治理专项委员会，一方面负责京津冀地区生态环境建设规划的制定和完善，组织跨区域生态环境工程的建设，协调重大生态环境建设项目审批和落地选址等；另一方面协调不同地方权益，并监督区域内地方政府生态环境治理工作。

该委员会的成员应由京津冀地区各省市政府的代表组成，在代表数量分配上应该保证各个省市地区的公平。京津冀区域内各地方原有的环保部门要进一步明确其职责，避免原有部门与跨地区生态环境治理专项委员会的管理出现冲突。不同地区环保部门通过跨地区生态环境治理专项委员会实现联动，实现监测信息共享和监管协同，共同解决京津冀区域跨省市生态破坏和环境污染纠纷。

（五）鼓励公众参与区域生态环境治理

加强公众对区域生态环境共建共享的认知并形成有效的监督力量，相关部门应及时公布各项生态环境共建共享标准和指标，强化公众参与的公开性。

通过鼓励公众参与，促进居民生活方式的转型。充分发挥大众传媒、环境保护非政府组织等社会公众机构的作用，保障公众的知情权，共同监督生态工程建设和环境保护项目实施，提高区域生态环境治理效率，形成京津冀地区政府、市场和社会共同参与生态环境治理的良好局面。

参考文献

[1] 李健、王尧、王颖：《京津冀区域经济发展与资源环境的脱钩状态及驱动因素》，《经济地理》2019 年第 4 期。

[2] 王双：《京津冀生态功能分异与协同的实现逻辑与路径》，《生态经济》2015 年第 7 期。

[3] 李惠茹、刘永亮、杨丽慧：《构建京津冀生态环境一体化协同保护长效机制》，《宏观经济管理》2017 年第 1 期。

[4] 王淑佳、任亮、孔伟等：《京津冀区域生态环境 – 经济 – 新型城镇化协调发展

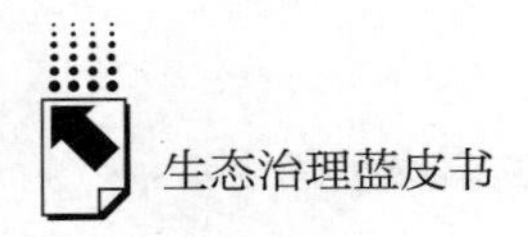

研究》，《华东经济管理》2018 年第 10 期。

[5] 王宏斌：《制度创新视角下京津冀生态环境协同治理》，《河北学刊》2015 年第 5 期。

[6] 王莎、童磊、贺玉德：《京津冀产业结构与生态环境交互耦合关系的定量测度》，《软科学》2019 年第 3 期。

[7] 李倩、汪自书、刘毅等：《京津冀生态环境管控分区与差别化准入研析》，《环境影响评价》2019 年第 1 期。

[8] 牟永福：《“京津冀生态环境支撑区”的生态价值及其战略框架》，《治理现代化研究》2019 年第 1 期。

[9] 王家庭、曹清峰：《京津冀区域生态协同治理：由政府行为与市场机制引申》，《改革》2014 年第 5 期。

[10] 张予、刘某承、白艳莹等：《京津冀生态合作的现状、问题与机制建设》，《资源科学》2015 年第 8 期。

B.12

长三角地区推进生态环境治理的问题与对策

张希栋*

摘　要： 长三角地区位于我国东西轴线长江经济带以及南北轴线沿海经济带的交汇处，是我国经济最发达的地区之一。同时长三角地区的生态系统在国家生态空间格局中具有独特地位，有着重要的生态系统服务功能。然而，由于长三角地区人口密度高、资源紧缺、工业规模大、区域生态治理不完善等因素，长三角地区生态环境治理面临较大考验。应从加强政府的生态意识、加快社会经济的转型调整、建设生态友好型城市、完善区域联防联控机制等方面推进长三角地区生态环境治理。

关键词： 长三角　生态环境　治理

一　引言

长三角地区是中国重要的跨行政经济区域之一，以上海为核心的长三角城市群在世界范围内具有极强的经济竞争力，其发展态势对中国未来的经济走势具有重要影响。回顾长三角地区的经济发展历程，大致经历了三个阶段：经济起飞阶段、经济快速发展阶段、经济高质量发展阶段。

* 张希栋，上海社会科学院生态与可持续发展研究所助理研究员，主要研究方向为资源环境管理。

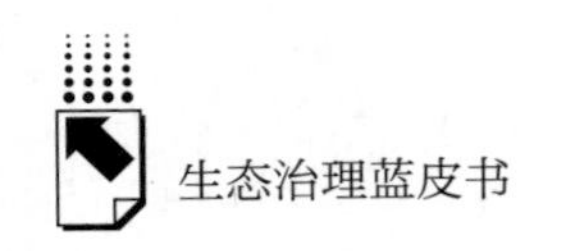

经济起飞阶段。社会对生态文明建设的认识不足，在工业化初期，长三角地区以生产作为第一目标。生产模式粗放，产业结构偏重、生产技术偏弱、环境污染偏高，生态环境受到较大程度负面影响。在该阶段，社会经济发展与生态环境污染同时发生，人民群众更加重视经济发展，而忽略生态环境保护。

经济快速发展阶段。随着人民群众生活水平的进一步提高，社会财富有所增长，生态环境恶化加剧，良好的生态环境成为稀缺品。地方政府在制定地方发展规划时，从产业发展、能源消费、土地利用以及污染排放等多方面进行了相应的制度安排。与此同时，长三角地区对全国流动人口的吸引能力进一步增强，生态环境面临较大压力，生态环境脆弱性凸显。

经济高质量发展阶段。长三角地区政府注重改善生态环境，着力提升人民群众的生活环境，增强人民群众的“获得感”。长三角地区经济结构正在转型，重化工产业占比下降，能源消费结构不断优化，电子信息产业以及高端技术服务业等科技含量高、对生态环境影响较小的产业发展迅速。同时长三角地区生态环境治理水平有所提升，生态文明建设取得较好成效。

随着社会经济的发展，长三角地区对生态文明从认识不足到高度重视。长三角生态环境治理面临严峻考验，如何破解当前的生态环境治理问题，是长三角地区生态环境治理的当务之急。

二　长三角生态环境现状

长三角地区属于湿润的季风气候，光照充足，温度适宜，具有森林、河流、湖泊、河口、海岸、湿地以及海洋等丰富的自然资源，在国家生态空间格局中具有独特的地位，有着重要的生态系统服务功能。

（一）区域生态环境现状

长三角地区位于长江下游入海口，与黄海、东海相接，是长江下游冲积平原，地势相对较低。长三角地区水系发达。整体来看，长三角地区分布有淮河、长江、钱塘江以及京杭运河等重要河流。江苏省既有自然形成的秦淮河、新沭河，也有经人力修建的苏北灌溉总渠、通扬运河。浙江省有瓯江、曹娥江、南江以及灵江等水系。此外，还分布有巢湖、太湖、洪泽湖、高邮湖、西湖、东湖以及南湖等著名淡水湖。长三角地区水网发达，河湖密布，不仅为农业生产提供了丰富的水资源，也为交通运输业提供了大量的优质航道以及深水港湾。长三角地区水域生态系统本底特征优良，适宜人类社会发展。但与此同时，长三角地区水域受到不同程度污染，水域生态系统健康状况受损。2018 年，对太湖监测的 17 个水质点位中，Ⅲ类占 5.9%，Ⅳ类占 64.7%，Ⅴ类占 29.4%，处于轻度富营养化状态；长江干流总体水质为Ⅱ类，主要入江水质处于轻度污染。① 局部地区水源地水质安全面临风险，安徽、江苏、浙江水源地水质达标率较高，上海市水源地达标率较低。

（二）海洋生态环境现状

长三角地区有诸多河流汇入海洋，形成独有的河口生态系统（如长江口），且由于海岸线曲折，形成诸多海湾生态系统（如杭州湾、乐清湾）。长三角地区临近东海，东海海洋生物种类丰富，浮游植物 468 种，主要类群为硅藻和甲藻；浮游动物 439 种，主要类群为桡足类和水母类；大型底栖生物 699 种，主要类群为环节动物、节肢动物和软体动物。② 长三角地区海洋资源丰富，2018 年，长三角地区海洋生产总值 24261 亿元，比上年名义增长 8.0%，占全国海洋生产总值的比重为 29.1%。与此同时，长三角地区海洋生态环境质量遭遇严峻挑战。2017 年，中国近岸海域Ⅳ类海水面积及劣Ⅳ类海水面积占全部海域面积的 16.63%，而与长三角地区毗邻的东海海域Ⅳ类海水面积及劣Ⅳ类海水面积占全部海域面积的 48.77%，是全国的 3 倍左右。特别是上海，位于长江口，近岸海域污染极其严重，Ⅳ类海水面积及

① 资料来源于《2018 年中国生态环境状况公报》。

② 资料来源于《2018 年中国海洋环境状况公报》。

劣Ⅳ类海水面积占全部海域面积的70%左右。由于海洋污染问题突出，近岸海域生态系统健康受损严重。根据监测显示：长江口生态系统呈现亚健康状态，乐清湾呈现亚健康状态，杭州湾则呈现不健康状态，河口海湾生态系统健康状况堪忧。此外，长三角地区开展外来入侵物种的海洋保护区监测显示，均有互花米草，且呈现连片分布。综合而言，长三角地区海洋资源丰富，为社会经济发展提供了有力保障，但由于污染问题突出，海洋生态系统健康状况不容乐观。

（三）土地生态环境现状

长三角地区位于长江下游冲积平原，土地资源丰富，适宜农业生产。据统计，长三角地区各类土地总面积为36万平方公里左右，以农用地为主，约占70.8%，农用地中主要以耕地和林地为主，耕地和林地分别约占各类土地面积的35.2%、26.8%。[①] 江苏省、上海市农用地以耕地为主，浙江省农用地以林地为主，安徽省农用地耕地与林地并重，耕地相对较多。总体来说，长三角土地资源丰富，农用地占比较高，以耕地、林地为主，为长三角地区社会经济发展提供了基础保障。与此同时，由于农药的过度使用，对土地特别是农用地造成重金属污染。不仅使得地区土壤质量受损，更会影响农产品质量，导致农产品重金属含量趋高，不利于农产品的出口贸易，也威胁国内居民的身体健康。根据相关环境监测显示，长三角地区土地受到一定污染，土地生态系统健康状况受损。2018年，江苏省对国家网82个土壤背景点位开展了土壤环境质量监测，超标点位为10个，占比为12.2%。此外，《全国土壤污染状况调查公报》的相关统计数据显示：整体上来看，全国土壤总的超标率为16.1%；从空间分布来看，长江三角洲、珠江三角洲等部分区域土壤污染问题较为突出。因此，长三角地区各省市均将土壤污染治理作为生态环境治理的一个重点，着力开展土壤污染状况普查以及治理等相关工作。

① 资料来源于各省市国土资源公报以及统计年鉴。

（四）大气生态环境现状

长三角地区大气污染问题突出。根据《2018 年中国环境状况公报》，长三角地区 41 个城市优良天数占比为 56.2% ~98.4%，平均为 74.1%，比 2017 年上升 2.5 个百分点；平均超标天数占比为 25.9%，其中轻度污染为 19.5%、中度污染为 4.5%、重度污染为 1.9%、严重污染不足 0.1%。41 个城市中，有 11 个城市优良天数占比为 80% ~100%，仅占全部城市的 26.8%；30 个城市优良天数占比为 50% ~80%，占全部城市的 73.2%。超标天数中，以 O_3、PM2.5、PM10、NO_2为首要污染物的天数分别占总超标天数的 49.3%、44.3%、4.5% 和 2.2%，未出现以 SO_2和 CO 为首要污染物的污染天。与 2017 年相比，2018 年长三角地区 PM2.5、PM10 浓度下降 10 个百分点以上，SO_2浓度下降约为 27 个百分点，其余污染物浓度亦有所下降，仅 O_3浓度上升 0.6 个百分点。可以发现，长三角地区大气污染情况有所好转，但重点污染物正在发生转变且未得到有效控制，长三角地区正在面临以高浓度臭氧为典型特征的光化学污染问题。

三　长三角生态环境治理面临的问题

长三角地区是我国人口最为密集、经济发展水平最高的地区之一。同时，长三角地区也消耗了大量的资源，产生了大量的生活以及工业污染物，对长三角地区的生态环境产生了较大负面影响。近年来，国家大力推进生态文明发展战略，长三角地区地方政府积极响应国家号召，转变发展思路，调整发展路线，重视生态与经济的融合发展，取得了显著的成效。[①] 然而，由于长三角地区人口密度高、资源紧缺、工业规模大、区域生态治理不完善等因素，长三角地区生态环境治理依然面临较大考验。

---

① 张颢瀚、鲍磊：《长三角区域的生态特征与生态治理保护的一体化推进措施》，《科学发展》2010 年第 2 期。

（一）人口密度高

长三角地区人口密度较高。到2018年，长三角“三省一市”常住人口约为2.25亿人，约占全国总人口的16.15%；长三角地区“三省一市”总面积为35.91万平方公里，仅占全国总面积的3.74%。长三角地区以不到4%的土地面积供养了超过16%的人口，人口密度之高可见一斑。尽管长三角地区出生率有所下降，但由于生活水平提升明显，人均寿命普遍提高，居民死亡率有所下降。此外，外来人口大规模流入长三角地区核心城市，已经成为长三角地区城市常住人口增长的重要来源。上海、杭州、苏州、南京以及合肥等城市人口不断增长，且未来仍有进一步增长的趋势。人口数量的增长，一方面会消耗大量的资源，另一方面也会产生大量的污染物，对地区的生态环境产生压力。2013～2017年，上海市、江苏省、浙江省以及安徽省城镇生活污水年均排放量分别为17.89亿吨、41.15亿吨、25.59亿吨、19.76亿吨。尽管从总量上看，江苏省以及浙江省城镇生活污水排放量处于高位，但是考虑到人口数量后，上海市人均城镇生活污水排放量最高，浙江次之，安徽最少。因此，就长三角地区内部而言，人口越密集的地区城镇生活污水不仅总量排放较大，而且人均排放量也较高，呈现排放强度与排放量“双高”特征，对地区生态环境的压力也就更大。

（二）资源紧缺

改革开放以来，长三角地区城镇化以及工业化进程不断推进，人口不断从农村转移到城镇，导致城市规模不断扩大，同时大量的外来人口又刺激了本地区的农产品等基本品消费需求。城镇化和农业发展均需要土地，导致长三角地区土地资源紧张。长三角地区人均耕地面积较少，仅为0.85亩/人，不到全国人均耕地面积的60%，苏浙沪地区人均耕地面积尤为紧缺，其中上海、浙江人均耕地面积分别为0.17亩/人、0.52亩/人，分别为全国平均水平的12%、36%。[1] 林地是森林的载体，承担着自然防疫、涵养水源、保持水土、净化空气、保持生物多样性等诸多生态服务功能，而长三角地区林地资源较之于耕地则更为稀缺。长三角地区人均林地面积为0.65亩/人，不到全国人均林地面积的1/4，浙江林地资源相对丰富，为全国人均林地面积的55%，江苏、上海林地资源异常紧缺，人均林地面积分别为0.01亩/人、0.05亩/人，分别为全国平均水平的0.47%、1.75%。地区发展对于土地的需求十分强烈，均要求扩大土地来源、增加土地供给，于是对地区生态环境的开发力度增加，特别是沿海地区围垦滩涂湿地，造成滩涂湿地大面积减少、海岸线开发无序、违规围海造地等。长三角地区通过上述不断开发自然资源、向生态环境要土地的行为确实增加了土地供给，但与此同时，也极大地削弱了生态系统服务功能，降低了生态系统自我更新、净化污染物的能力。以上海为例，从20世纪50年代到2000年初，上海共围垦滩涂100余万亩。[2] 这对于增加土地供给、缓解土地紧张或许有益，但也使得湿地面积大量丧失，减少了陆地与海洋的缓冲带，导致污染物直排入海，同时在面临海水倒灌、风暴潮等自然灾害时由于缺少缓冲地带更容易遭受损失。

长三角地区除土地资源稀缺外，水资源也并不丰富。从全国而言，2018年，中国淡水资源总量为2.75万亿立方米，[3] 占全球水资源总量的6%，居世界第四位，但人均水资源量仅为0.20万立方米，为世界平均数的1/4左右。[4] 2018年，长三角地区水资源总量为0.21万亿立方米，占全国淡水资源总量的7.64%，人均水资源量为0.09万立方米，是全国人均水资源量的45%。数据和事实均已表明，尽管长三角地区水系发达，但是实际上，淡水资源总量不到全国的10%，人均水资源量不到全国人均水平的一半，长三

① 资料来源于各省市国土资源公报以及统计年鉴。

② 杨欧、刘苍字：《上海市湿地资源开发利用的可持续发展研究》，《海洋开发与管理》2002年第6期。

③ 资料来源于《2018年水资源公报》。

④ 陆柱、刘学阳：《长三角水资源现状和安全保障的建议》，载《第十三届长三角科技论坛——环境保护分论坛论文集》，2016。

角地区水资源是相对稀缺的。与此同时，长三角地区用水量较高。2018 年，全国用水总量为 0.60 万亿立方米，长三角地区用水总量为 0.12 万亿立方米，占全国用水总量的 20%。此外，长三角地区用水结构不合理，工业用水占比较高，2018 年，长三角地区工业用水占全国工业用水的 35.81%，且电力工业用水比例高，长三角地区电力工业用水占全部工业用水的 69.50%，上海、江苏表现得尤为突出，分别为 83.93%、81.62%。加之，长三角地区水污染物排放量较大，水体有所污染，使得原本水资源就比较稀缺的长三角地区出现水质性缺水问题。

（三）工业规模大

长三角地区由于具有区位、交通、资源、市场、人才等诸多优势，为工业发展提供了优良条件。根据国家及地方国民经济和社会发展统计公报，对 2011 ~2018 年长三角地区人均第二产业增加值的变化情况进行了分析。结果显示：2011 ~2018 年，长三角地区人均第二产业增加值高于全国平均水平，且长三角地区仅安徽省人均第二产业增加值略低于全国平均水平，苏浙沪两省一市人均第二产业增加值不仅高于全国平均水平且呈现持续增长的趋势。目前，长三角地区仅上海第三产业占比远高于第二产业占比，其余省份第二产业均为本省份的支柱产业。第二产业包括机械、电力、冶金、化工等高耗能、高排放、高污染产业。一方面，发展第二产业会对资源环境产生较大压力，第二产业需要以大量的资源环境为基础，包括能源资源、水资源以及矿产资源等；另一方面，第二产业产生的污染物较多，燃煤电厂排放大量的二氧化硫、氮氧化物和粉尘颗粒物，对空气环境质量造成严重的负面影响，冶金、化工等行业也会排放大量的工业污水，对地区水体以及土壤造成污染。根据图 1，2011 ~2017 年，长三角地区工业废水排放强度位于高位，尽管上海工业废水排放总量低于其他三省，但是由于占地面积较小，工业废水排放强度较高，也反映了上海生态环境保护面临较大压力。此外，江苏省、浙江省工业废水排放强度高于安徽省，该二省均具有较强的工业基础，依托长江水运以及港口交通等有利优势，大力发展石油化工、生物化工以及有机化工原料等产业。长三角地区工业基础深厚，加之具有资源、交通、人才和资本等优势，未来长三角地区工业还将快速发展，生态环境压力依然巨大。

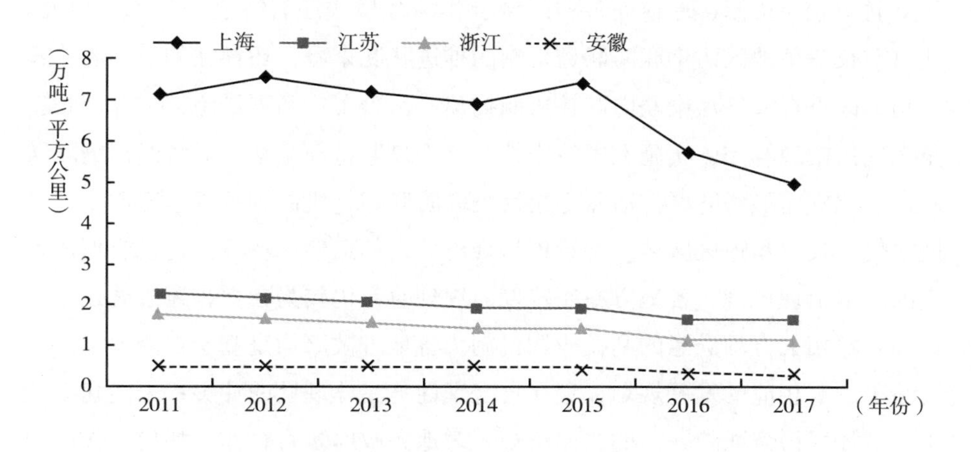

图1　长三角地区工业废水排放强度

资料来源：各省市 2012 ~ 2018 年统计年鉴。其中，2017 年江苏省工业废水排放量按 2016 年计。

（四）区域生态治理不完善

长三角地区环境污染严重，生态系统健康受损。从空气污染、流域污染、海洋污染等情况来看，每一种环境污染问题均存在污染的转移现象，即环境污染具有跨区域的自然属性，因而某一地区的环境污染将会通过污染转移机制对邻近地区的生态环境造成影响。从地方政府生态治理的角度来看，长三角地区包括“三省一市”，且同一省份不同城市之间也存在行政边界，即行政的管理是有边界的。这就导致跨行政边界的污染问题由于存在地方政府利益博弈问题难以及时有效解决。① 此时，单纯地加强本行政区的环境治理水平不能从本质上解决跨界环境污染问题，需要不同行政区之间加强合

① 周冯琦、程进：《长三角环境保护协同发展评价与推进策略》，《环境保护》2016 年第 11 期。

作，形成区域共治。①

长三角地区目前的区域生态治理还不完善，未能形成污染的联防联控治理机制。② 长三角地区区域合作治理还处于起步阶段，如何建立健全跨区域污染联防联控机制，形成完善的区域合作治理模式还有待进一步深入研究。从目前长三角地区污染联防联控机制的推进状况来看，还存在如下问题：长三角地区重视大气污染联防联控机制构建，出台了一系列措施，如开展长三角大气污染源管控，实施大气污染综合治理攻坚行动方案，对海洋污染联防联控、流域污染联防联控以及土壤污染联防联控等机制则重视程度不足，进展缓慢；长三角地区区域生态治理呈现出一定的运动性特征，还没有形成稳定的区域治理机制；各地方在制定发展规划时，仍较为独立，还未能建立能让各利益相关方均满意的利益协调机制，各地方政府均是基于自身的经济发展情况制定相应的发展规划，存在自身理性与集体理性的冲突；未能建立关于区域环境污染联防联治的法律法规，对地方政府是否合作、如何合作的约束性不足；区域层面联动政策相对欠缺。③

四　长三角推进生态环境治理的对策

长三角地区是我国经济最为发达的地区之一，经历了以往的快速发展阶段，生态环境问题更加严峻，社会经济与生态环境的矛盾日益突出，社会经济发展面临不可持续的问题。良好的生态环境是社会经济发展的重要保障，如何加强生态环境治理，提高生态环境的承载力，促进生态环境与社会经济协调发展是长三角地区下一步工作的重点。

2018 年 11 月，长三角一体化上升为国家战略，特别提出要推动长三角

① 王芳：《冲突与合作：跨界环境风险治理的难题与对策——以长三角地区为例》，《中国地质大学学报（社会科学版）》2014 年第 5 期。

② 丁颖、任旭娇：《长三角区域府际环境合作治理的对策思考》，《江南论坛》2010 年第 12 期。

③ 戴洁、黄蕾、胡静等：《基于区域一体化背景下的长三角环境经济政策优化研究》，《中国环境管理》2019 年第 6 期。

生态环境治理。长三角生态环境治理挑战与机遇并存，从工作思路上而言，首先要转变经济发展理念，从传统的只注重经济增长向经济增长与生态环境改善并重转变；其次要对长三角地区社会经济发展进行统筹规划，协调地方政府利益，优化长三角地区的产业结构以及空间布局，降低产业对生态环境的影响；最后要加强长三角地区生态环境治理，控制污染物排放，提高生态文明建设水平。具体而言，主要包括以下几点。

（一）增强地方政府的生态意识

地方政府的发展目标往往决定了地方社会发展的走向。因此，要增强地方政府的生态意识，[①] 将生态文明建设融入地方政府的发展目标。第一，加强长三角区域地方政府的生态意识教育。长三角地区社会经济发达，资源稀缺，生态环境承载力较低，地方政府应综合考虑社会经济发展与生态环境保护之间的关系，在促进经济增长的同时最大限度地保护生态环境。第二，完善中央政府对地方政府的生态环境考核体系。首先要明确生态环境的责任主体，从政府管理到具体的生态环境损害事件均要能追究到相应责任主体；其次要完善法律法规体系，明确领导干部的职责；最后要将生态环境治理效果以及地方政府实际开展的工作进行综合考量，制定科学合理的考评体系，激发地方政府生态环境保护的内在动力。第三，加强对地方政府生态治理的监督管理。保障社会公众、新闻媒体以及其他社会团体对地方政府的监督权力，促进地方政府形成生态环境保护的外部压力。从上述三个方面增强地方政府的生态意识，使得地方政府在权力运行时，考虑到生态环境保护的重要性，受到环境法规的制约，面临来自社会的监督，从而达到生态环境保护的目的。

（二）加快社会经济的转型调整

高质量的社会经济发展模式对生态环境的影响较小。长三角地区社会经济发展还有待优化，从而降低对生态环境的负面影响。第一，推进产业结构

① 施从美：《长三角区域环境治理视域下的生态文明建设》，《社会科学》2010 年第 5 期。

调整，促进产业转型升级，降低重化工业占比。长三角地区由于具有交通、人才、资本等方面的优势，成了重化工业的集聚地，不仅消耗了大量的资源，也对生态环境产生了较大负面影响。下一步，长三角地区应积极采用多种措施推进产业结构调整，如提高重化工业落户门槛、增加重化工业的环保支出，加大对高科技、环保型企业的支持力度，促进社会经济的转型调整。第二，优化产业空间布局。对长三角地区的产业进行统筹规划，根据不同区域的生态环境容量编制产业发展地图，特别是要优化沿江、沿海化工产业布局。第三，兴建工业园区。取缔分散的、环保设施简陋的散乱污企业，加快企业搬迁入园，提升工业园区管理能力。第四，发展现代农业。扶持生态农业、有机农业的发展，减少农药化肥的使用，降低农业面源污染。

（三）建设生态友好型城市

长三角地区人口众多，主要集中于长三角地区城市群。未来随着城市化的继续推进，农村人口向城镇转移，长三角地区城市人口有进一步增长的可能。而随着城市人口的不断增长，生活污水、生活垃圾产生量等均会随之增长。因此需要加强城市管理能力，建设生态友好型城市，降低人口增长带来的环保压力增大问题。第一，加快城市更新、推进旧城改造。长三角地区城市发展经历了较长的历史发展时期，以往城市建设过程中未能考虑到现代城市出现的诸多环保问题，最为典型的为雨污混接问题，导致污水得不到有效处理，污染城市河道。第二，增强城市污水处理能力。城市污水处理厂是防止污水进入河道或是海洋的最后屏障，而长三角地区城市污水处理能力不足，导致污水对河道或海洋产生负面影响。一方面，要加快污水处理厂的提标改造，提高污水排放标准；另一方面，要兴建污水处理厂，缓解污水处理厂供给不足的压力。第三，完善城市垃圾分类管理体系。总结上海在实施垃圾分类以来取得的成功经验，尽快推动长三角地区其余城市实施垃圾分类管理制度，实现生活垃圾的回收再利用，实现垃圾减量、资源化利用。第四，完善城市交通管理体系。建设快捷、方便的城市公共交通体系，对城市道路以及空气质量进行实时监测，根据监测结果合理分流城市交通。第五，增加城市生态基础设施供给。增加城市绿化，建设城市郊野公园，构筑城市周围的自然生态空间，促进城市与生态环境的融合发展。

（四）完善区域联防联控机制

长三角地区区域生态环境合作由来已久。2018 年 11 月，国务院发布《关于建立更加有效的区域协调发展新机制的意见》，强调要进一步完善长三角地区在环保联防联控方面的合作。区域联防联控机制是长三角区域生态环境治理的长效机制，应从治理模式、治理法制、执法监管三个方面进行完善。第一，完善长三角区域生态治理模式。关键在于协调不同地方政府之间的利益，形成区域生态治理的合力。建议从中央层面成立长三角地区区域生态治理工作组，对长三角地区的生态治理工作统筹推进；完善区域生态补偿制度，研究制定大气污染、流域污染、海洋污染等的生态补偿制度；构建多元治理主体体系，调动社会公众、环保 NGO 以及新闻媒体的积极性，形成区域生态环保协同共治的局面。第二，完善区域生态治理法制建设。制定跨界污染认定、处理办法，规范跨界污染处理流程，明确不同地区、不同部门以及相关负责人的责任；制定区域污染合作治理方案，促进跨地区、跨部门的协同联动；制定长三角区域的生态环保标准，明确不同行业的水污染排放标准、大气污染物的排放标准。第三，加强区域生态治理的执法监管。建立规范化的环境污染事件处理流程，整合不同区域、不同部门的执法监管合作，消除监管真空、职能分散、职责不清等问题；完善区域生态环境监测体系，及时处理重大污染事件。

参考文献

［1］张颢瀚、鲍磊：《长三角区域的生态特征与生态治理保护的一体化推进措施》，《科学发展》2010 年第 2 期。

［2］杨欧、刘苍字：《上海市湿地资源开发利用的可持续发展研究》，《海洋开发与管理》2002 年第 6 期。

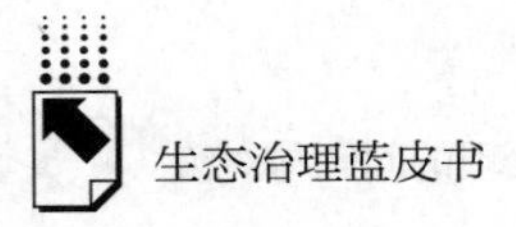

[3] 陆柱、刘学阳：《长三角水资源现状和安全保障的建议》，载《第十三届长三角科技论坛——环境保护分论坛论文集》，2016。

[4] 周冯琦、程进：《长三角环境保护协同发展评价与推进策略》，《环境保护》2016 年第 11 期。

[5] 王芳：《冲突与合作：跨界环境风险治理的难题与对策——以长三角地区为例》，《中国地质大学学报（社会科学版）》2014 年第 5 期。

[6] 丁颖、任旭娇：《长三角区域府际环境合作治理的对策思考》，《江南论坛》2010 年第 12 期。

[7] 戴洁、黄蕾、胡静等：《基于区域一体化背景下的长三角环境经济政策优化研究》，《中国环境管理》2019 年第 6 期。

[8] 施从美：《长三角区域环境治理视域下的生态文明建设》，《社会科学》2010 年第 5 期。

B.13

珠三角地区生态环境治理进展与建议

尹晓青*

摘　要： 改革开放以来，珠三角地区经济得到快速发展，但也成为资源环境与经济发展矛盾最尖锐的地区。近年来，珠三角地区政府采取多种举措，在大气、水环境治理等方面取得了明显成效，目前基本保持相对平稳的态势。本报告对珠三角地区重点推动的生态环境治理实践进行简要回顾，并利用相关研究成果和数据，对珠三角地区大气、水环境和生态环境质量变化进行分析评价，并提出珠三角地区持续改善生态环境问题的政策建议。

关键词： 珠三角地区　大气污染　水污染治理

一　引言

珠江三角洲地区（简称珠三角）位于珠江下游，广东省中南部，毗邻港澳。20世纪80年代，珠三角率先开始改革开放，并保持持续快速发展。2010年国务院印发《全国主体功能区规划》将珠三角定位为全国经济发展的重要引擎。据统计，2017年珠三角地区生产总值达75000多亿元，占广东省经济总量的79.67%，[①] 同时，珠三角地区也是资源环境与经济发展矛盾最为尖锐的地区。2000年珠三角地区环境空气、水环境和土壤污染问题尤为严重，全省空气质量综合污染指数前十名的城市中有7个是珠三角城市，而且酸雨频率

---

* 尹晓青，中国社会科学院农村发展研究所副研究员，主要研究方向为农村环境与生态经济。

① 《广东2017各市GDP：珠三角地区与非珠三角地区的天壤之别》，http：//mini. eastday. com/mobile/180214094733938. html。

在50%以上，属于高发地区；珠三角超50%的工业废水未经处理即排入珠江，部分城市采样点中近40%的农田菜地重金属污染超标等。监测数据表明，2007年广东以占全国1.87%的土地面积承载了占全国9.9%和4.4%的工业废水和废气总量。[①] 生态环境问题成为珠三角地区可持续发展的重要制约因素。

广东省委、省政府和珠三角各级政府开始重视环境保护和治理，颁布实施了一系列环境治理和保护的规划纲要，出台了各种治理政策和措施。与省东西两翼及粤北山区相比，珠三角地区对工业生产提出了更高的环境规制要求。为推进环境保护一体化，珠三角地区在全国率先实施区域污染联防联控新模式，建立了具有国际先进水平的粤港澳三角区域立体空气监控网络，最早启动了细颗粒物（PM2.5）等特征的污染物监测工作（李慧萌等，2016），使珠三角地区的江河水质和空气质量等得到明显改善。

随着珠三角区域一体化程度的深化、粤港澳大湾区战略实施，珠三角地区进入新一轮的发展时期，区域内各地市都想在既有基础上实现再发展，而且力争实现与生态环境的协调，重点解决部分地区的水污染、大气污染、生态环境保护压力与日俱增问题。此外，珠三角地区已经形成了较为有效的大气和水污染治理合作机制，为全国经济社会发展和生态环境保护提供了先行示范经验（李静，2019）。

鉴于此，本报告主要以珠三角地区大气、水环境污染以及生态环境建设为重点，对改革开放以来珠三角地区生态环境治理实践进行梳理，利用已有的研究成果和资料数据对珠三角地区生态环境质量变化进行分析，对治理成效进行评价，并在此基础上，提出深化珠三角地区大气、水污染治理、持续改善生态环境问题的政策建议。

二　珠三角地区环境污染现状与挑战

珠三角是广东省平原面积最大的地区，是由西、北、东三江汇聚珠江历

① 资料来源于国家统计局、环境保护总局，2008。

经数千年的沉积而在中下游形成的冲积平原。在经济区域概念上，珠三角主要指广东省中南部的 9 个城市，包括广州、深圳、珠海、佛山、江门、东莞、中山、惠州和肇庆，面积 5.54 万平方公里，占全省总面积 31.2%；人口规模为 0.59 亿，占全国的 4.5%。

（一）珠三角的产业发展特征

改革开放至“十一五”期间，珠三角地区产业发展以外向型产业、“三来一补”劳动密集型产业为主体，主要依靠资源驱动，粗放的增长方式推动经济高速增长。随着珠三角“劳动力、产业双转移”“双轮驱动”战略的实施，部分劳动密集型产业外迁。目前珠三角已经建立起比较完备的产业体系，制造业基础雄厚，且正在向先进制造业和高新技术产业升级。同时，珠三角各市金融、信息、物流、商务、科技等高端服务业发展较快，已形成先进制造业和现代服务业双轮驱动的产业体系。此外，珠三角地区在经济高速发展过程中吸引了大量外来人口，城市化进程迅速加快，交通运输需求不断增大，都给区域资源环境带来沉重压力。

珠三角地区的大气和水污染与该地区工业比重大密切相关。比较三个不同时期的产业结构特征可以发现，2000 年以来，珠三角地区一直在推进转型升级，先进制造业和高新技术产业发展加快，服务业比重上升，产业结构不断优化。2000 年，珠三角地区第一产业、第二产业和第三次产业比重为 5.43∶47.74∶46.83，2010 年三个产业比重为 2.08∶48.89∶49.03，2017 年为 1.56∶41.66∶56.78，具体见表 1。

表 1　珠三角地区 GDP 和产业结构

年份	地区总产值(亿元)	第一产业(%)	第二产业(%)	第三产业(%)
2000	8471.28	5.43	47.74	46.83
2005	18440.37	3.03	50.93	46.04
2010	38377.06	2.08	48.89	49.03
2011	44401.55	2.04	48.54	49.43
2012	48593.96	1.97	46.91	51.12

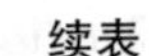
续表

年份	地区总产值(亿元)	第一产业(%)	第二产业(%)	第三产业(%)
2013	54197. 64	1. 82	45. 95	52. 23
2014	58640. 12	1. 76	45. 77	52. 47
2015	63381. 85	1. 69	44. 39	53. 91
2016	69070. 26	1. 67	42. 99	55. 34
2017	75710. 14	1. 56	41. 66	56. 78

资料来源：《2018 年广东统计年鉴》。

（二）地表水环境问题

2005 年以来，珠三角地区各地市单位面积水污染物排放强度逐年上升。广东省单位面积水污染物排放强度表现为珠三角城市群 > 粤东地区 > 粤西地区 > 粤北地区。尽管广东省区域水污染整治工作取得了较大进展，水环境质量有所改善，但局部水环境压力仍较突出。据 2014 年广东省环境质量公报，全省仍有 16. 1% 的水质断面达不到水环境功能区划要求，8. 1% 的江段受重度污染，珠三角河网片区城市内河涌污染严重，水体黑臭现象十分突出。原因可以归纳以下几点。

一是先天环境容量不足。2015 年珠三角地区单位面积化学需氧量、氨氮排放量分别为全国平均值的 3. 9 倍和 4. 6 倍，[①] 全国 7% 的化学需氧量排放量和近 9% 的氨氮排放量都是由珠三角地区贡献。全省近 40% 的水污染负荷集中在广州、深圳、东莞、佛山等环境容量有限的地区。虽然水污染减排成效显著，但“微容量、重负荷”的问题依然突出。

二是随着人口集聚、城镇化水平提升，污水处理能力不足，部分地区生活源污染成为水污染的首要污染源。根据广东省环境统计资料，2015 年珠三角地区生活源污水化学需氧量、氨氮排放量分别占排放总量的 51. 9% 和 68. 3%，高于全国生活源污染负荷占比。珠江三角洲、东江流域、韩江流域

① 根据广东省环境统计资料和全国统计年鉴资料计算得出。

和粤东诸河化学需氧量和氨氮的首要污染源均为生活源。

三是工业污染态势尚未扭转。珠三角重污染行业分布与水污染空间分布耦合度高。2015 年，造纸、纺织、食品、装备制造 4 个重点产业的化学需氧量和氨氮排放量分别为 15. 8 万吨和 1. 0 万吨，占珠三角地区工业排放总量的 84. 9% 和 79. 5% 。其中，造纸、纺织行业水污染贡献尤为突出，两个行业的化学需氧量和氨氮排放量对区域工业污染负荷贡献超过 45% 。

四是由于无序开发，导致环境的自然承载力下降。珠三角地区城镇用地持续扩张，历史上毁林开荒、填湖造地现象十分普遍，湿地不断转化为城镇建设用地，河道行洪面积不断缩小，城市水生态空间破碎化严重等导致流域水承载能力总体下降。

五是各地市之间相互影响，跨界水污染问题严重。2014 年全省约有两成跨界断面达不到水质要求，深圳市流出的水质达标率仅为 13. 9% ，广州和佛山的跨界河段水口水道水质为劣 V 类（李静，2019）。

（三）复合型大气污染形势严峻

珠三角地区资源和能源消耗量大，大气污染源较密集，二氧化硫（SO_2）、二氧化氮（NO_2）、可吸入颗粒物（PM10）等一次污染物浓度较高，并在城市间相互传输；同时，随着一次污染物在空间集聚、时间积累，污染物之间发生协同效应，生成以 PM2. 5 和臭氧为代表的二次污染物。一次污染和二次污染相互耦合、交织，大气污染物在区内城市之间相互输送和叠加，呈现出区域性、复合型、压缩型特征；加上珠三角复杂多样的地貌类型让大气污染形势更加复杂。

据 2014 年广东省环境状况公报，珠三角各市大气环境质量年达标天数平均为 81% ，首要污染物主要为 PM2. 5，其次是臭氧和 NO_2，大气复合污染日益突出（见图 1）。虽然珠三角区域 PM2. 5 平均浓度比全国低 33. 9% ，但是臭氧浓度自 2005 年以来呈现震荡上升趋势，已超过全国平均水平和长三角。

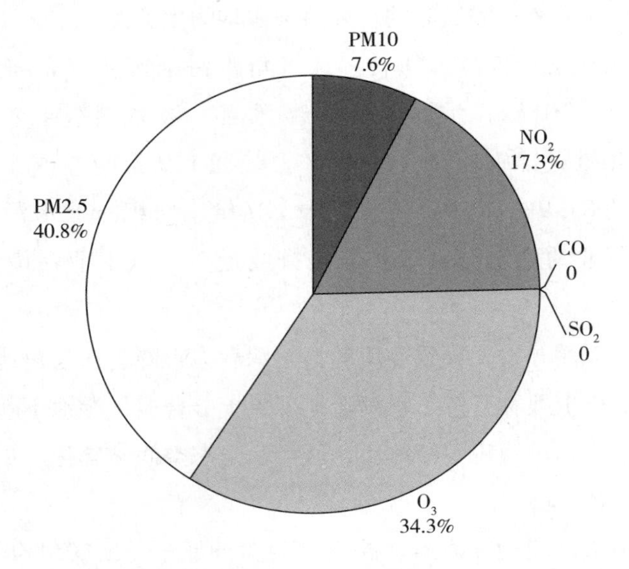

图1　珠三角主要大气污染物占比

资料来源：张玉环、余云军、龙颖贤等：《珠三角城镇化发展重大资源环境约束探析》，《环境影响评价》2015 年第 5 期。

（四）生态环境质量下降，生态赤字严重①

珠三角城市化及工业化的快速发展过程中，生态用地被大量侵占，自然生态环境质量下降。据统计，1996 ~ 2013 年珠三角建设用地面积年均增加近 1.9 万公顷，占全省增加量的 63.4%；农用地年均减少 1.3 万多公顷，耕地年均减少 2 万多公顷，占全省减少量的近八成（张玉环等，2015）。珠江三角洲生态用地被大量挤占，原生林、自然次生林遭破坏，一些关键性的生态过渡带、节点和廊道没有得到有效保护，区域自然生态体系破碎化明显，缺乏区域控制性生态防护系统等问题，导致区域生态质量有所下降，生态赤字严重。

① 广东省人民政府：《珠江三角洲环境保护规划纲要（2004 ~ 2020）》，2005。

三 珠三角地区生态环境治理的举措与绩效

（一）环境治理政策和措施

国家和地方政府非常重视水环境污染防治，已出台了一系列治理政策和措施进行引领。

一是规划引领。广东省政府出台了多项规划，明确珠三角地区环境保护的指导思想、基本原则和主要目标，并针对珠三角的重点生态环境治理任务提出了治理思路、目标和措施。具体包括《广东省珠江三角洲水质保护条例》《广东省珠江三角洲大气污染防治办法》《珠江三角洲环境保护规划纲要（2004～2020年）》《珠江三角洲环境保护一体化规划（2009～2020）》《广东省珠江三角洲河涌整治与修复规划》《广东省水污染防治行动计划实施方案（2015）》《南粤水更清行动计划（2013～2020）》等。这些规划和纲要的实施，对加快推进珠三角环境治理和修复，改善区域生态环境质量，保障珠江三角洲经济社会可持续发展具有十分重要的意义。

二是强化管理。为推进广东环境质量的持续提高，广东严格执行绿色环保综合治理措施。例如，1998年启动了“碧水蓝天工程”，2002年进行“珠江综合整治”，2003年开展“治污保洁工程”，“十二五”开始在水资源管理中实施“三条红线”控制；2016年省委、省政府出台强化党政领导干部的生态环境和资源保护责任①等举措。同时，政府和企业加大对环境保护建设的投入，环保基础设施日趋完善。

三是环境准入制度。广东在全国率先建立实施生态严格控制区空间管制政策，在珠三角地区实行最严格的环境准入制度，在全国率先对火电行业实施大气主要污染物“倍量替代”，积极探索生态补偿制度。东莞和深圳都对在该城市开办的公司设立了生态门槛，污染严重的企业被要求迁出或关闭

① 广东省委、省政府印发《广东省党政领导干部的生态环境损害责任追究实施细则》。

（许德友等，2011）。

四是通过工程措施进行生态治理。珠三角各地积极参与全面推进国家级水生态文明试点城市建设。东莞市先后启动42个重点项目建设，总投资183亿元，强力推进水环境治理、水生态修复等工作。广州市投资400多亿元，进行国家级水生态文明城市建设，形成了以珠江为主体、1368条河流（涌）为网络的生态水域格局。

五是区域内污染协同治理。由于地理边界的连接、生态系统的整体性和环境影响的关联性，珠三角和周边地区与港澳构成生态环境共同体。2010年，粤港合作签署第一个纲领性文件《粤港合作框架协议》，明确提出要把生态建设和环境保护列入建设优质生活圈的首项任务。粤港澳三地在清洁生产、区域大气污染机理及联防联治、水域船舶排放控制区建设、区域大气污染联合监测网络建设等方面进行合作。

（二）水资源利用效率提高

根据水资源公报，2018年，珠三角地区总用水量221.1亿立方米，占全省总用水量的52.5%。其中，工业用水79.2亿立方米，占全省工业总用水量的79.7%；生活用水67.4亿立方米，占全省生活总用水量的66.1%。

从近年情况看，2015年全省用水总量、万元工业增加值用水量、万元GDP用水量三大用水指标较2010年分别下降7.8%、34.4%和42.6%。由于用水总量、万元工业增加值用水量、万元GDP用水量三大用水指标的大幅下降，废水排放量也随之减少，对水环境的改善、水生态的修复发挥着重要作用，特别是珠三角地区的效果尤为突出。“十三五”期间，广东进一步强化水资源“三条红线”刚性约束，力争到“十三五”期末，年用水总量控制在450亿立方米以内，水资源利用效率和效益显著提高，主要江河湖泊水功能区水质明显改善。

全省用水量总体变化平稳，用水效率大幅提高。根据2017年《广东省水资源公报》，用水总量从1997年的439.5亿立方米下降到2017年的433.5亿立方米，下降了1.4%。1997年至2017年全省用水效率明显提高，按

2000 年可比价计算，万元 GDP 用水量从 547 立方米下降到 67 立方米，下降 87.8%；万元工业增加值用水量由 408 立方米下降到 34 立方米，下降 91.6%，在三大用水指标中降幅最大。由此表明，一方面由于经济结构不断优化调整，一些高耗水、低产值企业遭淘汰或转型升级，加上节水新技术的应用，促使企业用水效率不断提高。另一方面，各地逐步建立完善水资源管理制度体系，为水资源利用效率提高提供了有力保障。

（三）水环境质量明显改善

根据广东省环境质量报告，2001～2015 年珠三角地区江河水质持续改善，水环境功能区水质达标率与水质优良（Ⅰ～Ⅲ类）比例持续提高。“十五”期间，水质优良省控断面比例在 53.9%～69.8%，重度污染（劣Ⅴ类）省控断面比例在 16.0%～19.8%，变化趋势不明显。“十一五”至今，江河水质显著好转，水质优良比例显著上升，重度污染比例有所下降。“十二五”以来，江河水质持续改善程度有所趋缓，劣Ⅴ类比例稳定在 8%左右。主要污染指标为氨氮、总磷和耗氧有机物（龙颖贤等，2018）。珠三角地区江河水质演变趋势如图 2 所示。

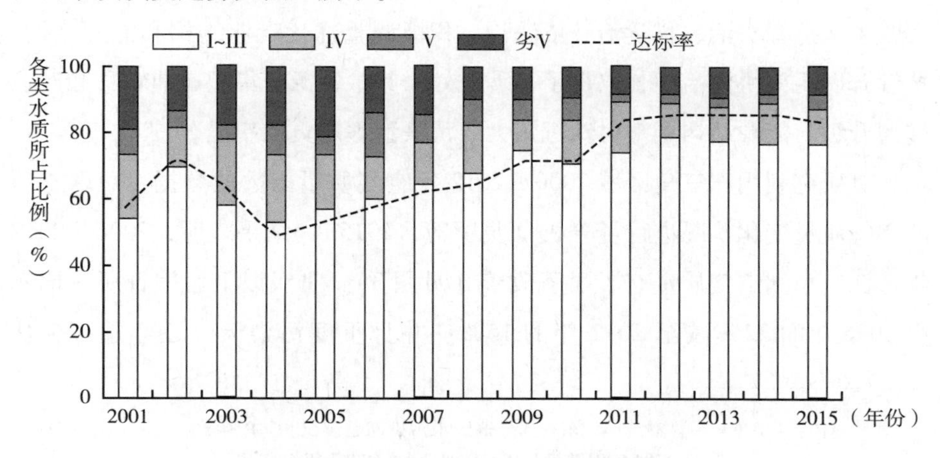

图 2　珠三角地区江河水质演变趋势

资料来源：龙颖贤、张玉环等：《珠三角地区水环境质量变化趋势及成因》，《环境影响评价》2018 年第 5 期。

珠三角地区水污染的总体改善，主要得益于流域综合污染整治措施的大力推进以及大规模污染治理基础设施的投入。随着污染治理进入攻坚阶段，主要污染物排放总量持续削减潜力不断收窄，治理边际成本不断提高，要在短时间内集中解决突出的水环境问题，实现环境质量全面改善难度很大。

尽管珠三角地区水环境质量持续改善，但风险仍然存在，与全面建成小康社会的目标要求仍有差距。珠三角地区水污染形势与污染排放强度、污染源结构、空间布局、资源效率等关系密不可分，布局性和结构性污染问题叠加。人口规模、城镇化水平和经济增长速度是污染物排放的主要驱动因素。

中央环保督察组报告中提出，广东部分地区水污染问题突出。2016 年全省 69 条主要河流 124 个监测断面水质达标率由 2013 年的 85.5%，下降为 77.4%。广东省“十二五”规划要求建成污水收集管网 1.4 万公里，但实际只完成9000 余公里。广州市“十二五”计划建设1884 公里污水管网，实际只完成目标任务的 31%。①

（四）大气环境质量持续改善

珠三角从 20 世纪 90 年代中后期开始，系统研究大气污染治理问题，在实践中坚持源头治、科学治、依法治，积极调整优化产业结构和能源结构，持续开展污染协同治理，取得了显著成效，其中资源密集型产业转移和产业转型升级、能源结构调整对珠三角大气污染治理的贡献率显著。②

有研究利用珠三角区域 2006 ~ 2012 年空气质量指数的数据，对珠三角的空气质量变化状况进行了分析（吴蒙等，2015）。结果表明，2006 ~ 2012 年珠江三角洲空气质量有了显著改善（见图 3），Ⅲ级以上污染日所占比例由 2006 年的 32% 减至 2012 年的 15%，并且重度污染天气逐年递减，从

① 赵静：《中央环保督察组：广东省部分地区水污染问题突出》，中国证券网，http://www.cs.com.cn/xw2x/201704/t20170413_5241694.html，2017 年 4 月 13 日。

② 2008 年广东省委、省政府出台《关于推进产业转移和劳动力转移的决定》，鼓励珠三角地区向东西两翼和粤北山区转移的产业包括传统劳动密集型产业、资源型产业、资本密集型产业中的加工制造环节等。

2006年的9%下降到2012年的1.4%。主要是由于广东省开展了产业升级和产业转移等措施，减少了珠三角地区污染物的排放；另外，广州2010年举办亚运会，珠三角各市采取了一系列措施控制污染排放，也使得区域空气质量有了较大的改善。

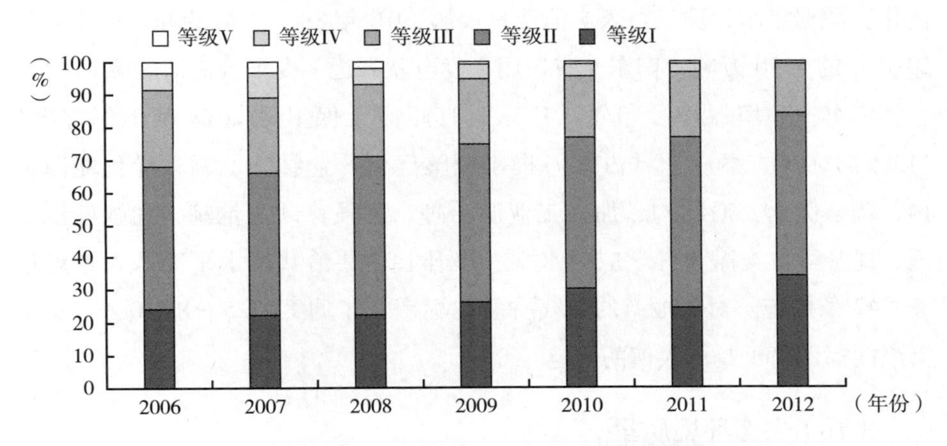

图3　2006～2012年珠三角区域空气质量指数级别分布

资料来源：吴蒙等：《珠江三角洲区域空气质量的时空变化特征》，《环境科学与技术》2015年第38卷第2期。

2012年后，广东省委、省政府开始加强区域大气污染联防联控、重点污染源协同治理措施[①]落实，已初步形成一套有效的区域大气污染防治机制，推动区域空气质量持续改善（张永波，2018）。2013年，珠三角城市PM2.5日均值达标率为75%～90%，是我国率先实现PM2.5达标的区域（吴凡等，2014）。

《2018年广东省生态环境状况公报》显示，广东省环境质量总体保持平稳，部分地区有所改善，全省及珠三角地区城市空气质量连续四年达到国家二级标准，珠三角地区PM2.5降为32微克/立方米，优良天数比例约90%，基本消除重污染天气。2018年珠三角灰霾日数为38.1天，

① 广东开出了“三个一律”药方：新建项目，凡环评不达标的一律不准上马；在建项目，凡环保不达标的一律不准投产；已建项目，凡经过治理改造仍不达标的一律关闭。

为近25年（1994年以来）最少，相比2010年（80.6天）减少42.5天。2018年出台的国家第二阶段大气污染防治行动计划，珠三角已经不再被列为重点防控区。[①] 珠三角的空气污染治理为全国各经济区持续改善大气环境质量提供了经验。大气环境质量持续改善，也推动了珠三角能源结构持续优化。数据显示，珠三角煤炭消费总量从2010年8800万吨的峰值，下降到2016年的6520万吨，广东全省每用2度电就有近1度来自清洁能源。

广东省环境保护厅印发《广东省打赢蓝天保卫战2018年工作方案》（以下简称《方案》）。《方案》提出调整优化产业结构、调整优化能源结构、调整优化交通结构、加强工业源治理、加强移动源治理、加强面源治理、提升科技支撑和科学应对水平、提升共建共治共享水平等八大重点任务、42条措施。对各地市的空气质量达标率、年均PM2.5、PM10、二氧化氮浓度都做出了具体限值的规定。

（五）生态环境质量

根据生态环境状况指数，将生态环境分为5级，即优、良、一般、较差和差，如表2所示。分析近10年广东省珠三角地区各市生态环境状况指数变化，见表3，表明珠三角生态环境状况总体优良。虽然2010年珠三角生态环境状况指数比2008年、2009年有所下降，但2010～2017年期间各年均保持良好的水平，并保持相对稳定。

表2　生态环境状况分级

级别	优	良	一般	较差	差
指数	EI≥75	55≤EI<75	35≤EI<55	20≤EI<35	EI<20
描述	植被覆盖度高，生物多样性丰富，生态系统稳定	植被覆盖度较高，生物多样性较丰富，适合人类生活	植被覆盖度中等，生物多样性水平一般，较适合人类生活，但有不适合人类生活的制约性因子出现	植被覆盖较差，严重干旱少雨，物种较少，存在着明显限制人类生活的因素	条件较恶劣，人类生活受到限制

① 鲁修禄：《粤港澳大湾区建设国家生态文明示范区》，新华网，2019年3月16日。

表 3　广东省珠三角各市生态环境状况指数（EI）

地区	2008 年	2009 年	2010 年	2011 年	2012 年	2013 年	2014 年	2015 年	2016 年	2017 年
广州市	76	75	63	61	62	63	62	63	64	62
深圳市	83	76	74	73	72	73	65	66	67	69
珠海市	100	76	75	72	73	73	70	69	69	71
佛山市	61	60	58	56	58	59	62	63	63	61
江门市	86	86	72	69	72	72	75	74	75	77
肇庆市	85	81	73	72	74	74	80	80	80	82
惠州市	89	83	74	75	76	78	81	81	83	81
东莞市	61	61	61	58	60	61	60	60	62	60
中山市	85	72	68	65	67	68	67	66	67	64
平均值	81	74	69	67	68	69	69	69	70	70

资料来源：根据广东省环境保护厅网站数据整理。

四　珠三角生态环境治理的对策建议

改革开放以来，珠三角在经济社会保持中高速增长的态势下，资源环境效率持续提升，大气、水和生态环境质量持续改善，总体领先全国，初步探索出一条经济发展与生态环境保护协调共进的路径。未来，珠三角除了要继续发挥对全国的辐射带动作用和先行示范作用外，按照中共中央、国务院颁布的《粤港澳大湾区发展规划纲要》（以下简称《纲要》）要求，要牢固树立和践行绿水青山就是金山银山的理念，实行最严格的生态环境保护制度，继续扭转生态退化趋势，提升生态环境安全水平。基于对珠三角区域重大生态环境问题的治理经验和面临的挑战及目标分析，提出以下对策建议。

一是系统推进珠江流域水系污染治理。珠江流域整体水质较优，但有恶化趋势，水环境保护压力与日俱增，将是未来治理重点。根据《纲要》要求，重点整治珠江东西两岸污染，强化深圳河等重污染河流系统治理，推进城市黑臭水体环境综合整治。

二是要强化珠三角区域大气污染联防联控。继续控制二氧化硫的排放，

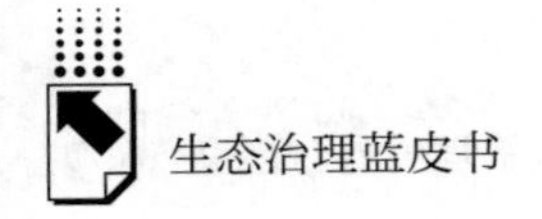

减少氮氧化物的排放，统筹防治臭氧和 PM2.5 污染，实施珠三角九市空气质量达标管理。此外，经过十多年来的科学治理，珠三角区域的空气污染问题得到了很好的控制，尤其是重点和较大的污染源控制得比较好，分散较小规模的污染源物质有待于进一步加强，如何把大的治理经验应用到具体某个点上的治理，是一个迫切需要解决的问题。

三是生态环境治理中要加强合作。从珠三角大气和水环境污染治理成功经验看，除了政府推动治污的决心、技术创新和治理投入力度加大以外，地区之间合作治理发挥着重要作用。目前，粤港澳三地正在共同编制《粤港澳大湾区生态环境保护规划》，提出要进一步深化粤港澳三地在大气污染治理上的交流与合作，推动大气污染治理向纵深拓展，为打造宜居宜业宜游的大湾区多做贡献。

四是继续推动产业转型升级、能源结构调整。经济结构调整是大气污染防治的重要基础，其重要性超过末端治理。自 2000 年以来，珠三角地区通过产业结构调整和产业升级，不断提高第三产业比重，不断减轻对资源和环境的压力，并带动珠三角能源结构持续优化。

五是要加快补齐生态环境短板。要系统、科学推进大气和水污染防治工作，根据不同区域情况精准施策。例如珠江三角洲要实现 PM2.5 世卫组织二级标准（25 微克/立方米）、协同治理臭氧和 PM2.5、进一步提升优良天数达标率还需要加大力度、科学支撑，做更精准、更精细治污。

参考文献

[1] 李静：《珠三角区域水污染治理合作机制研究》，《鄱阳湖学刊》2019 年第 2 期。

[2] 李惠萌等：《珠三角区域生态文明建设研究》，中山大学出版社，2016。

[3] 刘霞：《珠江三角洲河涌整治思路探讨》，《广东水利水电》2016 年第 5 期。

[4] 龙颖贤等：《珠三角地区水环境质量变化趋势及成因》，《环境影响评价》2018 年第 40 卷第 5 期。

[5] 广东省环境保护厅：《2001～2014 年广东省环境质量报告书》，广东省环境保护厅网站，2014。
[6] 龙颖贤、张玉环等：《珠三角地区水环境质量变化趋势及成因》，《环境影响评价》2018 年第 5 期。
[7] 鲁修禄：《粤港澳大湾区建设国家生态文明示范区》，新华网，2019 年 3 月 16 日。
[8] 马少华、付毓卉：《改革开放以来广东绿色发展绩效评价》，《华南理工大学学报（社会科学版）》2018 年第 20 卷第 5 期。
[9] 吴凡、沈立：《珠三角空气质量有望领跑全国达标大气污染防治须群策群力——访中国工程院院士、清华大学环境科学与工程研究院院长郝吉明》，《环境》2014 年 11 期。
[10] 吴蒙等：《珠江三角洲区域空气质量的时空变化特征》，《环境科学与技术》2015 年第 38 卷第 2 期。
[11] 杨宏山、周昕宇：《区域协同治理的多元情境与模式选择——以区域性水污染防治为例》，《治理现代化研究》2019 年第 5 期总第 269 期。
[12] 许乃中等：《珠三角地区战略环境评价研究》，《环境影响评价》2018 第 40 卷第 6 期。
[13] 张玉环、余云军、龙颖贤等：《珠三角城镇化发展重大资源环境约束探析》，《环境影响评价》2015 年第 5 期。
[14] 张永波：《珠三角大气环境管理建设机制》，《中国机构改革与管理》2018 年第 1 期。
[16] 晏吕霞、王玉明：《政府间环境合作协议存在的问题及完善建议——以珠三角为例》，《行政与法》2016 年第 9 期。
[17] 许德友、梁琦：《珠三角产业转移的“推拉力”分析——兼论金融危机对广东“双转移”的影响》，《中央财经大学学报》2011 年第 1 期。

B.14
长江经济带生态环境的现状与对策研究

王　宾*

摘　要：　城镇化是全面建设小康社会的重要载体和撬动内需的最大潜力，十八大以来，党中央、国务院高度关注城镇化问题。但是，大规模的城市扩张正面临着资源与环境的约束。本报告从生态环境治理与城镇化的关系视角，分析了长江经济带城镇化与生态环境之间的相关机制，并通过测算城镇环境熵，认为长江经济带城镇化对水环境产生的负面影响要明显高于对大气环境和土壤环境的负面影响，城镇化导致城镇水环境的压力加大。

关键词：　长江经济带　生态环境　城镇化

一　引言

城镇化是人类社会发展的客观趋势，也是一个国家现代化水平的重要标志。在我国，城镇化建设担负着扩大内需、提高人民生活福祉的重任，更是实现全面建设小康社会和中华民族伟大复兴中国梦的重要载体。2011 年，我国城镇化率首次超过 50%，表明已经基本结束了以乡村为主的时代，开始进入以城市为主的发展新时期。我国目前正处于人类历史上最大规模的城

---

* 王宾，中国社会科学院农村发展研究所助理研究员，主要研究方向为农村生态环境、农业农村人才。

镇化加速进程之中，城镇化的推进方式、实现途径及其表现形态均呈现出鲜明的时代性、特殊性及复杂性（倪鹏飞，2014）。推进城镇化是解决农业、农村、农民问题的重要途径，是推动城乡、区域协调发展的有力支撑，是扩大内需和促进产业升级的重要抓手，对全面建成小康社会、加快推进社会主义现代化具有重大现实意义和深远历史意义（陈锡文，2015）。党的十八大以来，无论是中央层级，还是地方层面，对城镇化建设的关注达到了前所未有的高度。综观世界范围内城镇化发展进程，世界城镇化率由30%提高到50%平均用了50多年的时间，英国历时50年，美国40年，日本35年，而我国仅用了15年。面对经济发展进入新常态，社会形势出现新变革，我国亟须实现城镇化建设的转型，改变以往粗放式城镇化发展的思路，必须要注入新思想、新理念，才能够将城镇化建设推向更高程度，实现城镇化发展由量到质的提升，打造城镇化发展的升级版。

然而，我国经济的快速发展过度依赖自然资源的大量消耗，这种消耗在出现经济奇迹的同时，也为可持续发展埋下了隐患。发达国家城镇化发展历程表明，城市的发展是以对自然资源的大量使用为前提的。城镇化进程必然伴随着人口增长、空间扩张等现象，这也就意味着资源消耗和污染物排放量的增多。当资源消耗和环境污染达到资源环境的约束限值下，就会抑制城镇化的健康发展。我国城镇化进程依靠大量的资源消耗，推动了经济的高速增长，但也越来越接近资源和环境条件的约束边界，城镇化发展模式对于资源环境的约束与要素之间的动态反馈作用考虑不足。与此同时，城镇化的推进导致中心城市规模呈现扩张局面，人口数量激增、环境恶化、交通拥堵、城市生活质量下降。然而，我国生态空间严重不足，水资源短缺且浪费严重、土地资源综合承载水平较低、能源矿产结构矛盾突出、空气污染严重等问题备受关注，城镇化建设目前正受到自然资源的硬约束。

作为我国经济密度最大、最重要的经济区域之一，长江经济带在区域发展中占有重要地位。长江拥有独特的生态系统，是我国重要的生态宝库。长江经济带横跨我国东、中、西三大区域，覆盖11个省（市），人口和经济总量均超过全国的40%，生态地位重要、综合实力较强、发展潜力巨大。推动长江经济带发展是以习近平同志为核心的党中央做出的重大决策，是关系国家发展全局的重大战略，对实现“两个一百年”奋斗目标、实现中华民族伟大复兴的中国梦具有重要意义。2017年，长江经济带城镇化率达到58.29%，已然进入城镇化发展的快速阶段。按照国际经验，当城镇化率在50%～65%时，会出现环境承载力被削弱、社会矛盾多发等问题。目前，长江经济带生态环境破坏严重、能源结构水平不高、科技成果转化率偏低等制约着区域的可持续发展能力（王维，2017）。因此，不可忽视的是，长江经济带城镇化对生态环境造成了较大的危害，严重制约着其可持续发展。

二 长江经济带城镇化现状分析

（一）城镇化与全国同步发展，呈逐年递增态势

改革开放以来，长江流域沿江省市积极推进城镇化进程，围绕长江沿岸的上海、南京、武汉、重庆、成都等超大城市，已经初步形成了长三角城市群、长江中游城市群、川渝城市群以及若干实力比较雄厚的区域性中心城市。就长江经济带城镇化而言，上中下游城镇化水平差距大、经济社会发展差距大、居民收入差距大。习近平总书记强调，要优化长江经济带城市群布局，坚持大中小结合、东中西联动，依托城市群带动长江经济带发展。因此，长江经济带需要优化空间布局，完善城镇体系，积极推进城镇化进程，使其尽快成为中国经济持续健康发展的支撑带。特别是长江中游城市群，该城市群是中西部新型城镇化的先行区，也是促进中部地区崛起的重要抓手，在我国区域发展格局中具有重要地位。图1数据显示，2013年，[①] 长江经济带城镇约有5.82亿人口，城镇化率为53.02%；而2017年，长江经济带城镇人口达

① 将2013年作为研究的起点，主要是因为：2013年7月习近平总书记在湖北省视察为重要标志，他指出，长江流域要加强合作，发挥内河航运作用，把全流域打造成黄金水道。以此表明长江经济带战略正式被国家层面提上议事日程。以下选取依据均按照此。

到了5.95亿，城镇化率提高到58.29%。总体而言，长江经济带城镇化进程与全国城镇化进程保持同步状态，二者之间的差值也随之减小。

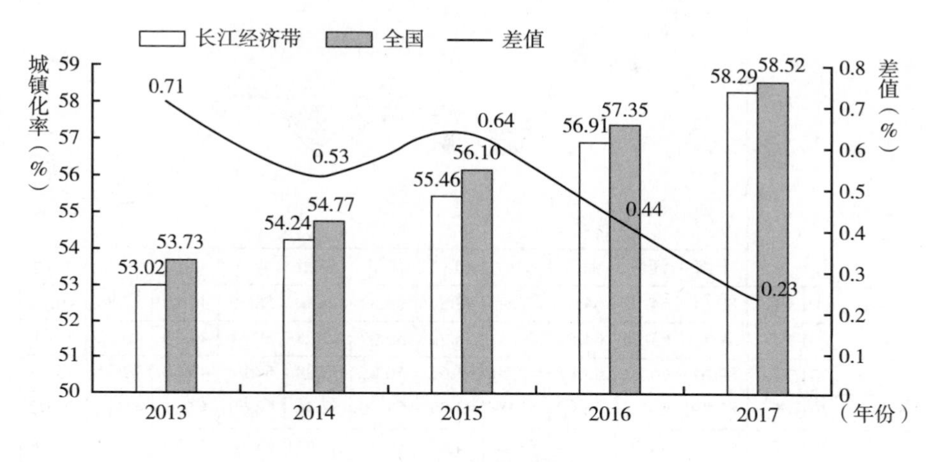

图1　长江经济带城镇化率

数据来源：根据国家统计局数据计算得到。

（二）长江经济带区域发展不均衡，呈现“由东至西”逐级降低趋势

从长江经济带沿线11个省市城镇化指标来看，长江经济带城镇化进程呈现出明显的地区差异，下游地区城镇化进程明显快于上中游地区。以上海市为例，上海市城镇化率已经接近90%，但是，也应该看到，近年来上海市城镇化率出现了降低趋势，表明已经开始进入逆城镇化阶段，而中游地区的湖北省2013年以来，城镇化进程逐年提高，2013年，湖北省城镇化率为54.51%，较上海市低35.1个百分点；而2017年，该指标增加到59.30%，与上海市城镇化进程有所减缓，二者相差28.42个百分点；但是以贵州省作为长江经济带下游省份为例，城镇化进程远远落后于中下游省份，2013年，贵州省城镇化率仅为37.84%，分别比中游的湖北省、下游的上海市低16.67个和51.77个百分点；2017年，该指标增加到46.03%，分别比湖北省、上海市低13.27个和41.69个百分点（见图2）。

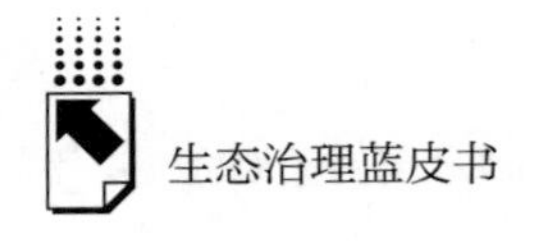

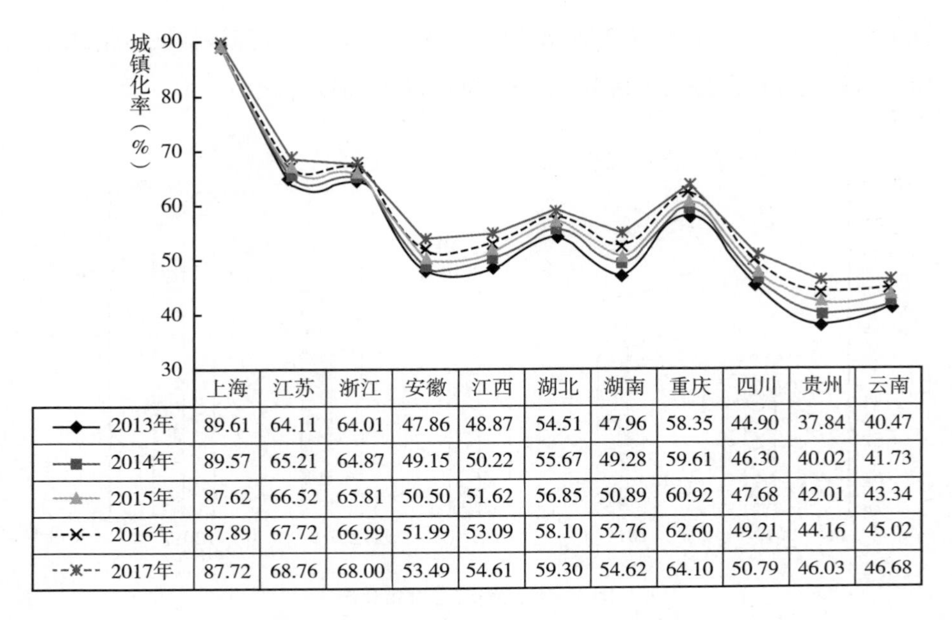

	上海	江苏	浙江	安徽	江西	湖北	湖南	重庆	四川	贵州	云南
2013年	89.61	64.11	64.01	47.86	48.87	54.51	47.96	58.35	44.90	37.84	40.47
2014年	89.57	65.21	64.87	49.15	50.22	55.67	49.28	59.61	46.30	40.02	41.73
2015年	87.62	66.52	65.81	50.50	51.62	56.85	50.89	60.92	47.68	42.01	43.34
2016年	87.89	67.72	66.99	51.99	53.09	58.10	52.76	62.60	49.21	44.16	45.02
2017年	87.72	68.76	68.00	53.49	54.61	59.30	54.62	64.10	50.79	46.03	46.68

图2　长江经济带各省（市）城镇化率

资料来源：根据国家统计局数据计算得到。

（三）土地城镇化与人口城镇化矛盾明显

2017 年，长江经济带 11 个省市年末总人口约占全国总人口的比重为 42.80%，超过全国人口的 2/5。全国人口十大省市中有 6 个分布在长江经济带沿岸，分别是四川省（8302 万人）、江苏省（8029 万人）、湖南省（6860 万人）、安徽省（6255 万人）、湖北省（5902 万人）和浙江省（5657 万人）。另外，由于经济水平和区域发展政策的差异，产生了人口和土地资源配置效率的差异，导致长江经济带上、中、下游三个区域的协调发展度差距呈扩大趋势。这种协调度在空间上呈现东北高、西南低的“东北－西南”格局，表现出明显的“城市群集聚”特征，协调发展程度高的城市集中在长三角城市群、长江中游城市群和成渝城市群。长江经济带人口城镇化和土地城镇化发展的不协调将影响其新型城镇化建设的进程，但这一现状并不是由单一的经济发展差距造成的，而是地方政府在利益驱动下产生的“土地财政”现象和土地二元结构导致的土地城镇化超前、户籍管理和流动制度造成的人口城镇化滞后共同作用的结果。

三　长江经济带生态环境现状

（一）水资源总量大，水质性缺水问题严重

长江水资源总量约为9616亿立方米，约占全国河流径流总量的36%，是黄河流域的20倍。但是由于长江经济带人口众多，人均占有水资源量仅为世界人均占有量的1/4。以水资源总量指标来看，图3数据显示，2013年，长江经济带水资源总量为11035.35亿立方米，约占全国水资源总量的39.47%；而2017年，该指标增加到13300.70亿立方米，约占全国水资源总量的46.25%。

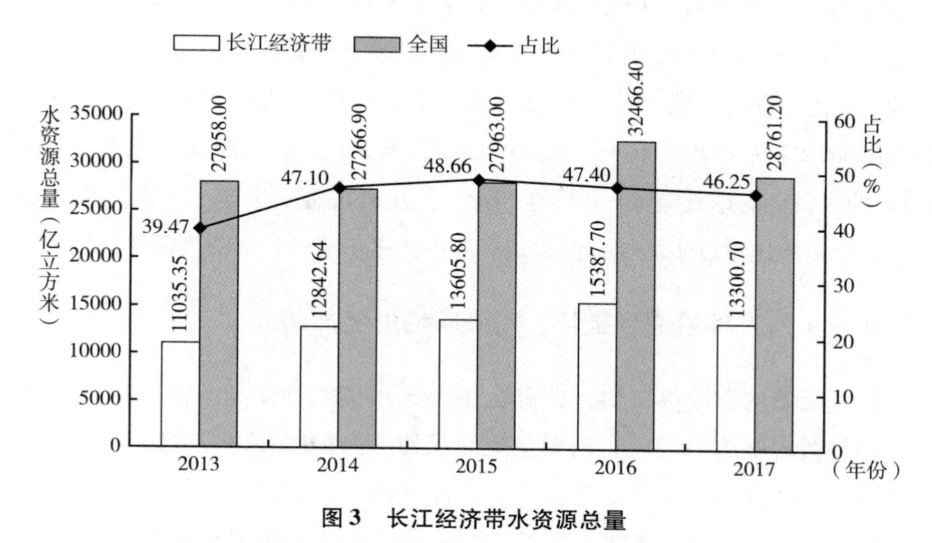

图3　长江经济带水资源总量

资料来源：根据国家统计局数据计算得到。

长江经济带的发展离不开地区的水资源，水资源也是建设蓝色生态长江经济带的必需要素。随着经济发展和城市规模的不断扩大，长江经济带对水资源的需求也不断增加。从2004年的2350.03亿立方米用水总量迅速增加到2015年的2688.30亿立方米。用水总量净增加338.27亿立方米。该增加量相

当于“南水北调”工程每年一大半的调水总量。另外，长江经济带水体污染情况严重，2017 年，长江流域废污水排放总量为 346.7 亿吨，与上年度同比增加 7.9 亿吨，其中生活污水 151.2 亿吨，占 56.4%。重化工业围江格局基本形成，已建成五大钢铁基地、七大炼油厂和一批石化基地，正在建设或规划的化工园区还有 20 多个，长江沿岸已集聚着有 40 余万家化工企业。由此引致的水质性缺水问题是长江经济带现在及未来发展所面临的严峻挑战。

（二）土地资源承载压力过高，中东部地区严重

长江经济带土地资源承载压力过高，尤其是长江经济带中、东部地区的土地资源承载了过重的人口和经济增长压力。数据显示，长江经济带土地面积约 205 万平方公里，占全国的 21%，人口和经济总量超过全国的 40%。根据 2015 年的统计数据，上海、江苏、浙江地区土地资源占全国土地资源总面积的 2.2%，却承载着全国 11.6% 的人口，支撑着全国 20.1% 的 GDP；安徽、江西、湖南、湖北区域，以 7.3% 的土地资源，承载着全国 17% 的人口，支撑着全国 14.2% 的 GDP；重庆、四川区域，以 6.0% 的土地资源，承载着全国 8.2% 的人口，支撑着全国 6.7% 的 GDP。长江经济带从上游到下游区域，经济、人口承载比重逐步增加，但土地资源占比逐步减少，资源禀赋特征显著。

（三）生态环境遭到破坏，污染防治形势严峻

长江流域生态地位突出，拥有全国 1/3 水资源和 3/5 水能资源储备总量，森林覆盖率达 41.3%，河湖湿地面积约占全国的 20%，拥有丰富的水生物资源，哺育着沿江近 6 亿人民。长江经济带面积约占全国的 21%，已经形成了以水为纽带，连接上下游、左右岸、干支流的独特经济社会大系统，其生态关系着全国经济社会供给。2018 年 6 月，审计署对长江经济带 11 省市生态环境保护相关政策落实的审计数据显示，尽管长江经济带在社会经济发展和城镇化推进过程中对生态环境造成了一定程度的破坏，但是近年来通过整治整改也做出了诸多努力。2017 年，长江经济带化学需氧量、氨氮、二氧化硫和氮氧化物等主要污染物排放总量比 2016 年分别削减了

2.97%、4%、9.24%和3.975%；国家地表水环境质量监测考核断面的水质优良率为73.9%，比2016年提高了0.6个百分点，劣V类水质断面（3%）比2016年下降了约0.3个百分点。同时，长江经济带11省市污水和垃圾处理能力近两年分别增加8%和11%。水、大气等污染治理部分阶段性工作任务完成情况较好，各省共取缔“十小”企业2486户，占已公布取缔名单的99.84%，省级及以上工业集聚区约九成已建成污水集中处理设施。

但是，同时也应该看到的是，长江经济带生态环境已经遭到了破坏，以工业废水排放量指标来看，图4（a）数据显示，2013年，长江经济带工业废水排放量为301.09亿吨，占全国工业废水排放总量的43.30%；而该数据到2017年，已经增加到310.38亿吨，占全国工业废水排放总量的44.36%。另据审计署公布数据显示，截至2017年底，九省有118座敏感区域的城镇污水处理厂未按国家要求达到一级A排放标准。因污水处理能力不足、管网损坏等，6个省有2.24亿吨污水未有效收集处理或直排入河。由此可见，长江经济带水污染已经成为当前必须要高度关注的突出问题。而以工业SO_2排放量和工业废物产生量数据来看，图4（b）（c）的数据分别表明，长江经济带沿线工业产生的SO_2排放量和废物虽有逐年放缓趋势，但是从全国范围来看，仍然占有较大比重。

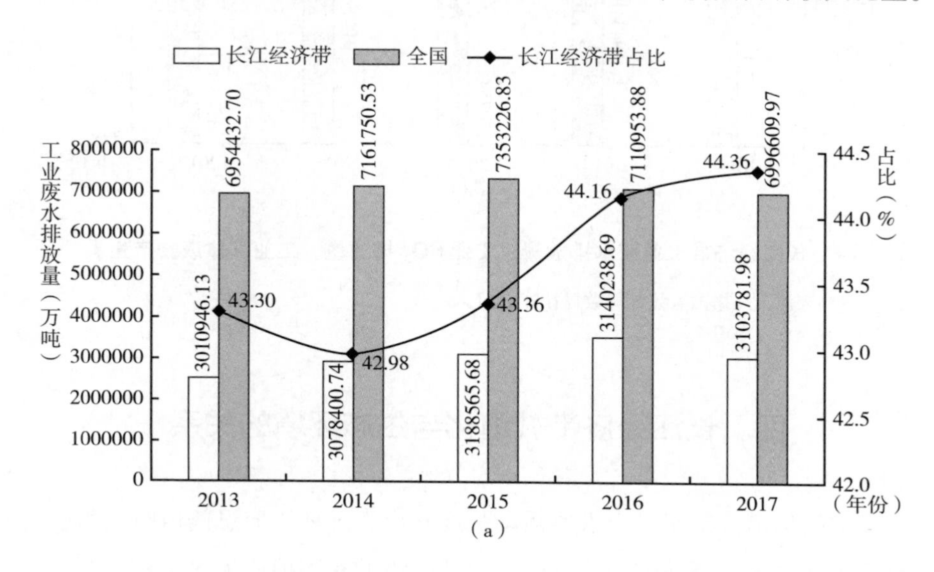

（a）

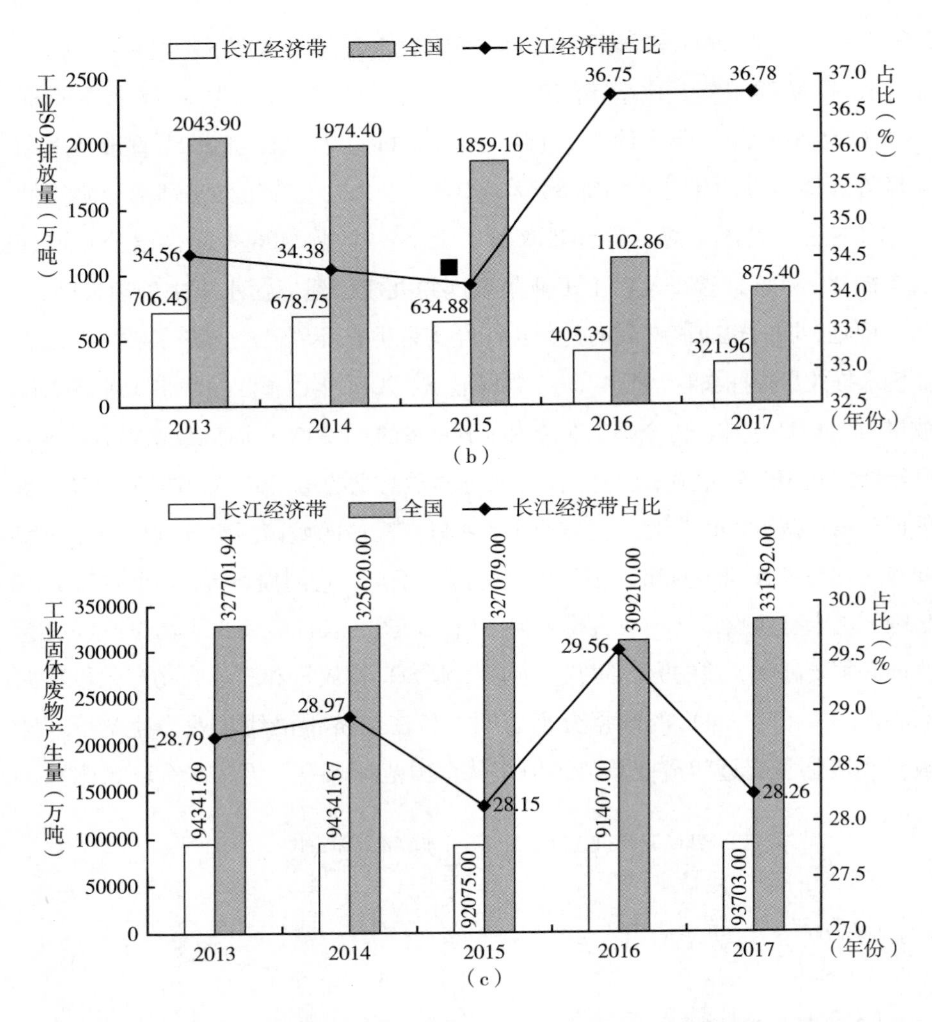

图 4　长江经济带工业废水排放量、工业 SO_2 排放量、工业固体废物产生量

资料来源：根据国家统计局数据计算得到。

四　长江经济带城镇化与生态环境的关系

耗散结构理论指出，当人类活动强度超出生态环境容忍阈值时，可能会导致城镇化系统由当前的有序结构走向低一级的有序抑或无序结构，换句话说，城镇化会受到生态环境容量的限制。反过来，城镇化质量的提高也有可能促进生态环境系统向高一层次的有序结构转变，进而对城镇化产生促进效应。城市是一个耗散结构体，在人口向城市转移、生产要素向城市集聚、城市地域向周边扩展的进程中无时无刻不在与生态环境进行物质交换和能量转化，这种物质能量及熵的交换本身就是城镇化子系统与生态环境子系统之间的相互作用、相互影响。城镇化子系统与生态环境子系统之间相互影响和相互作用的实质是一种人地关系。

因此，城镇化与生态环境之间的相互作用、相互影响是一个动态的时间函数关系式，两个子系统在客观上交互耦合成一个开放的、非平衡的、具有非线性相互作用和自组织能力的动态涨落系统。城镇化最初阶段，由于人口不断迁移以及产业结构的调整，土地资源和水资源等自然资源会不断消耗，以支撑经济发展的需要，这就造成了对当地生态环境的破坏，这种“摊大饼”式的发展既导致了城镇化低质量发展，也使得资源环境约束不断增强。如果城镇化与生态环境不能够很好融合，二者之间的矛盾必然导致发展的不可持续。

（一）城镇化对生态环境的胁迫作用

如果从不同的角度分析，可以将城镇化划分为人口城镇化、经济城镇化、社会城镇化等不同概念。

1. 人口增长对生态环境的胁迫效应

人口城镇化，即从人口转移的角度阐述，城镇化是农村剩余劳动力不断向城市转移，进而由农村户口转为城市户口，农业人口转为非农业户口的过程。人口城镇化对生态环境的胁迫效应，主要是通过人口密度和生活强度两个指标反映，伴随着社会经济的发展，城镇人口密度不断增强，对于资源环境的索取也不断提高，同时，在生活强度上，由于生活方式和生活习惯的转变，对污染的排放量也在不断增加。因此，当人口城镇化速度加快，人口密度也就越大，生活强度不断增强，也就加大了对资源环境的压力。

2. 经济城镇化对生态环境的胁迫效应

经济城镇化对生态环境的胁迫效应，主要表现在其产业结构调整对资源环境的破坏。由于城镇化的推进，从事第二产业和第三产业的人口不断增加，这些企业通过对生态环境的索取，在用地规模、耗电耗能、水资源利用等方面都表现得较为明显。企业通过用地规模的增加，对农业用地进行征用；企业通过对资源环境的利用，才能够实现更好更快发展，进而不断增加投资，对资源环境再索取、再利用，对资源环境的压力不断加大。但是，也应该注意到，经济城镇化并不见得都会对资源环境造成较大破坏，如果利用好经济城镇化，反而会对资源环境形成很好的保护。经济城镇化本质在于产业结构的调整和优化，如果产业结构更加适应市场需求，在资源环境的承载范围之内，则能够很好地缓解生态压力。同时，政府通过环保政策的出台及对资源环境保护力度的加大，也会在很大程度上限制和敦促企业的转型升级，在清洁生产技术和产业结构上给予更大支持，从而缓解经济城镇化对生态环境的压力。

3. 生活方式对生态环境的胁迫效应

这里的生活方式主要是从交通和能源消耗两个方面来看，交通是城镇发展的重要部分。城市发展必然会加大对交通的建设，但是，这也会带来灰尘、噪声、汽车尾气等的环境污染，这种污染如果不能得到很好的处理，必然会造成更深层次的污染。而能源消耗则是城镇化对生态环境更为直接的影响，城镇化在一定程度上会带来对化石能源等一些非可再生资源的利用，这种利用会加大对生态环境的压力。为了城镇化和经济的可持续发展，要合理利用不可再生能源，同时要积极发现新能源以替代旧能源。

（二）生态环境对城镇化的约束作用

1. 生态环境恶化会改变城市空间，阻碍城镇化发展

党的十八大以来，党中央、国务院高度关注人民群众生活质量的提升，并明确提出“人民对美好生活的向往，就是我们的奋斗目标”。自古以来，人们对美好生活和美好生态的追求就一直没有间断，尤其是对其所居住环境的关注。生态环境的恶化必然导致居住环境舒适度的下降，会带来人口的不断外流，也就影响了城镇化的发展。而这种对城市居民的“驱逐”，必然会

带来技术和资金的流失，使得中心城区不断衰退，也就在空间上改变了城市的结构。这主要是因为相对于城镇中心的高人口密度和较大的生态环境压力，一些有经济实力的城镇居民宁愿到郊区寻求更为适宜的生活环境，从而改变城镇的空间地域结构。

2. 生态环境恶化会造成环境污染，影响城镇化质量

城镇化的发展速度会在一定程度上造成生态环境的恶化程度。历史上有许多著名的环境恶化事件对城市发展和人民群众生命安全带来重大灾难的案例。如英国伦敦烟雾事件、美国洛杉矶的光化学烟雾事件、苏联切尔诺贝利核事件、日本四日市二氧化硫污染事件等。未来社会的发展不能以牺牲资源为代价，也不能走以往“先污染后治理”的老路，要在发展的同时及时进行生态治理，注重环境保护。十八届五中全会首次将生态文明列入“十三五”规划内容，要求各级各部门高度关注生态问题，因为这将关系到人民的切身利益，关乎整个民族的永续发展。未来的城镇化建设应该转粗放发展为集约发展，注重城镇建设与生态环境的协调统一，走具有可持续性的城镇化发展道路。

（三）城镇环境熵模型

熵理论被认为是21世纪的主导法则，著名科学家爱因斯坦称其为“整个科学的首要法则”，该理论指的是系统的混乱程度，在控制论、概率论、数论、天体物理、生命科学等领域都有重要作用，突破了最初的热力学领域，并且开始向自然科学、社会科学等领域拓展。1856年德国物理学家克劳修斯（R. Clausius）首次提出了“熵”的概念，用于表示变化的容量，熵定律揭示了系统内部一切不可逆过程的自发行进方向是熵增加方向。熵在宏观物理意义上来讲，指一切自发过程总是一步步向平衡态变化的；与此同时，系统的熵也在一步步增大，当系统达到平衡态时，其熵值便不再增加而达到最大。所以，系统的熵越大，则表明它越接近平衡态，也就是说，熵的大小反映了系统接近平衡的程度。因此，从宏观意义上说，熵是系统接近平衡态的一种量变。

基于此概念，Rebane 指出，伴随着社会经济发展，污染排放得越多熵增加得越快。也就是说，城镇发展对环境是不可逆的反应，在一定时间内，随着城镇化水平的提高，自然环境的混乱度增加，但人文环境趋于稳定。假设只考虑城镇化对生态环境的影响，那么城镇化对环境的影响研究体系可以近似看成热力学开放体系。类似于热力学中体系或环境的温度是决定因素，城镇化成为一切变化的主变量，环境则随着城镇化变化成为因变量。

那么，以此构建本研究所用的城镇环境熵模型（*UR*）。首先，假设模型满足以下两个条件：①城镇化是导致环境变化的主要原因，即城镇环境质量变化是城镇化的直接结果；②城镇环境变化的唯一原因是由城镇化导致的，即分析城镇化对城镇环境影响时不考虑其他因素。由此定义，城镇环境熵是反映城镇环境效应的函数，用 *UE* 表示，代表城镇化进程中对城镇环境的影响程度

$$UE = \frac{\mathrm{d}E}{\mathrm{d}U} \tag{1}$$

其中，*E* 表示环境水平，由若干系列环境指标组成，*U* 表示城镇化水平。当 *UE* 取值为正数时，表示对环境有利，熵值为正，城镇化对环境产生负面影响，城镇化的发展导致城镇环境质量下降；*UE* 取值为负时，熵值为负，城镇化对环境水平产生正面影响；当 *UE* 取值为零时，熵值为零，表示城镇环境处于平稳状态。城镇环境熵 *UE* 的绝对值越大，表明城镇化对环境的影响越显著。

考虑到研究需要，本文选定生态环境系统中的工业废水排放量（*IWW*）、工业废气（*IGW*，选用二氧化硫）排放量和工业固体废物（*ISW*）产生量三个环境指标，采用城镇化环境指标比率与人口城镇化的比率来计算城镇环境熵。城镇化以人口城镇化为计算来源，那么，由现实意义和数据可得性，将公式（1）变换为公式（2）

$$UE_i^t = \frac{\Delta E_i^t}{\Delta U^t}, i = IWW, IGW, ISW \tag{2}$$

其中，UE_i^t 表示地区在 t 时期的第 i 种环境指标的熵值，ΔE_i^t 表示地区的第 i 种环境指标与间隔 t 时间段该指标的变换率，ΔU^t 表示地区的城镇化水平的变化量。

（四）研究结论

本研究采用了城镇环境熵模型，利用 2013 ~ 2017 年长江经济带面板数据，探讨了城镇化对生态环境的影响关系，从而得出以下结论。

首先，城镇化进程对水资源的破坏最为严重。由城镇环境熵模型可知，熵值为正值表示对环境产生了负面影响，为负值时表示对环境有利。实证结果显示，2013 年以来，城镇废水环境熵出现负值的年份只有 1 年（2016 年），城镇废气环境熵出现负值的年份有 4 年，分别是 2013 年、2015 年、2016 年、2017 年；城镇废物环境熵出现负值的年份有 3 年，分别是 2013 年、2015 年、2016 年。由此可见，城镇化对环境影响产生的正面影响要弱于废气和固体废弃物。反之，城镇废水环境熵的正值年份要多于城镇废气环境熵和城镇废物环境熵，城镇化对水环境产生的负面影响要更大，城镇化的质量导致城镇水环境的压力加大。因此，要对城镇化与水资源之间的相互影响关系加以进一步研究（见图 5）。

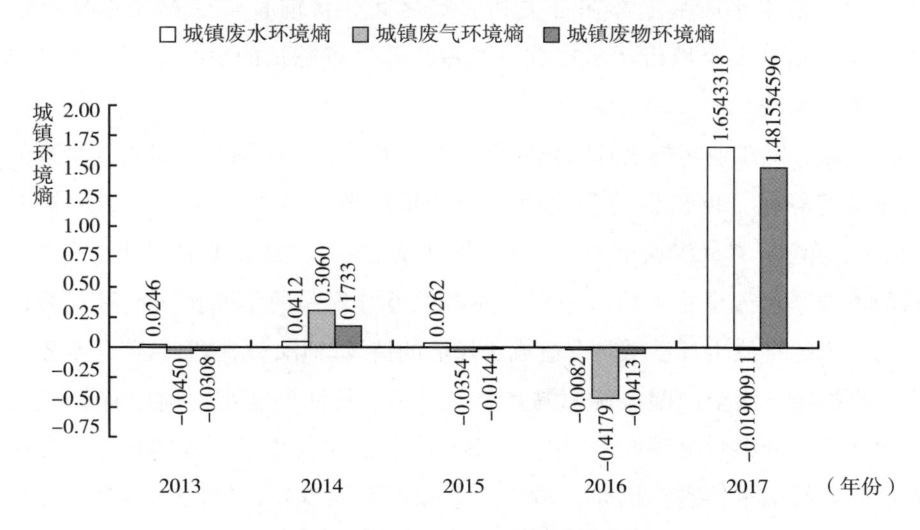

图 5　长江经济带城镇环境熵

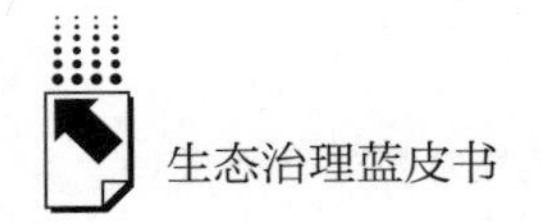

其次，之所以长江经济带废水环境熵明显，主要是因为城镇化对水体的破坏。有学者通过研究长江经济带COD排放和NH排放数据，分析了2013年以来的相关数据，结果表明长江经济带水污染呈现北多南少、中部多东西部少的空间分布，而从地区内差异来看，西部地区水污染排放差异最大，东部地区居中，中部地区差异最小；从地区间差异来看，东部与中部之间水污染排放的差异最小，中部与西部、东部与西部之间的差异较大（杨骞等，2016）。从地理角度来讲。长江干流地处亚热带，气候适宜，优越的地理条件使它聚集了全国近1/3的人口，长江三角洲、成都平原和中下游平原地区的人口密度达600～900人/平方公里，上海达4600人/平方公里以上，是中国人口最稠密的地区。正是这样的先天地理优势，吸引了大量城市将工业企业沿江布局，众多重化工园区和企业大量的工业废水未经处理就直接排入长江，导致长江水污染情况日趋严重。相关数据显示，目前长江已形成近600公里的岸边污染带，有毒污染物300余种。长江干流中约60%的水体都受到不同程度的污染，多种重金属如铬、汞、镉等严重超标，长江经济带的河水、湖水中蓝藻、绿藻等现象日趋严重。在工业和人口都比较密集的长江中下游的上千公里河段，沿岸水质基本都在Ⅲ类和Ⅳ类之间。目前长江江苏段水质已降为Ⅲ类，沿江8个城市污水排放量约占江苏全省总量的80%，沿江的103条支流约有排污口130个。

当然，除工业污染之外，由农业生产、养殖业、生活污水排放等带来的水体富营养化，也是目前需要面对的严重问题。由于长江经济带内拥有“长江三角洲”“武汉城市圈”“环长株潭城市群”“环鄱阳湖城市群”“成渝城市群”等五个特大型城市群，随着城市群规模的不断扩大，沿江城市生活污水的排放也日益增多，造成水环境的持续恶化，水体富营养化现象加重。根据第二次全国湿地资源调查结果显示，长江经济带湿地中有59%的湿地功能与健康状况评价为“差”，落后于全国平均水平。水体富营养化在湖区更容易集中体现，例如，2007年，太湖蓝藻暴发，致使无锡全城自来水断供。

五　推进长江经济带生态治理的政策建议

（一）全力建设长江经济带绿色生态廊道

长江经济带的四大战略定位，第一个就是生态文明建设的先行示范带。明确要把保护和修复长江生态环境摆在首要位置，共抓大保护，不搞大开发，建成上中下游相协调、人与自然相和谐的绿色生态廊道。习近平总书记指出，要增强系统思维，统筹各地改革发展、各项区际政策、各领域建设、各种资源要素，使沿江各省市协同作用更明显，促进长江经济带实现上中下游协同发展、东中西部互动合作。在这一重要思想指导下，长江经济带11省市合力推进全流域协同融合，加快推进资源在更广领域优化配置。逐步建立健全最严格的生态环境保护和水资源管理制度，加强流域生态系统修复和环境综合治理，大力构建绿色生态廊道。不断提升黄金水道功能，抓好航道畅通、枢纽互通、江海联通、关检直通，高起点、高水平建设综合立体交通走廊。加速推进产业有序转移和城镇化空间格局优化，坚持创新发展和产城融合发展，着力建设现代产业走廊和新型城镇走廊。

（二）转变经济增长方式为集约型发展

目前来看，长江经济带城镇化已经进入快速发展阶段。但是，人均资源占有量有限、资源有效贡献率较低和城镇公共设施利用率不高等现实状况，不利于经济的长期可持续发展（戴均良等，2007），长江经济带未来城镇化要转变重数量轻质量、重速度轻发展的思路。在城镇化进程中，要实现经济增长方式的集约型发展。

这就需要长江经济带沿线省市调整产业结构，加强节能减排，减小生态环境压力。城镇化水平的提高造成了一定的生态环境压力。本文实证结果已经表明，长江经济带城镇化对生态环境造成了较为严重的破坏，城镇化水平的提高往往伴随着能耗增大，工业、生活废水、废气、固体废弃物等污染物排放量的增多，往往带来巨大的环境压力，而传统产业结构正是产生生态环境压力的很大原因之一。产业结构是城镇化水平的重要体现，产业结构是否合理，对于生态环境质量有着明显影响，优化产业结构对推进新型城镇化进程、减小生态环境压力、提升生态环境质量有着至关重要的作用。对于支柱产业为第二产业的城市而言，是决不能走一条边污染边治理的老路，在推进新型城镇化的过程中，要把解决环境污染和破坏环境问题作为城镇化进程中的重要课题，出台更为有效并符合当地实际的环保政策，建立合理的产业结构，减少高能耗、高污染的企业数量，积极进行产业结构升级，鼓励高新技术行业发展。同时，积极投入资金和技术治理污染，提高清洁技术，加强排污监督和管理，加快形成低消耗、低排放和高效的集约型发展方式，不断促进资源高效利用和循环利用，有效降低污染物排放量，从而减小城镇化过程中对生态环境的造成压力。

参考文献

[1] 倪鹏飞、杨继瑞、李超、董杨：《中国城镇化的结构效应与发展转型——“大国城镇化前沿国际问题学术论文”综述》，《经济研究》2014 年第 71 期。

[2] 陈锡文：《推进以人为核心的新型城镇化》，《人民日报》2015 年 12 月 7 日。

[3] 王维：《长江经济带“4E”协调发展时空格局研究》，《地理科学》2017 年第 9 期。

[4] 杨骞、王弘儒：《长江经济带水污染排放的地区差异及影响因素研究（2004～2014)》，《经济与管理评论》2016 年第 5 期。

[5] 戴均良、燕翀：《中国城镇化必须走集约型发展之路》，《城市发展研究》2007 年第 6 期。

国际借鉴篇

International Experience

B.15 发达国家生态治理经验、教训与启示借鉴

黄 鑫*

摘 要： 生态环境问题已经成为一个全球性热点问题。世界各国在生态环境治理实践探索过程中积累了丰富的经验。报告总结了美国、德国、瑞典和日本等发达国家主要生态治理做法。借鉴发达国家健全生态保护法律法规、开展生态治理协同共治、正视环境科学研究、推进可持续发展战略、增强生态民主意识，总结生态治理经验，提出中国生态治理措施，完善环境保护法律体系、构建多中心生态型政府、推进绿色可持续发展、灵活运用生态治理手段、加强生态民主建设、积极参与全球生态合作治理。

* 黄鑫，中国社会科学院大学农村发展系博士生，主要研究方向为生态经济与农村生态环境治理。

关键词： 发达国家　生态治理经验　启示借鉴

生态环境是反映一国国情的重要方面。从全球视野看，发达国家是现代工业发展最大的经济受益主体。发达国家在经济发展过程中比其他国家和地区更早出现生态破坏事件和环境污染问题。在经历“先污染、后治理”阶段后，欧美等发达国家开始反思传统经济发展模式带来的惨痛教训，经过实践和探索，生态环境状况有了较大改善。总结和借鉴不同发达国家生态治理的主要做法和经验，对中国特色社会主义生态文明建设具有重要意义。

一　发达国家生态治理的主要做法

（一）美国：采用渐进式立法模式，依法保护生态环境

从立法保障生态治理效果来看，美国明显领先于其他发达国家。美国的环境立法以完备著称，立法工作的开展可以追溯到20世纪50～60年代。在全国生态破坏事件集中爆发后，联邦政府充分认识到环境立法的重要性，陆续出台了一系列生态环境法律法规。1969年颁布的《国家环境政策法》是美国环境保护基本大法，同时也是世界上第一部建立环境保护制度的法律。基于环境基本法，主要形成了污染控制和自然资源保护两种环境法律体系。其立法范围涵盖了固体废弃物、噪声、水资源、大气等几乎每一个生态环境领域，全面阐述了对环境污染控制和保护的目标、治理措施和职责。环境基本法的颁布使美国的环境政策立法进入了新的历史阶段。1970年美国颁布了世界上第一部《环境教育法》，通过环境教育立法有效保障公民参与生态环境问题决策权利。为世界同期其他国家的环境教育立法提供了效仿先例。20世纪70年代，美国先后制定出台了《清洁水法》《清洁空气法》等当代具有重要影响的环境保护法律。到目前为止，美国

环境保护相关的法律法规陆续出台了120多部，形成了较为完备的生态环境法律体系格局。

（二）德国：加强生态治理多边合作共治

德国在生态治理过程中的很多做法都走在世界前列，尤其是在多边合作共治方面的经验和做法值得他国学习借鉴。欧洲莱茵河是一条跨国界河流。基于莱茵河在工业、农业和水源等方面的重要地位，德国又称其为“母亲河”。20世纪50年代，莱茵河污染十分严重，流域生态环境治理刻不容缓。德国、荷兰、瑞士等多国共同参与成立了“保护莱茵河国际委员会”（ICPR），宗旨是协同治理改善莱茵河水质，修复生态环境。尽管流域沿线国家的经济发展水平不同，但是在实现莱茵河可持续综合管理的认知上是一致的。各成员国立足于流域整体利益，积极履行国际公约，开展跨国间的合作治理，分别建立了流域管理机构和跨州的协调委员会，定期就流域环境治理进行会晤和协调，通过协商对话的方式增加认同和合作的机会。德国位于荷兰的上游，然而在长达60年的流域生态治理中，德国并没有把污染治理责任推给下游国家，而是积极投入生态治理的工作当中。除了推进跨国紧密合作之外，德国主要实施整体性生态治理，侧重整体治理效果。[①] 瑞士、卢森堡和法国已经减少除草剂用量，而德国政府完全禁止使用除草剂，从源头上直接消灭污染源。

（三）瑞典：正视环境科学研究，为生态治理提供技术支撑

瑞典是较早关注环境科学研究的国家之一。1966年，瑞典环境研究院基金会、瑞典政府和瑞典工业协会共同成立了瑞典环境科学研究院（IVL）。瑞典环境科学研究院是欧洲乃至世界最先进的环境研究院之一，主要的研究工作是利用环境科学技术指导工业企业的生产加工，进而降低工业生产对生

① 方世南：《德国生态治理经验及其对我国的启迪》，《鄱阳湖学刊》2016年第1期。

态环境的污染。瑞典政府积极鼓励环境研究院的科学研究，在环境研究和发展项目中由政府和企业共同承担研究费用，这种方式极大地促进了环境科研技术的发展。[①] 除了对科研机构的支持，瑞典政府还高度重视森林生态的科研投资，国家拨款占总投资经费的38%，科研经费主要用于林产品开发利用。依靠先进生产工艺提高林木利用率，选择可替代能源降低用材量，促进森林生态保护。[②]

（四）日本：实施环境教育策略，注重全社会参与

日本是世界公认的环境教育先进国家。自20世纪五六十年代开始，日本政府就开始实施“公害教育”，高度重视全社会环境保护意识的培养和宣传。2003年，日本政府制定并出台了《环境教育法》，日本也因此成为亚洲第一个颁布环境教育法的国家。日本生态环境教育的显著特征在于它更加平民化和社会化。除了加强学校生态教育，还十分注重社会性生态教育方面的实践内容。[③] 在学校初级教育阶段就开始普及环境知识和培养环境意识。在社区设立各种环境教育中心和博览馆，例如开展生态主题活动，免费开放环境教育中心等。水俣病市政府成立了水俣病史料馆，详细展示水俣病病因发生、事件处理过程和产生社会影响等相关材料，提醒社会公众要增强环境保护意识。除此之外，日本还大力推行企业参与环境教育，通过政策优惠、财政支持、税收减免等方式鼓励引导企业绿色生产，调动企业参与环境教育的积极性和主动性。从普及化的“公害教育”到全社会参与的“环境教育”，日本全社会已经形成一种强大的环境保护氛围。

---

① 伦多伯格：《瑞典的环境污染控制及其与中国的合作》，载《第五届全国水污染治理技术装备交流洽谈会论文集》，1997，第304页。

② 王莹：《国外生态治理实践及其经验借鉴》，《国家治理》2017年第4期。

③ 余永跃、樊奇：《日本环境治理的经验和教训及其有益启示》，《经济社会体制比较》（双月刊）2008年第1期。

二 发达国家生态治理的经验

（一）健全生态保护法律法规

纵观生态治理效果良好的国家，存在一个重要的共同理念就是政府非常重视和强化在生态治理中的主体作用，从国家层面发起和推行的生态治理政策法律普遍完善，且呈现出具体细化的趋势。英国是较早开展生态立法的国家。伦敦烟雾公害事件发生后，英国政府积极推动环境立法，健全生态保护法律法规。1956 年，出台了首部空气污染防治法案《清洁空气法案》。随着环境状况的变化，英国在 20 世纪 60 年代和 90 年代分别对该法案进行了修订和完善。2008 年，英国率先颁布和实施了世界上第一部《气候变化法》，确立温室气体减排中远期目标，建立气候变化委员会，构建国内碳排放交易体系等方面内容，为其他国家制定生态保护法律法规起到了示范作用。总体来讲，英国生态立法范围囊括了环境污染、环境保护的各个方面，为生态环境治理实践提供了完备详细的法律依据。此外，日本在 40 多年的生态治理过程中，基本形成了比较完善的环境保护基本框架法律体系，成功从“公害岛国”转型成为“公害治理先进国家”。目前，日本的环境经济立法在全世界是最完备的，为了促进循环经济社会发展，形成了一种层次分明、条理清晰的循环经济法律体系，即基本法、综合法、专项法三个层次，由基本法统领综合法和专项法。①

发达国家十分重视生态环境法律法规内在的连贯性和协调性，以保证其有效实施。德国不断重组环境法，使法律法典化。自 20 世纪 70 年代第一部环保法颁布至今，共出台了 8000 多部与环保相关的法律法规，还有欧盟颁布的 400 多部法律，具体囊括了垃圾处理、废物管理、大气和污水治理、核能等各方面。德国生态环境立法的最大亮点是，将之前分散、繁

① 董慧凝：《略论日本循环经济立法对我国环境立法的启示》，《现代法学》2006 年第 1 期。

多的环境保护法律整合系统化，对可以共同适应的部分进行立法，突出环境法律之间的连贯性。这也有效避免了因数量增多导致重叠、冲突的情况，使环境立法基本框架维持不变。[①] 荷兰环境立法涉及气候变化、危险与有害物质、废物处理、资源挥霍与浪费等环境污染防控和自然资源保护的各个方面，法律之间紧密衔接，形成了比较完备的生态环境立法体系。荷兰皇家政府每四年制定一次《全国环境政策计划》，以此作为全国环境保护工作的纲领性文件，各省政府根据全国环境政策规定需要每年提交一份《省环境方案》。[②] 在不同的环境法律法规中还纳入了不同的环境法律制度，如许可制度、环境影响评价制度、信息公开制度等，不断地修订和完善相关法律法规内容。

（二）开展多边合作，推进跨国、跨域协同共治

发达国家普遍较早确立了生态治理合作模式，国际生态环境协同共治的核心是让参与国能彼此信任，通过综合行动在可持续发展中实现共赢。在共同应对全球气候变化问题中，日本、欧盟等发达国家积极履行《京都议定书》明确的减少碳排放的目标，承诺为发展中国家提供资金支持和绿色技术转让，通过协同合作实现互利共赢，为全球可持续发展事业做出贡献。

发达国家注重区域生态环境协同共治模式，同时也意识到制度机制在保持持久性合作关系中所发挥的重要作用。美国较早意识到生态环境问题的跨行政区（州、县、市）和跨流域治理问题，因此，各州和地方政府间有着多种合作模式。在大都市区域内，府际间通过城市联盟等多种形式进行跨行政区域的生态治理，建立区域委员会有效机制，进一步加强区域间的合作和协调。德国成立了相应的环境保护部门，对联邦和各州进行生态环境统筹整治，普遍建立起跨区域的生态环境保护协调机制、环境联合治理机制、应急

① 夏凌：《德国环境法的法典化项目及其新发展》，《甘肃政法学院学报》2010 年第 3 期。

② 严立冬、冯静：《荷兰的环境政策及启示》，《环境导报》2000 年第 2 期。

联动机制等，进一步降低协调、沟通等合作成本，为区域生态治理提供合法支撑。①

（三）严格环境管制，兼顾多种环境经济手段

发达国家在加强环境管理、严格环境标准的同时，也越来越注重运用排污交易、财政补贴、税费优惠等经济刺激性手段来提高生态治理效率。新加坡作为世界公认的“花园城市”，其优美的生态环境很大程度上依赖于完备的环境立法建制和严苛的执法模式。新加坡成立了城市宜居研发中心，认真参考和借鉴国际领先的环境标准，并广泛采用多元化环境经济管理手段，如增开香烟消费税、水资源保护税和污水处理费等各种有利于环保的税种，还辅助对环保设备进行税收回扣和加速折旧等方式，一方面减少了居民和企业等影响环境的生产和消费活动，另一方面提高了环境资源的有效利用率，促进了经济发展和环境保护的协调。②

相对于强制性行政手段，欧盟及其成员国更加侧重市场机制及市场调节工具的应用。其中环境税收、排污收费和押金返还三种环境经济手段比较典型，通过提高有害原料的使用成本，鼓励生产者和消费者削减废物排放量，以此改善环境质量，有效地平衡了经济发展和环境保护的关系。③ 美国自20世纪80年代推进生态税收后，形成了相对完善的环境经济政策，其中《超级基金法》创造了美国史无前例的严格环境赔偿责任体系，“超级基金”的税收来源是化学原料消费税、汽车消费税和公司所得附加税，主要用来支付清理废弃物的成本。④ 美国实施排污权交易政策也是最成功的国家，将排污权交易法制化，“总量管制和排放交易”机制就是以拍卖的方式分配二氧化碳的排放额度，最终实现节能减排、低碳环保目标。

---

① 孟静：《以协同共治推进区域治理的现代化转型》，《现代经济探讨》2019年第6期。

② 谭颜波：《国外生态文明建设的实践与启示》，《党政论坛》2018年第4期。

③ 姜爱林、钟京涛、张志辉：《发达国家城市环境治理的若干经验》，《内蒙古环境科学》2008年第5期。

④ 张美芳：《美国的环境税收体系及其启示》，《现代经济探讨》2002年第7期。

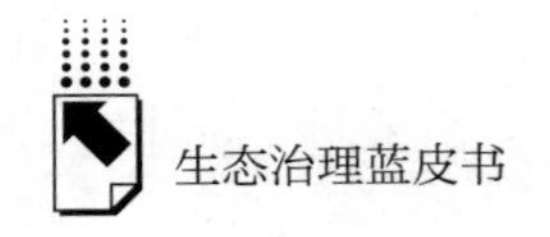

（四）可持续发展成为生态治理的核心

发达国家在经过经济高速增长阶段后，在经济发展、社会进步等方面对可持续发展思想达成了共识，形成社会、经济和生态“三位一体”可持续发展战略。可持续发展是一个长期目标，其中有很多内容无法通过法律等正式手段开展，为了推行可持续发展战略，美国政府成立了总统可持续发展理事会，理事会由企业和非政府人士牵头，而政府扮演“元治理”角色。可持续发展战略逐渐转化成为政府、企业、公民三方的共同参与。① 同时，《国家可持续发展战略及行动计划框架》为可持续发展提供了纲领性的指导。1994 年，英国颁布了《可持续发展：英国的战略选择》，将可持续发展上升至国家战略高度。英国的可持续发展目标是协调好经济发展和生态环境保护的关系，确保现在和将来每一个人都有更好的生活质量。② 此外，政府充分发挥法律、经济和行政手段在促进可持续发展过程中的作用，吸引多方力量共同参与环境保护，推动社会和经济的可持续发展。日本的可持续发展理念最早体现在《环境基本法》和《环境基本计划》等环境立法中。日本积极倡导“环境立国”，提出了建设可持续发展社会的日本模式构想，通过设立环境税、引入环境会计制度、扩大绿色采购等方式坚持可持续发展。2000 年，日本把循环型社会建设上升至基本国策，颁布了 6 部法律为社会可持续发展提供法律依据，经过几年的发展，已经逐步建立起以可持续发展为核心理念的高质量循环型社会，实现了环境和经济的良性循环。

（五）重视环境科学技术，增加研发投入

发达国家生态治理的成功经验包括政府当局依靠先进的环境科学技术开展生态治理工作。美国注重发挥财政资金的引导作用，加大财政资金向环境科研机构和大学倾斜力度，鼓励新能源和节能产业升级等技术研发。联邦政

---

① 丘史：《美国可持续发展战略的目标和指标》，《全球科技经济瞭望》1996 年第 3 期。

② 辛欣：《可持续发展战略与政府行为分析——以英国为例》，《再生资源研究》2005 年第 1 期。

府基于源头预防控制污染的思路开展环境科技研发，运用研发节能技术、制定技术规范为私人住宅提供节能技术支持，进而提高公众生活质量。美国雄厚的科技实力一直保持世界领先地位，包括环境科学研究等基础研究一直是政府科技投资的重点，联邦政府各部门基础研究经费占本部门 R&D 总经费的比例根据各自的使命不同不断进行调整。[①] 日本也十分重视环境科学技术研发，合理使用财政拨款资金，在地方政府设立环境科学研究中心或研究所等环境技术研究单位，主要是为地方生态治理提供科学依据。因此，这也导致日本地方政府制定的环境保护标准一般高于中央政府的标准。环境科学研究为发达国家的生态治理提供了科学指导和支持保障。

（六）倡导多元主体参与，增强生态民主意识

发达国家的生态治理离不开多元主体的共同参与。德国联邦政府倡导多元主体参与的共同体精神，设立了生态民主参政途径，公众可以就生态治理问题与政府和企业协商沟通，拉近了公众、政府和企业的距离。法国是最先在生态治理领域制定环境协商机制的国家。通过环境协商机制具体实践生态民主，能够进一步优化政府和社会的关系。从法国的环境协商的实践内容来看，法国成立了可持续发展和环境协商国家，环境协商的参与者具有多样性，参与对象不仅包含各个层级的政府人员，社团、非政府组织以及所有利益相关者等均可受邀参会。[②] 让公众、有能力的社会团队和专家提升环境保护的参与感，有利于加强政府和社会公众之间的治理合作。澳大利亚全民参与环境保护积极性非常高。政府倡导多元治理，在合作开发、购买服务等方面不断加强与企业、非政府组织和个人之间的良性互动。[③] 在环境立法和相关环境政策制定中分发法律法规草案，广泛征求公众意见，进而提升法案的

---

① 李斌、林莉、周拓阳等：《美国联邦实验室与大学、工业界的关系》，《实验室研究与探索》2014 年第 4 期。

② 彭峰：《生态文明建设的域外经验——以法国环境协商法为例》，《环境保护》2018 年第 8 期。

③ 何隆德：《澳大利亚生态环境保护的举措及经验借鉴》，《长沙理工大学学报（社会科学版）》2014 年第 6 期。

可行性和可接受性。此外，政府环保部门开设了多种环保知识培训和技术指导，鼓励全民参与，培养生态民主意识。

三　发达国家生态治理经验对中国的启示

改革开放以来，中国经济建设取得了巨大成就。在实现经济持续增长、国家实力增强的同时，资源环境承受能力也在不断降低，环境风险加剧。从发展视角分析，随着城镇化、工业化和现代化进程的推进，人口增长、投资规模扩大、消费结构的变化等因素将大幅度增加资源消耗，带来环境污染。环境复杂性不断提出治理难题，发达国家的生态治理经验可以为中国提供积极的经验启示。

（一）全面完善生态型政府建设的环境保护法律体系

完备的环境保护体系可以为生态型政府建设提供坚强的法律后盾。相较发达国家的环境保护法律体系，中国环境法律体系仍然存在不足：数目多但可操作性不够，执行强度差；门类齐全但是环境基本法还不够完善。借鉴发达国家的经验主要从以下几个方面入手：首先，完善环境法律体系整体架构，确保环境保护立法的系统性和整体性，增加生态保护、循环经济等条例内容，为生态型政府构建提供一般原则和指导。《环境基本法》被视为日本环境基本法，是后期一系列环境法规制定的基本框架，很多环境治理问题和措施都是在基本法的指导下进行的，包括“环境立国”战略的提出，构建以基本法为统领，综合法为框架，各专项法为具体规范模式的循环经济法律体系等。① 其次，加强相关法律的可操作性，为生态型政府建设和实践提供法律依据。美国的环境法律法规制定都是由科学数据做支撑，根据精算的数据进行立法，目的是确保法律执法的可操作性，减少执行偏差和失误，实现执法必严。最后，不断修订和完善相关法律法规条例以适应生态型政府建设

① 吴真、李天相：《日本循环经济立法借鉴》，《现代日本经济》2018 年第 4 期。

新形势的发展要求。美国的《清洁空气法》在近 20 年的时间内修订了三次，日本的《废弃物管理法》自 1970 年已修改了二十多次。不断完善的环境法律体系几乎涵盖了环境保护领域的所有方面，有效地促进了有法可依。中国要在遵循环境法的基础上，为环境法律法规体系制定一个总方向，以此保障在进行相关法律法规修订时不偏离。对于落后不合时宜、与基本法等相抵触的法规条例要及时进行删减，另外要严格审查新制定的法律法规，使之与基本法、专项法实现良好衔接。

（二）构建多中心生态型政府，提升生态治理能力现代化

发达国家的生态治理经验证明，依靠政府单一主体是很难实现生态治理目标的，应该构建社会多元主体共同参与的生态共治模式。生态治理去中心化，绝不是弱化政府在生态治理中的作用，而是更加侧重所承担的治理责任，鼓励多元治理主体的参与，充分发挥各个主体的比较优势。[①] 中国正处于社会转型期，提升生态治理能力现代化的实践路径就是构建多中心生态型政府。一是修订和完善生态环境法律法规，为多中心治理模式提供有效的法律依据。明确政府生态部门和机构的权责，鼓励除了政府之外的多中心主体广泛参与，界定企业、公众以及非政府组织的生态治理角色。二是优化政府生态服务水平，转变政府在生态环境公共产品供给中的“全能型”责任角色，把企业、社会组织和公民视为生态服务供给中不可缺少的力量。发达国家多中心生态型政府治理带给我们的启示是：一些绿色组织和绿色政党一定程度上能够弥补政府在生态治理中的职能失灵和不足。因此，政府要充分调动社会多元主体参与的自主性和积极性，在平等合作的基础上，构建一种政府、企业、社会组织和公民多中心参与共治模式。三是开创公平的生态治理环境。综合运用行政手段和市场手段，可以从生态补偿制度、税收制度等方面引导和激发多元主体参与生态治理的主动性，实现经济效益、社会效益和生态效益相统一的生态治理目标。

---

① 张劲松：《去中心化：政府生态治理能力的现代化》，《甘肃社会科学》2016 年第 1 期。

（三）转变经济增长方式，实现绿色可持续发展

十九大报告指出，中国经济发展进入了新时代。在新时代背景下，面对错综复杂的国际环境和国内改革发展稳定重任，中国经济在应对风险挑战中仍然实现了稳中有进。但是不可否认，中国仍是世界上最大的发展中国家。一方面要维持经济快速增长、发展本国经济，另一方面还要保护生态环境，两者还没有完全实现同步优化。从欧美发达国家的发展历程来看，“先污染、后治理”的发展道路是不可行的，只有改变传统发展方式，实现可持续发展才是可行之路。

习近平总书记指出，“绿色发展和可持续发展是当今世界的时代潮流”。中国正在迎来绿色发展的时代，科学认识环境保护与经济发展之间的关系更是至关重要。首先，把绿色发展作为新时代国家经济发展新战略。深刻认识绿水青山就是金山银山的理念逻辑，优化重点领域绿色技术创新，鼓励绿色科技成果转化和推广应用，不断推进传统高消耗产业向绿色经济模式转向，大力发展低碳经济、循环经济。日本循环经济发展实践提供了很好的借鉴。为了促进可持续发展，日本建设循环型社会法律法规，确立“自然资源－产品－再生资源”的产业低碳化发展思路，发展生态工业园区，逐步建成了“循环型社会”。其次，牢固树立社会主义生态文明价值观，统筹贯彻新发展理念。利用环境教育、文化引导、伦理道德和媒体宣教等软实力工具培养全社会可持续发展意识，鼓励绿色生产、绿色消费，提升环境保护意识，呼吁全社会“像保护眼睛一样保护生态环境，像对待生命一样对待生态环境”，把思想和行动都统一到新发展理念上来，提高贯彻新发展理念的能力和水平。

（四）灵活运用生态治理手段

生态问题的复杂化对政府管制模式提出了新要求。但是相较于行政命令控制模式，市场激励经济手段在化解环境风险中的作用更加受到重视。发达国家的经验证实环境管制成效不是一蹴而就的，需要科学合理地使用调控手

段。环境治理市场经济手段的应用分为两种：一是对环境造成污染和破坏的行为主体进行处罚，使用环境税费手段增加成本降低利润，达到限制污染物总量的目的。二是对改善环境的积极行为给予奖励和补贴，使用生态补偿、财政补贴、税费减免等手段减少成本增加利润，鼓励行为主体的活动。[①] 此外，还可以通过明晰排污权，进行排污权交易。美国是最早成功实行二氧化硫排污权交易的国家，在全球大气治理中引进了“总量管制和排放交易”，落实减排、实现低碳发展。欧盟国家实行的押金退还方式比较典型，在处理电池、塑料等有毒废弃物时收取附加费作为押金，未造成污染还可以退还押金。现阶段，中国的环境管制工具主要有排污权交易和环境税费，市场激励手段应用非常少，可以借鉴发达国家的经验，采用行之有效的激励手段来提高主体参与生态治理的积极性和自主性。

（五）加强生态民主建设，推动公众参与生态治理

公众是生态治理过程中的主要力量。公众参与环境治理已经成为发达国家生态治理的一种重要发展趋势。德国生态环境治理获得成功主要得益于生态民主的强大合力，社会各阶层共同参与生态恢复行动。[②] 中国应该借鉴这些国家在生态治理转型中形成的生态思维和生态民主建设经验。

在意识形态层面，培育全社会的生态民主意识。主要是通过环境教育等软实力工具加强生态民主观念的形成和培养。把环境素质纳入素质教育和道德教育当中，既要重视学校的正式教育也要重视校外社会的非正式教育，增强环境教育大众化和人性化，激发和培养公众的环境保护意识和素质，在全社会创设良好的环境保护风气。

在政治层面，建立环境协商制度，加强政府和公众的沟通。协商的目的是为了达成共识。在生态治理中把政府、社会和公众视为利益共同体，通过对话和交流就环境保护问题达成一致。具体运用的环境协商工具包括：建立

① 王金胜：《经济“新常态”下以经济手段提升环境治理能力的探讨》，《环境保护》2015 年第 23 期。

② 郭秀丽：《德国环境保护的“生态民主”》，《求知》2015 年第 2 期。

健全政府环境信息公开，保障公众的环境知情权；召开听证会、专家论证会、审议会，接受公众听证咨询，保障公众的环境参与权；地方政府和重要企业定期进行生态报告公示，保障公众的环境监督权；支持环保组织和政府机构的沟通和协商，保障公众的民主决策权。

在社会层面，生态民主的建设最终还是要落实到全社会的社会价值观的形成和个体行动转化上。首先，要积极培育生态公平的观念，树立人与自然平等和谐相处的观念，以生态文明为导向，培养新时代生态公民、生态企业。其次，要加强基层民主建设。基层民主也是实现生态民主的重要途径。① 在保障公民环境基本权利的基础上要加强基层民主环境权利的完善，包括基层民主监督、基层民主决策等权利，进一步拓宽基层民主的诉求渠道，具体可以借鉴学习美国经验鼓励环境公民诉讼，提高当事人的环保意识，自下而上地推动环境的改善。

（六）重视人类命运共同体，积极参与全球生态合作治理

生态危机具有明确的全球向度。② 在经济全球化背景下，全球生态治理问题已经超越了国家治理权限，不再是单个国家主体所能化解的，必须探寻不同国家和治理主体的合作。中国提出的“人类命运共同体”，就是要把全人类视为一个命运共同体，通过合作与对话形成合力，共同应对全球生态问题。不同国家的国内政策、能力建设和经济结构存在一定差异，因此在全球环境治理中应该坚持“共同但有差别”的原则，合理协调国家的生态利益。从历史视角分析，现在的生态污染主要是发达国家在发展中累积产生，发达国家应该承担主要的治理责任。同时也要采取正义平等、合作对话、非霸权的方式帮助发展中国家提高环境治理能力。发展中国家本身就是生态危机的受害者，在保证本国生态安全的同时，也要积极参与全球生态治理。

中国作为世界上最大的发展中国家和负责任的大国，需要厘清自身生态

① 高建中：《生态思维与生态民主》，《北京林业大学学报（社会科学版）》2010 年第 1 期。

② 张红霞、谭春波：《论全球化背景下的资本逻辑与生态危机》，《山东社会科学》2018 年第 8 期。

治理责任，为全球生态治理做出贡献。第一，深度参与全球生态治理。中国要重视在生态治理中发挥的作用，继续为全球生态治理提供中国方案，为全球生态安全贡献智慧。① 倡导和践行人类命运共同体理念，积极推动《巴黎协定》具体生效和落实，主动控制碳排放，落实减排承诺，减少温室气体的排放，在多平台上发出中国声音，提高国家话语权。第二，积极广泛地开展国际合作。立足于全球人类共同利益，本着合作共赢原则、可持续原则与邻国和周边国家开展治理协作，尤其是在水污染治理和大气污染治理方面进行跨国联防联治。坚持《京都议定书》的“共同但有区别”的原则，自觉接受国际法律和条约的约束，按照本国经济发展程度履行减少温室气体排放的国际义务，维护国家间的共同利益。此外，要以环境正义为价值诉求，协同其他发展中国家共同商讨环境共治策略，在维护本国的环境权和发展权的同时，积极推动建立公正合理的国际生态环境新秩序，促进全球生态安全。

参考文献

［1］方世南：《德国生态治理经验及其对我国的启迪》，《鄱阳湖学刊》2016 年第 1 期。

［2］伦多伯格：《瑞典的环境污染控制及其与中国的合作》，载《第五届全国水污染治理技术装备交流洽谈会论文集》，1997，第 304 页。

［3］王莹：《国外生态治理实践及其经验借鉴》，《国家治理》2017 年第 4 期。

［4］余永跃、樊奇：《日本环境治理的经验和教训及其有益启示》，《经济社会体制比较》（双月刊）2008 年第 1 期。

［5］董慧凝：《略论日本循环经济立法对我国环境立法的启示》，《现代法学》2006 第 1 期。

［6］夏凌：《德国环境法的法典化项目及其新发展》，《甘肃政法学院学报》2010 年第 3 期。

［7］严立冬、冯静：《荷兰的环境政策及启示》，《环境导报》2000 年第 2 期。

① 王雨辰：《人类命运共同体与全球环境治理的中国方案》，《中国人民大学学报》2018 年第 4 期。

[8] 孟静:《以协同共治推进区域治理的现代化转型》,《现代经济探讨》2019 年第 6 期。
[9] 谭颜波:《国外生态文明建设的实践与启示》,《党政论坛》2018 年第 4 期。
[10] 姜爱林、钟京涛、张志辉:《发达国家城市环境治理的若干经验》,《内蒙古环境科学》2008 年第 5 期。
[11] 张美芳:《美国的环境税收体系及其启示》,《现代经济探讨》2002 年第 7 期。
[12] 丘史:《美国可持续发展战略的目标和指标》,《全球科技经济瞭望》1996 年第 3 期。
[13] 辛欣:《可持续发展战略与政府行为分析——以英国为例》,《再生资源研究》2005 年第 1 期。
[14] 李斌、林莉、周拓阳等:《美国联邦实验室与大学、工业界的关系》,《实验室研究与探索》2014 年第 4 期。
[15] 彭峰:《生态文明建设的域外经验——以法国环境协商法为例》,《环境保护》2018 年第 8 期。
[16] 何隆德:《澳大利亚生态环境保护的举措及经验借鉴》,《长沙理工大学学报(社会科学版)》2014 年第 6 期。
[17] 王金胜:《经济"新常态"下以经济手段提升环境治理能力的探讨》,《环境保护》2015 年第 23 期。
[18] 郭秀丽:《德国环境保护的"生态民主"》,《求知》2015 年第 2 期。
[19] 高建中:《生态思维与生态民主》,《北京林业大学学报(社会科学版)》2010 年第 1 期。
[20] 张红霞、谭春波:《论全球化背景下的资本逻辑与生态危机》,《山东社会科学》2018 年第 8 期。
[21] 王雨辰:《人类命运共同体与全球环境治理的中国方案》,《中国人民大学学报》2018 年第 4 期。

B.16

发达国家防范森林火灾发生的做法与启示

李 群 司海平 沙 涛*

摘 要： 分析我国森林防火管理存在的问题、成因及风险。研究日本、美国、俄罗斯、加拿大、英国、法国等发达国家森林防火管理的主要做法与启示。提出防范化解我国森林火灾重大风险发生的应对措施：要建立完善的森林防火制度；要加强森林防火意识宣传；要完善森林消防管理的软件与硬件设施。

关键词： 防范化解 森林火灾 重大风险 应对措施

森林火灾具有发生突然、波及范围广、蔓延迅速、火势猛烈等特点。森林火灾不仅会导致动植物资源损失、生态系统失衡、生态环境恶化，还涉及广大林农的切身利益和相关地区的社会稳定。近年来，我国发生了多起大型森林火灾，尤其是近期凉山州木里县森林火灾造成了严重的损失，30 名消防战士在救火中失去了生命。因此，要深入学习贯彻习近平总书记关于安全生产和森林防火工作的系列重要指示批示精神，坚决防范化解森林火灾风

* 李群，中国社会科学院数量经济与技术经济研究所研究员、博士生导师、博士后合作导师，中国林业生态发展促进会副会长，主要研究方向为经济预测与评价、当前经济社会发展热点问题。司海平，中国社会科学院数量经济与技术经济研究所博士后，主要研究方向为区域经济发展。沙涛，中国林业生态发展促进会秘书长，主要研究方向为生态治理。

险、坚决杜绝重特大森林火灾和人员伤亡事故发生，及时发现森林防火管理中存在的问题，进行成因分析及风险评判，借鉴国外发达国家森林防火管理的主要做法与启示，为下一步做好我国森林防火工作，提出防范化解我国森林火灾重大风险发生的应对措施，意义十分重大。

一　我国森林防火管理存在的问题、成因及风险

（一）野外森林火源多变

第一，在农业和林业部分重合地区，农民为了生活便利，往往选择直接点燃的方式来处理农业废弃物；焚烧废弃物过程中如果遇到大风，可能会迅速导致森林火灾；第二，游客在森林中乱扔烟头、森林墓地祭祀焚烧等人为因素也是森林火灾发生的主要因素之一；第三，雷电等自然现象与森林火灾的发生密切相关，并且此类火灾难以防范。其中，前两种类型的火灾发生的根本原因是相关人员森林防火管理工作不到位，人们的防火意识有待提升。最后一种类型是不可抗因素的起火，在实际管理工作中很难预防。①

（二）森林防火基础设备不到位

国家相关部门对于森林防火的资金投入和人力投入不够。森林防火的消防设施、装备落后，在遇到突发的森林火灾时，难以有效对火势进行遏制。在较大比例的森林区域中都缺少完善的防火便道。即使有些森林有防火便道，由于退耕还林等政策的影响造成便道年久失修，很长时间没有使用过，救火人员对防火便道的具体路线可能也不熟悉，救火将更加困难。另外，目前我国一些森林区域的工作人员缺少防火意识和消防经验，在森林火灾防范的宣传、管理、检查等工作上未尽到应有责任。许多森林区域忽视设置防火

① 鹿德林：《探析森林资源的森林防火管理》，《林业勘察设计》2019 年第 1 期。

机构，森林管理站在火灾扑救时缺少完备的救火预案，后勤保障工作亟待完善。一旦遇到森林大火，森林管理人员将难以做到从容调配人员、合理利用消防装备、淡定指挥灭火的工作状态。

（三）火灾责任追究机制有待完善

政府相关部门在森林火灾发生后，对事故责任人的处理和追究机制亟待完善。很多情况是找不到火灾事故责任人或者是对火灾事故责任的认定效率低下。即使明确了火灾事故责任人，一些管理部门也只是使用通报批评等轻度手段来处理。这种火灾责任处理与追究机制中存在的问题很可能导致相关森林工作人员忽视防火，森林防火工作难以取得突破性进展。

二　发达国家森林防火管理的主要做法与启示

（一）发达国家森林防火管理的主要做法

日本的主要做法是提高防火意识，普及防火知识，例如在公共场所以宣传画的形式宣传森林防火；在火灾多发季节，开展全国火灾防范宣传活动。另外，日本注重健全防火法律规范，完善防火体系建设，例如建造防火林，在森林中设置先进的通信设备，铺设交错宽敞的防火道路，使森林管理变得极为方便。

美国防火主要采取的措施：首先是建立健全法制；其次促进联邦、州、地方多级政府协同合作，完善先进通信设备、预警系统等消防设备，加强消防人员的消防戒备意识；最后，美国还加强国民防火意识，通过发行防火宣传材料和书籍，举办各类培训班，增加森林居民的防火灭火知识储备。

俄罗斯相关部门对于森林法规执行严格；重视防火宣传，例如俄罗斯许多森林广播站，在易发生火灾的季节间隔几个小时就播送一次防火宣传短片；林业部门防火指挥系统完备，每天报送防火灭火工作；林区各种消防装备和设施齐全，并建有多个消防站、瞭望塔等；林区配备专业灭火飞机和消

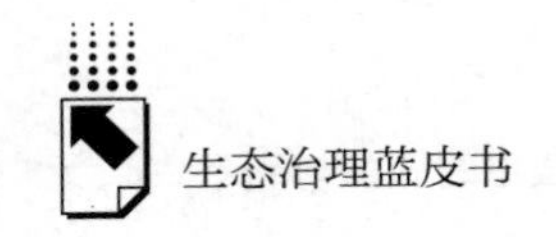

防伞兵，可以随时进行飞机灭火。

加拿大防火队伍专业且训练有素；防火教育较强，基础防火知识甚至已经写进了教科书；大气环境局每天定时向相关部门汇报风力、气温等火险预报；林火探测设备先进，有雷电方位探测仪、坐标地图、红外热感仪等高科技装备；林区具有飞机现场灭火能力。

德国通过种植多种树林来设置防火带，在火灾易发期做好防火准备和物资储备；在火灾易发期进行飞机巡逻，德国灭火飞机拥有世界上最大的飞机水箱，可以在火灾突发时进行迅速灭火。

意大利林区广阔，火灾易发，因此对防火工作尤其重视。他们将全国林区按火灾易发程度绘制成火灾危险图，定期组织飞机巡逻检查；在重点防火林区，配备专业抢险救灾队伍；卫星监测网覆盖全部林区，使用先进通信设备及时通报气象等相关数据。

英国潮湿多雨，虽然较少发生森林火灾，但也十分重视森林防火。主要是建立完善法规，减少人为火灾。例如在火灾易发季节，禁止游人进入森林。由于山区缺水，英国相关部门开发出一种喷洒在防火隔离带上的灭火剂，既经济又方便。

法国森林覆盖区域较广。主要防火措施是建立瞭望塔，设立防火隔离带，修筑蓄水池，及时清理防火道附近的杂草与灌木，定期巡逻。禁止在森林中吸烟、生火等行为，违者处以罚款，甚至监禁。对林区居民开展救火培训。①

（二）对我国森林防火管理的启示

与发达国家相比，第一，我国森林防火基础设施较为落后。森林火险预警平台与森林灭火的设施设备运行维护管理不到位。第二，我国地方政府对森林火灾的监督惩戒措施不够严格，责任制落实及追究不够到位。第三，我国政府对森林防火意识宣传力度较弱。有些地方对森林防火没有给予足够的重视，地方相关机构责任没有落实到位。

---

① 思狄：《国外森林防火措施简介》，《内蒙古林业》1994 年第 1 期。

三　防范化解我国森林火灾重大风险发生的应对措施

（一）建立完善的森林防火制度

1. 制定火源管理制度

制定森林中的火源管理制度是做好森林防火工作的关键。首先，应严格管理火源，严格审批森林野外用火。在火灾易发期，各地要深入重点部位进行全方位、拉网式的排查，横向到边、纵向到底，确保不留盲区、不留死角、不留空白。其次，严格监督野外用火制度。针对跨区域的林区则应完善联合执法工作机制，深入排查林区及其附近城乡居民点的森林火灾隐患，严防“家火上山、山火进镇村”；深入排查风景名胜区、军事设施、重要目标周边的森林火灾隐患，严防重要设施受到森林火灾威胁；深入排查林区输配电、通信等设施森林火灾隐患，严防线路老化、脱落等原因引发森林火灾事故；深入排查公墓、坟场以及林农接合部的森林火灾隐患，严防祭祀用火、农事用火；深入排查自然保护区、国有林场森林火灾隐患，严防森林火灾发生；深入排查林区在建工程施工现场用火隐患，严防生产用火导致森林火灾发生。最后，对野外用火期进行控制与监督，森林防火期内，在森林防火区禁止烧荒、烧秸秆、烧枝丫、烧煮加工山野菜、吸烟、烧纸、烧香、野炊、使用火把、点火取暖、燃放烟花爆竹、焚烧垃圾等野外用火行为。在防火期要严格控制与全面监督人员进出林区，即使是林业工作人员在执行任务进山之前都要经过相关检查。

2. 完善体系化森林防火方案

排查重点环节森林火灾隐患，确保山有人看、林有人护、火有人管、责有人担。深入检查责任落实是否到位，压实责任体系；深入检查宣传教育是否到位，落实群防群治；深入检查野外火源管理是否到位，严格野外火源管控；深入检查扑火队伍是否到位，确保应急力量部署到位；深入检查预案是否修订到位，做到分级响应；深入检查应急值守是否到位，杜绝脱岗漏岗、

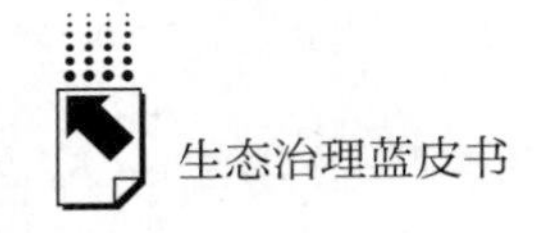

迟报瞒报。

由于森林火灾从产生火源到后续发展能够被检测和追踪，森林火灾的发生和蔓延可以做到及时防范，所以应制定一套具体且详尽的防火体系。从消防宣传、火源及时监测、火灾后的控制与后续的责任追究和认定方面，都应有与其相匹配的策略与措施。建立相关的责任落实制度，将责任落实到具体部门和具体人员，使日常消防管理工作做到有序进行。防止森林防火准备不充分导致火源扑灭不及时、大面积火灾发生。①

3. 加强风险防控，完善森林防火监督问责机制

相关部门及各地方要制订专门方案，加强风险分析研判，强化督导检查，严密排除各类森林火灾风险隐患；要进一步强化预警监测，前置应急力量，加大重点部位巡查力度，强化重点人群管护力度，确保万无一失。要建立完善的政府森林防火工作问责制度。将森林防火工作分配给不同部门的责任人进行负责，相关人员需要明确森林防火的主要任务和各项工作的第一责任人，建立完善的考核体系，对各项工作成效进行评估。同时，在森林火灾肇事者处理问题上，林业管理部门应加强管理，提高火灾查处率，发现火灾肇事者除了要进行必要的教育以外，还应该及时做出严厉的处分，做到从严整治，使肇事者从根本上意识到火灾的危害。②

（二）加强森林防火意识宣传

首先，对林区工作人员开展防火救火培训活动，播放火灾视频发挥警示作用，使林区工作人员认识到防火工作的意义，加强工作人员的森林防火意识，提高工作人员的责任感与安全意识。保证他们将森林防火工作落实到位，保障森林安全。③

其次，针对普通民众，相关部门可以新媒体等方式进行线上、线下森林防火意识和方法的宣传。例如相关部门可以在诸如微博、微信公众号等平台

① 何东雄：《森林防火工作的重要性及应对策略探析》，《现代园艺》2019 年第 5 期。

② 沈洁：《森林防火法治体系的构建研究》，《农家参谋》2018 年第 23 期。

③ 胡继伟：《森林防火工作中的主要问题与解决方法》，《农家参谋》2019 年第 4 期。

上以图片或者文章的形式宣传森林防火，召集网民进行森林消防知识竞答等互动游戏。还可以招募志愿者在森林周边居民点发放森林防火传单，定时进行广播播报以普及森林消防知识，提升群众的森林防火意识。

（三）完善森林消防管理的软件与硬件设施

1. 改善火源检测管理系统

对于占地面积较大的林区，采用传统的瞭望台监测、摄像头监控监测都有一定的局限。因此，林区管理者亟须完善森林消防管理系统，更新监测设备，采用现代高科技手段对火源进行精准的监测管理。可以利用网络技术建立森林防火的全国联网体系；可以通过雷达卫星，建立电子视频的监测制度；通过无人机技术，建立有效的灭火和巡山方案等。不断将科学创新成果运用到森林火情的防治上，从而使森林防火工作更加科技化和信息化。①

2. 加强消防队伍建设与管理

加强火灾排查队伍建设，提高森林火灾排查力度和防火效果。建立多人组成的专业火灾排查队伍，将人员分配到森林的各个区域，避免出现火灾排查遗漏。加强消防队伍能力建设，继续发挥人民子弟兵冲在救火第一线的、区别于资本主义国家的政治优势，全队应坚持每天达到相应时间的日常训练，以保证面对森林火灾时能够发挥专业的防火技能，保持不慌不乱，减少人员牺牲。消防队伍经费充足与否直接关系到队伍消防能力，因此相关部门应增强对消防队伍的资金支持，以保证设备与人员协调发挥重要作用。

3. 优化升级消防硬件设备

自主设计和引进发达国家先进的森林防火设备，完善消防装备。在一定单位面积内林区必须配备充足的消防灭火装置和设备，定期对这些装置设备检查，以便在检测到火源后能够及时启动进行灭火，为森林火灾的扑灭争取宝贵的时间，火灾发生时阻止火势的进一步扩展与蔓延。完善防火基础设备

① 汪文忠：《森林防火工作的重要性及应对策略》，《防灾博览》2019 年第 2 期。

的建设，保障任何区域内的森林都配备应急灭火装备、灭火物资仓库、灭火运输车辆等。对于没有火灾防火便道的森林要及时建设防火便道，有防火便道的森林区域，要定期对便道进行检查和修护。

参考文献

[1] 鹿德林：《探析森林资源的森林防火管理》，《林业勘察设计》2019 年第 1 期。
[2] 思狄：《国外森林防火措施简介》，《内蒙古林业》1994 年第 1 期。
[3] 何东雄：《森林防火工作的重要性及应对策略探析》，《现代园艺》2019 年第 5 期。
[4] 沈洁：《森林防火法治体系的构建研究》，《农家参谋》2018 年第 23 期。
[5] 胡继伟：《森林防火工作中的主要问题与解决方法》，《农家参谋》2019 年第 4 期。
[6] 汪文忠：《森林防火工作的重要性及应对策略》，《防灾博览》2019 年第 2 期。

Abstract

This report divides into five parts of General Report, Subject Report, Evaluation, International Reference and Regional Governance. The general report teases out the results of China's ecological governance since reform and opening up, clarifies the main problems and opportunities of current ecological governance, publishes China's ecological governance index and put forward ecological management policy proposal. In the subject report, the paper analyzes the governance process of each system from four aspects: ecological protection and restoration, forestry ecosystem, grassland ecosystem and water ecosystem. It also deeply discusses the problems existing in the current systems and points out their future ecological management ideas. Meanwhile, the subject report also collected reports on the ecological governance innovation led by party building, highlights the core role of the party in ecological governance. The evaluation paper divides into four parts of China's ecological governance index, big data analysis of ecological governance modernization system, river ecological management and desert ecological management technology. The international reference paper mainly focuses on the ecological management experience and enlightenment of developed countries. The regional governance paper focuses on the most important areas of regional development in China, and evaluates the status, problems and countermeasures of ecological governance in the Beijing-Tianjin-Hebei region, the Yangtze River Delta region, the Pearl River Delta region and the Yangtze River Economic Belt.

It's true that China's ecological environment governance is in a critical period of pressure superposition and struggling with great burden. Focusing on ecological security and pursuing social equity, and ultimately improving people's quality of life, is a problem that must be highly valued for a long time. The improvement of ecological governance efficiency is also a work that requires long-term adherence and systematic advancement. It requires the participation of the whole society and the common protection of all mankind more than ever. The publication of this book strives to objectively tease out and summarize the achievements and existing problems in China's past and current ecological governance work, and provide reference for future thinking on ecological environment governance. However, due to the limited editorial level and lack of experience, it is inevitable that there will be omissions in the book, and readers are requested to criticize and correct.

Keywords: Ecological Governance; Resources Utilization; Environmental Protection; Index

Contents

I General Report

Abstract: In recent years, China has made remarkable achievements in ecological governance. In a new era of priority development strategy of ecological civilization system construction and ecological protection, the system construction of ecological civilization, the theory that lucid waters and lush mountains are invaluable assets, digital science and technology in the information age, which provide good opportunities for China's ecological governance. Meanwhile, there is also a long-term goal of comprehensively curbing land degradation, the urgency of resolving the conflict between resource utilization and ecological protection priority, the arduousness of sharing natural reserves and economic growth results, and the foundation of improving monitoring capacity and building a modern monitoring system. Based on the analysis of ecological governance at the national level, regional level and provincial level and its index changes, relevant policies and measures should be taken for the environment, forest, grassland and water area of China's ecological governance.

Keywords: Ecological Governance; Achievement; Opportunity; Policy Suggestions

Ⅱ Sub Report

B. 2 Current Situation, Existing Problems and Countermeasures of Ecological Protection and Restoration in China

Abstract: China is in the process of rapid development of economy and society in terms of industrialization, informationization, urbanization and agricultural modernization, which exerts tremendous pressure on the natural ecosystem and severe challenges of coordinating population, economic development, resources and environment protection. China has designated the protection and restoration of ecosystems an important task in order to achieve high-quality development, to build a well-off society and a beautiful China, and ultimately to realize the nation's sustainable development. This report analyzes the problems and situations of ecological protection and restoration in China. Suggestions of improving relevant laws and regulations, implementing ecological protection and restoration projects, increasing ecological protection and restoration investment, promoting ecological compensation, improving the national park management mechanism, etc. , are proposed.

Keywords: Protection and Restoration of Ecosystem; High Quality Development; Problems and Suggestions

B. 3 China Forestry Ecological Governance Report

Abstract: On the basis of sorting out China's forestry policies, regulations and forestry engineering construction since the founding of the People's Republic of China, this report divides the forestry ecological governance in China in the past

70 years into five stages, namely, the foundation stage, the setback stage, the comprehensive development stage, the sustainable development stage, the ecological governance stage and the new development stage. The report analyzes the background characteristics of each stage, and summarizes the main problems existing in the current forestry ecological governance in China: the forestry ecological governance is not systematic enough, the governance quality is not high, and the development transformation needs to be further deepened etc. In combination with the actual situation on the basis of problems to China's future forestry ecological governance prospects, should based on regional reality, to achieve differential development; Strengthen forestry innovation science and technology research and development, attach importance to science and technology promotion; Deepen the reform of forestry system and mechanism, promote the transformation and upgrading of forestry development; Improve the management mechanism and improve the management level. The report is expected to provide reference for the high-quality development of forestry ecological governance in China.

Keywords: Forestry Ecological Construction; Ecological Management

Abstract: This report examines the progress of grassland ecological management in China, including the stage characteristics, governance results and challenges. Since the reform and opening up, the government's policy objectives for grassland management have undergone major changes, from pursuing production functions to protection priorities, strengthening ecological restoration, and constantly improving grassland ecological protection mechanisms, promoting the implementation of major grassland ecological management projects. China's grassland ecological situation has achieved a comprehensive deterioration to a partial improvement. But in fact, the fundamental problem has not yet been resolved. Since the "19th National Congress of the Communist Party of China", the central government has put

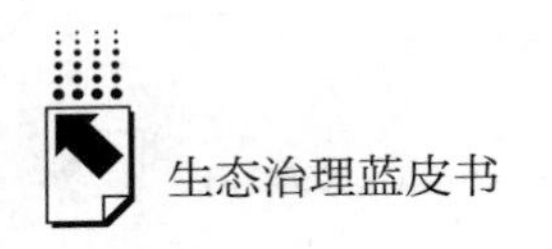

forward higher goals and requirements for the ecological protection of grassland in China. Therefore, it is necessary to improve the ecological management capacity of grasslands and promote the work of grassland ecological protection.

Keywords: Grassland Degradation; Ecological Priority; Grassland Resources; Grassland Ecological Management

Abstract: In the new period the situations on water supplement and water environment are serious in China. It is urged to govern water eco-environment. The main problems on water eco-environment governance are shown as indefinite responsibility, weak governance ability, incomplete governance institution, vulnerable signal warning system and imperfect supervision strength. The relevant countermeasures are given by means of improving water eco-environment governance mechanism, completing institutions for water eco-environment governance, establishing watershed eco-community, advancing watershed eco-compensation, intensifying performance appraisal and responsibility investigation for water eco-environment function areas, strengthening supervision for water eco-environment governance.

Keywords: Water Eco-environment Governance; Watershed; Water Quality; Water Supplement for Eco-environment

Abstract: River Management aims to meet the needs of flood control, drainage and the use of producing and living, etc. River ecological management emphasizes the use of ecological self-repair ability, which will be the mainstream trend of future river management. Governance methods can be divided into two modes: traditional engineering ones and ecological ones. In the water environmental management, the biological methods are more conducive to the ecological balance of the river than the physical and chemical ones. River ecological management are systemic and eco-friendly. Governance effects can be measured by indicators such as hydraulic effects, water quality, biodiversity, ecosystem status and management status, etc. The main problems include lack of comprehensive management awareness, soil erosion and river blockage, neglect of the ecological impact of the project, water pollution and poor management of small and medium rivers. It is recommended to establish a comprehensive remediation awareness, attach importance to planning and design, strengthen institutional mechanisms construction, innovative management methods and control external pollution.

Keywords: Rivers; Ecological Management

Ⅲ Evaluation Section

Abstract: Selecting the 20 evaluation index of ecological management, which include five dimensions of water environment, air environment, pollution treatment, environment afforestation and living standard, this paper evaluates the level of ecological management from 2010 to 2017 in China. The results show that: ① China's ecological management and all dimensions have been steadily improved, the air and water environment have the best development, and living standard and pollution treatment have the largest growth. ②there is a certain gap in the ecological management and the development level of each dimension among different regions, but the gap is narrowing. ③ the development of different dimensions is unbalanced but tends to ease.

Keywords: Ecological Management; Index System; Comprehensive Evaluation

Ⅳ System and Technology

B. 8 Big Data Report on Modernization System of Ecological Governance in China

Xie Huiming, Qiang Mengmeng and Hu Zitao / 161

Abstract: Ecological governance is a new style of resource saving and environmental protection; focuses on the multi-participation of the government, the entrepreneur and the public, and aims at keeping a good interaction between the nature and human. As an important part of the eco-civilization construction, it plays key roles in achieving the green development. During the eco-civilization construction process, the modernization strategy of ecological governance system is definitely to be taken and implemented. This report summarizes the theoretical connotation of the modernization of ecological governance and sorts out the developing phrases of the modernization systems. With the perspectives of the relations, the reforms, the enterprises and the public, our report emphatically analyzes the specific measures of ecological governance modernization, and depicted the impacts of ecological governance of China from the economic, ecological and social aspects. Finally, countermeasures and suggestions are concluded like perfecting the legislative system, improving the evaluation mechanism, clarifying the relationship, establishing a multi-participation mechanism and improving the transparency.

Keywords: Ecological Governance; Modernization; Big Data

Abstract: Desertification has been widely recognized as a major environmental and social problem and one of the most serious threats to the survival and development of the humanity. In this report, we introduced the ecological techniques for combating desertified land in details including enclosure, aerial seeding, afforestation, and sand barriers. Subsequently, we declared the fundamental achievements based on the national desertification monitoring system. Finally, we proposed the major problems and development tendency of ecological techniques for combating desertified land. This report will provide a better understanding of desertification combating in China.

Keywords: Desertified Land; Ecological Technique; Effective Assessment

V Regional Governance

Abstract: deep understanding of ecological protection and high-quality development of the yellow river basin has entered a new era. Actively meet the new challenges of ecological protection and high-quality development in the Yellow River Basin. We should earnestly implement the spirit of General Secretary Xi Jinping's speech "9 · 18" in Zhengzhou, strengthen the awareness and drive of Yellow River governance and protection and promote high-quality development of the Yellow River Basin. We need to strengthen the Party's leadership in ecological protection and high-quality development of the Yellow River Basin, and establish a system of joint meetings of Party secretaries and related coordination mechanisms along the Yellow River. Starting from adjusting human behavior and correcting human behavior, we should study and put forward specific ideas and measures, and actively implement General Secretary Xi's five-point request for ecological protection and high-quality development in the Yellow River Basin. We need to carry out top-level design and promptly formulate and promulgate the National Outline for Ecological Protection and High-Quality Development of the Yellow River Basin in the medium and long term. We need to establish a monitoring and evaluation mechanism for indicators, "strict control of sources", "strict control of processes" and "severe punishment of consequences" to promote ecological protection and high-quality development of the Yellow River Basin.

Keywords: Yellow River Basin; Ecological Protection; High-quality Development

B. 11 Collaborative Governance of Eco-environment in Beijing－Tianjin－Hebei Region

Abstract: In the course of coordinating development in Beijing-Tianjin-Hebei region, the eco-environment provides radical assurance functions. The eco-environment issues in Beijing-Tianjin-Hebei region are diagnosed for water resource shortage, water quality deterioration, air pollution severity, soil and water loss threat as well as ecosystem fragility. During economic transformation, the dilemmas for eco-environment governance are analyzed, such as, inter-province progress differences, regional cooperation platform failure, eco-compensation system imperfect and comprehensive input deficiency. The main approaches for coordinating management of Beijing-Tianjin-Hebei regionaleco-environment are shown in the aspects, which include improving trans-provincial governance pattern for joint prevention and control, establishing regional eco-compensation mechanism, raising regional development fund for eco-environment governance cooperation, strengthening institution construction for eco-environment governance and encouraging different stakeholder involvement in eco-environment governance.

Keywords: Eco-environment; Coordinating Management; Eco-compensation; Beijing-Tianjin-Hebei region

Abstract: The Yangtze River Delta region located at the junction of the Yangtze River economic belt along the east-west axis and the coastal economic belt along the north-south axis of China, and is one of the most developed regions in China. At the same time, the ecosystem of the Yangtze River Delta has a unique position in the national ecological spatial pattern, and plays an important role in ecosystem services. However, due to the high population density, shortage of resources, large industrial scale and imperfect regional ecological management in the Yangtze River Delta region, the eco-environment management in the Yangtze River Delta region is facing a great challenge in eco-environmental management. We should strengthen the ecological consciousness of local government, accelerate the transformation and adjustment of social economy, build an eco-friendly city, and improve the mechanism of regional coordinated governance to promote the eco-environment management in the Yangtze River Delta region.

Keywords: Yangtze River Delta Region; Eco-environment; Govexnance

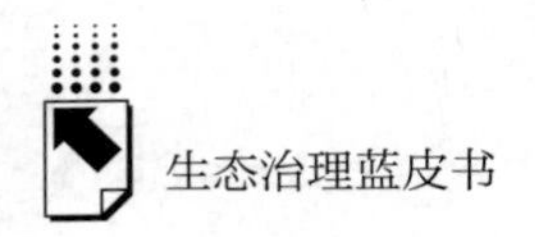

B. 13 Progress and Suggestions on Eco-environment Governance in the Pearl River Delta Region

Yin Xiaoqing / 227

Abstract: Since the reform and opening up, the pearl river delta region's economy has developed rapidly. While becoming the engine driving China's economic development, this region has displayed the most acute contradiction between resources and environment and economic development. In recent years, the government has taken a variety of measures, and the pearl river delta has achieved remarkable positive results in the treatment of air and water environment. This report briefly reviews the eco-environmental governance practices in the pearl river delta region, analyzes and evaluates the changes in the air, water environment and eco-environmental quality in the pearl river delta region by using relevant research results and data, and puts forward policy suggestions for the continuous improvement of eco-environmental situation in the pearl river delta region.

Keywords: Pearl River Delta Region; Air Pollution; Water Pollution Treatment

B. 14 Research on Current Situation and Countermeasures of the Eco-environment in the Yangtze River Economic Belt

Wang Bin / 242

Abstract: Urbanization is an important carrier for completing the process of building a moderately well-off society in all aspects, and maximum potential for prying domestic demand. The Central Committee of the party and the State Council had paid high attention on the problem of urbanization. But large-scale urban expansion has caused the destruction of resources and environment, the problem such as great water waste, energy resources waste, extensive land resources still exist now. This report expounded the relevant mechanism between environment and urbanization. And the result showed that the negative impact of urbanization on water environment was obviously higher than atmospheric environment and soil environment. The quality of urbanization lead to increased pressure on urban water environment, which is mainly because of industrial pollution, agricultural production and breeding industry sewage discharge, it is also the focus that needs to be paid attention to at present.

Keywords: The Yangtze River Economic Belt; Environment; Urbanization

Ⅵ International Experience

B. 15 Main Practices and Reference Enlightenment of Ecological Governance in Developed Countries

Abstract: The ecological environment prblem has become a global hot spot. Countries around the world have accumulated rich experience in the practice and exploration of ecological and environmental governance. The report summarizes major ecological practices in the United States, Germany, Sweden, and Japan. We should comprehensively learn from the ecological governance experience of developed countries in improving ecological protection laws and regulations, carrying out collaborative and co – governance of ecological governance, facing up to scientific research on the environment, strengthening sustainable development and enhancing the awareness of ecological democracy. We should improve the legal system of environmental protection, build a multi – center ecological government, promote green and sustainable development, flexibly use ecological governance means, strengthen the construction of ecological democracy, and actively participate in global ecological cooperative governance.

Keywords: Developed Countries; Ecological Governance; Reference

B. 16 Practice and Enlightenment of Forest Fire Prevention in Developed Countries

Li Qun, Si Haiping and Sha Tao / 275

Abstract: This paper analyzes the problems, causes and risks of forest fire prevention management in China. The main methods and Enlightenment of forest fire prevention management in Japan, America, Russia, Canada, Britain, France and other developed countries are studied. The countermeasures to prevent and resolve the major risk of forest fire in China are put forward. We should establish a perfect forest fire prevention system, strengthen the propaganda of forest fire prevention awareness, and improve the software and hardware facilities of forest fire management.

Keywords: Prevention and Resolution; Forest Fire; Major Risks; Countermeasures

权威报告·一手数据·特色资源

皮书数据库

ANNUAL REPORT(YEARBOOK) DATABASE

当代中国经济与社会发展高端智库平台

所获荣誉

- 2016年，入选“‘十三五’国家重点电子出版物出版规划骨干工程”
- 2015年，荣获“搜索中国正能量 点赞2015”“创新中国科技创新奖”
- 2013年，荣获“中国出版政府奖·网络出版物奖”提名奖
- 连续多年荣获中国数字出版博览会“数字出版·优秀品牌”奖

WWW.PISHU.COM.CN

成为会员

通过网址www.pishu.com.cn访问皮书数据库网站或下载皮书数据库APP，进行手机号码验证或邮箱验证即可成为皮书数据库会员。

会员福利

- 已注册用户购书后可免费获赠100元皮书数据库充值卡。刮开充值卡涂层获取充值密码，登录并进入“会员中心”—“在线充值”—“充值卡充值”，充值成功即可购买和查看数据库内容。
- 会员福利最终解释权归社会科学文献出版社所有。

数据库服务热线：400-008-6695
数据库服务QQ：2475522410
数据库服务邮箱：database@ssap.cn
图书销售热线：010-59367070/7028
图书服务QQ：1265056568
图书服务邮箱：duzhe@ssap.cn

社会科学文献出版社 SOCIAL SCIENCES ACADEMIC PRESS (CHINA) 皮书系列
卡号：672792815666
密码：

S 基本子库
SUB DATABASE

中国社会发展数据库（下设 12 个子库）

全面整合国内外中国社会发展研究成果，汇聚独家统计数据、深度分析报告，涉及社会、人口、政治、教育、法律等 12 个领域，为了解中国社会发展动态、跟踪社会核心热点、分析社会发展趋势提供一站式资源搜索和数据分析与挖掘服务。

中国经济发展数据库（下设 12 个子库）

基于“皮书系列”中涉及中国经济发展的研究资料构建，内容涵盖宏观经济、农业经济、工业经济、产业经济等 12 个重点经济领域，为实时掌控经济运行态势、把握经济发展规律、洞察经济形势、进行经济决策提供参考和依据。

中国行业发展数据库（下设 17 个子库）

以中国国民经济行业分类为依据，覆盖金融业、旅游、医疗卫生、交通运输、能源矿产等 100 多个行业，跟踪分析国民经济相关行业市场运行状况和政策导向，汇集行业发展前沿资讯，为投资、从业及各种经济决策提供理论基础和实践指导。

中国区域发展数据库（下设 6 个子库）

对中国特定区域内的经济、社会、文化等领域现状与发展情况进行深度分析和预测，研究层级至县及县以下行政区，涉及地区、区域经济体、城市、农村等不同维度。为地方经济社会宏观态势研究、发展经验研究、案例分析提供数据服务。

中国文化传媒数据库（下设 18 个子库）

汇聚文化传媒领域专家观点、热点资讯，梳理国内外中国文化发展相关学术研究成果、一手统计数据，涵盖文化产业、新闻传播、电影娱乐、文学艺术、群众文化等 18 个重点研究领域。为文化传媒研究提供相关数据、研究报告和综合分析服务。

世界经济与国际关系数据库（下设 6 个子库）

立足“皮书系列”世界经济、国际关系相关学术资源，整合世界经济、国际政治、世界文化与科技、全球性问题、国际组织与国际法、区域研究 6 大领域研究成果，为世界经济与国际关系研究提供全方位数据分析，为决策和形势研判提供参考。

法律声明

“皮书系列”（含蓝皮书、绿皮书、黄皮书）之品牌由社会科学文献出版社最早使用并持续至今，现已被中国图书市场所熟知。“皮书系列”的相关商标已在中华人民共和国国家工商行政管理总局商标局注册，如LOGO（ ）、皮书、Pishu、经济蓝皮书、社会蓝皮书等。“皮书系列”图书的注册商标专用权及封面设计、版式设计的著作权均为社会科学文献出版社所有。未经社会科学文献出版社书面授权许可，任何使用与“皮书系列”图书注册商标、封面设计、版式设计相同或者近似的文字、图形或其组合的行为均系侵权行为。

经作者授权，本书的专有出版权及信息网络传播权等为社会科学文献出版社享有。未经社会科学文献出版社书面授权许可，任何就本书内容的复制、发行或以数字形式进行网络传播的行为均系侵权行为。

社会科学文献出版社将通过法律途径追究上述侵权行为的法律责任，维护自身合法权益。

欢迎社会各界人士对侵犯社会科学文献出版社上述权利的侵权行为进行举报。电话：010-59367121，电子邮箱：fawubu@ssap.cn。

社会科学文献出版社